民用建筑防火设计图示综合解析

Comprehensive Graphical Analysis for Fire Protection Design of Civil Buildings

（第二版）

张庆顺　著

中国建筑工业出版社

图书在版编目（CIP）数据

民用建筑防火设计图示综合解析 = Comprehensive
Graphical Analysis for Fire Protection Design of
Civil Buildings / 张庆顺著. —2版. —北京：中国
建筑工业出版社，2024.7
　　ISBN 978-7-112-29900-3

　　Ⅰ.①民… Ⅱ.①张… Ⅲ.①民用建筑—防火系统—
建筑设计—图解 Ⅳ.①TU892-64

　　中国国家版本馆CIP数据核字（2024）第106555号

责任编辑：刘　静　徐　冉
责任校对：王　烨

民用建筑防火设计图示综合解析
Comprehensive Graphical Analysis for Fire Protection Design of Civil Buildings
（第二版）

张庆顺　著

*
中国建筑工业出版社出版、发行（北京海淀三里河路9号）
各地新华书店、建筑书店经销
北京锋尚制版有限公司制版
北京中科印刷有限公司印刷
*
开本：889毫米×1194毫米　1/20　印张：7⅘　字数：240千字
2024年8月第二版　　2024年8月第一次印刷
定价：**66.00**元
ISBN 978-7-112-29900-3
　　（43084）
版权所有　翻印必究
如有内容及印装质量问题，请与本社读者服务中心联系
电话：（010）58337283　QQ：2885381756
（地址：北京海淀三里河路9号中国建筑工业出版社604室　邮政编码：100037）

近百年来，城市逐步替代乡村成为人类最主要的聚居形式。以高密度、高强度建设为主要特征的城市物质形态，虽然极大地提升了城市的土地价值和运行效率，但也带来了巨大的火灾隐患。火灾作为危害人居环境安全的重大灾害之一，一直是人类城市与建筑发展所面对的重大挑战，而当代高密度城市所呈现出的各类复杂的建筑空间类型以及不断涌现的新型建筑材料及施工工艺，使近年来的建筑火灾呈现出火灾荷载大、火灾因素多等新的特征，加之城市消防管理缺失和防灾意识薄弱等因素，导致火灾的危害更加集中和突出。消防安全是城市与建筑发展的基石，减少火灾及其相关灾害对人类生产、生活、公共利益及资源环境的危害，是人居环境设计与建设的重要问题与课题。

消防安全的工作方针是预防为主、防消结合，贯穿于建筑规划、设计、施工、使用、维护及拆除的全生命周期，为此，需要从专业人才培养、建筑师实践认知、建筑施工建造、建筑日常运营等方面增强全民安全意识，并建立高时效、跨专业、重应用的消防安全知识体系。在建筑学专业教育领域，重点在于引导学生建立消防安全的整体意识，掌握安全设计的核心知识与方法，将各种被动和主动措施落实于从项目策划到方案设计和技术设计的各个阶段，使其整体和细节的防火设计均能满足消防安全的功能要求和性能要求。

本书作为全国多所高校建筑学专业学生参考用书和职业建筑师的备用工具书，以问题为导向，构建了当前民用建筑防火设计的主要知识体系、应用原理与方法，并紧密追踪规范发展的最新动态，采用最新的防火规范和技术标准，为不同的使用者结合建筑设计过程展开防火设计提供了全面、系统的指引。本书第一版发行后受到广泛好评，读者普遍反映本书内容全面、重点突出、逻辑连贯、案例丰富、图文并茂、质量优秀，是建筑学专业建筑安全方向颇具影响力的一本专著。本书第二版补充了《建筑设计防火规范》GB 50016—2014（2018年版）相关消防电梯、老年人照料设施的内容，并结合《建筑防火通用规范》GB 55037—2022，针对总平面布局、防火分区与防火分隔、安全疏散与避难、结构构造与装修设计、消防设施和电气等核心内容进行了全面修订，并根据读者的使用反馈和近年来设计领域的工程实践及学科发展的最新成果，对各文、图、表的内涵及外延等进行了更为精准的定义和格式规范，纲举目张，重点突出，在更高起点上与当代防火设计理念、国家规范及国际发展趋势同步。

张庆顺博士长期深耕建筑防灾减灾领域，具有深厚的学术研究和实践经验积累。本书第二版的付梓出版，是其长期孜孜不倦深入研究和不断创新的成果体现，相信本书第二版能够引发更多的有关建筑消防安全的深入讨论和实践探索，从而为我国建筑防灾减灾研究作出新的贡献。

欣然作序。

重庆大学建筑城规学院 卢峰 教授

2023年8月28日

第一版序

在建筑面临的灾害中，火灾是各类灾害中发生最频繁且极具毁灭性的一种灾害。防火安全设计是建筑防灾减灾的核心内容，也是建筑设计的有机组成，它影响到建筑的总体布局、空间划分、流线组织、构造措施、设备系统等方面。

建筑失去了安全的保障，也就失去了其作为人居环境的根本意义。为培养知识全面、设计完善、注重安全的职业建筑师，重庆大学建筑城规学院于20世纪70年代后期在全国建筑院校中率先开展了建筑防火设计教育，其"高层建筑防火新课程"获得国家级奖励。在防火教育中强调以建筑设计为本，以防火规范为据，以工程实践为证，以火灾事件为例，从建筑设计的角度切实解决建筑防火安全的问题，既要突出建筑造型及空间的创意，又要确保防火安全，从而达到建筑艺术与技术的完美结合。作为中国建筑学会建筑防火设计专业委员会主任单位，重庆大学建筑城规学院自1990年以来组织了多次全国建筑工程防火实践研讨会，通过学术活动及讲座，与全国知名建筑设计院、建筑院校及消防部门的建筑师、学者及专家一道，在关于建筑防火设计的工程实践、科研和教育等方面，进行了广泛和深入的交流、研讨和总结，并从中获得工程实践和理论研究方面的启发帮助和借鉴。

现行《建筑设计防火规范》GB 50016作为一项综合性的防火技术规范和标准，经过多年来历次的修改和当前的整合修订，已趋于详尽和完善，为预防建筑火灾、防止和减少火灾危害、保护人身和财产安全提供了可靠的保障，也对建筑防火安全的科学研究和工程实践给予了明确有力的指导。

张庆顺博士多年来在建筑防火的教学、科研与工程实践方面做出了优异的成绩，近几年还致力于《建筑设计资料集》(第三版)有关建筑防火方面的撰写，在其基础上又作了进一步的拓展充实和完善。本书是一部可供职业建筑师、建筑学专业学生研读借鉴的翔实好书，书中叙述详尽、涉及建筑防火设计领域完整，有很好的参考价值。

是为之序。

重庆大学建筑城规学院 章孝思 教授

2017年9月1日

　　城市与建筑的消防安全是我国公共安全科技领域研究的重点内容之一。建筑师要增强安全意识，使人和建筑在火灾中能够立足于自救，以保证生命、财产、遗产等的安全和重要系统运行的连续性。消防安全永远是零起点，对建筑设计领域而言，建筑防火设计并非建筑设计的补遗，而是建筑设计的有机组成部分；建筑消防安全的关键在于设计，关系到建筑的总体布局、空间划分、流线组织、结构构造、设备设施等诸多方面，唯有系统的优化整合才能真正保证建筑的消防安全。

　　建筑师擅长于形象思维，以图示的方式综合解析恰契合于此。针对民用建筑防火设计体系的重点和难点逐一图解，可以让读者建立起防火设计的整体概念，从而将具体的策略应用到中观及微观的设计层面。防火安全是建筑空间的技术支撑，也是空间设计的基本诉求，一个优秀的建筑案例总是将防火设计有机地融入空间及造型的创意之中。

　　写书的过程艰辛而又漫长，主要内容关涉多种现行防火规范及技术标准，其中关于《建筑设计防火规范》GB 50016—2014（2018年版）的修订带来不小的困难，第二版尚需对标强制性工程建设规范《建筑防火通用规范》GB 55037—2022的新内容和新要求，以及其他规范修订带来的更新。第一版从最初筹划到最终定稿历经近4年，第二版的修订经历了1年有余，后期的校对、修改和排版工作也极其繁重。重庆大学建筑城规学院5421工作室的多届研究生都付出了大量的时间和精力，在此对大家的辛勤付出表示由衷的感谢！感谢中国建筑工业出版社建筑与城乡规划图书中心副主任徐冉和责任编辑刘静的信任、鼓励和帮助！感谢工作团队马跃峰副教授、魏宏杨教授、章孝思教授的支持！

　　希望《民用建筑防火设计图示综合解析》能帮助读者建立防火设计的主动意识和整体意识，在设计时能获得有益的参考和借鉴，有效化解建筑设计与防火设计之间的矛盾，将两者有机地结合起来。阅读本书的过程中读者或许会有各种观点或批评，希望大家不吝指正，让我们能够在今后的研究中不断提高，获得更大的进步。

　　附：本书参与人员说明

　　参与第一版编写的研究生包括：王凯、温恩羲、徐阳、杨得鑫、赵柯、龚旺、杨栋明、张译文、朱航宇、李媛、余治良、韩艺文、陈鹏、廖浩翔、兰显荣、何丘原、卢乔渝、周岸、李源。

　　第一版排版及页面编排：徐阳、龚旺。

　　参与第二版编写的研究生包括：王嘉璇、刘闫妍、徐昊、刘政煜、康露瑶、何蕾、李泽林、周行、杜思洁、刘露。

　　第二版排版及页面编排：王嘉璇、刘闫妍。

　　统稿及内容修订：张庆顺、魏宏杨、章孝思。

　　后期校对：马跃峰。

张庆顺
2023年寒露于重庆大学

目　录

1 绪言

1 绪言

1.1 本书适用范围及民用建筑分类

本书根据《建筑防火通用规范》GB 55037—2022、《建筑设计防火规范》GB 50016—2014（2018年版）、《汽车库、修车库、停车场设计防火规范》GB 50067—2014、《人民防空工程设计防火规范》GB 50098—2009、《建筑内部装修设计防火规范》GB 50222—2017、《建筑防烟排烟系统技术标准》GB 51251—2017、《消防给水及消火栓系统技术规范》GB 50974—2014、《火灾自动报警系统设计规范》GB 50116—2013等规范，针对民用建筑防火设计的核心内容进行图示说明和图例解析，旨在以民用建筑为纲，以建筑设计为本，从建筑设计角度来诠释防火设计，并按建筑设计程序逐步深入：从建筑定性和分类出发，阐述总体布局、防火分区、安全疏散、耐火构造、木结构建筑等方面防火设计问题，以及消防设施和电气、性能化防火设计等内容。本书作为民用建筑防火设计的参考性资料，设计时还应以有关的现行防火规范和技术标准为依据。

本书的适用范围　　　　　　　　　　表1-1

范围	单层或多层民用建筑（新建、扩建、改建）				高层建筑及其裙房（新建、扩建、改建）	
	住宅建筑	公共建筑	单层公共建筑	地下、半地下建筑	住宅建筑	公共建筑
适用	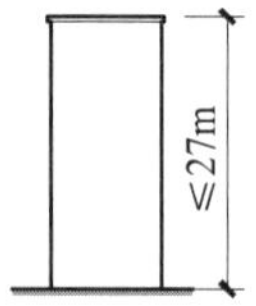 ≤27m 建筑高度≤27m（包括设置商业服务网点的住宅）	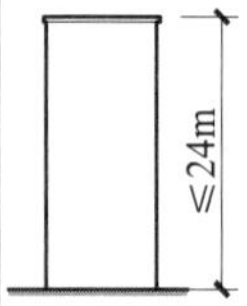 ≤24m 建筑高度≤24m	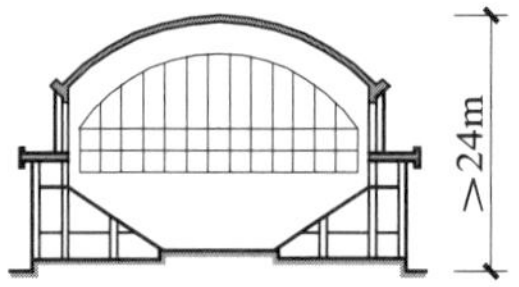 >24m 建筑高度>24m	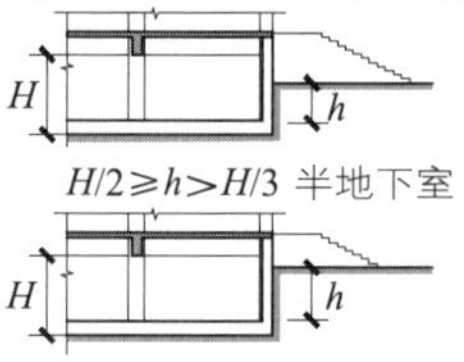 H/2≥h>H/3 半地下室 h>H/2 地下室	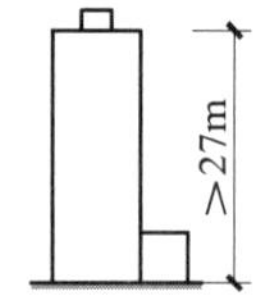 >27m 建筑高度>27m（包括设置商业服务网点的住宅）	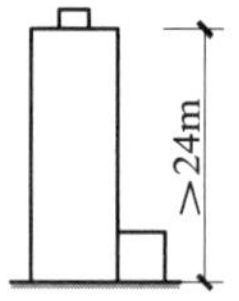 >24m 建筑高度>24m
不适用	不适用于厂房、仓库等工业建筑的防火设计。人民防空工程、石油和天然气工程、石油化工企业、火力发电厂与变电站等的建筑防火设计，当有专门的国家现行标准时，宜符合其规定					

民用建筑的分类　　　　　　　　　　表1-2

名称	高层民用建筑		单层、多层民用建筑
	一类	二类	
公共建筑	1）建筑高度>50m的公共建筑； 2）建筑高度24m以上部分任一楼层建筑面积>1000m²的商店、展览、电信、邮政、财贸金融建筑和其他多种功能组合的建筑； 3）医疗建筑、重要公共建筑、独立建造的老年人照料设施； 4）省级及以上的广播电视和防灾指挥调度建筑、网局级和省级电力调度建筑； 5）藏书>100万册的图书馆、书库	除一类高层公共建筑外的其他高层公共建筑	1）建筑高度>24m的单层公共建筑； 2）建筑高度≤24m的其他公共建筑
住宅建筑	建筑高度>54m	27m<建筑高度≤54m	建筑高度≤27m
	备注：包括设置商业服务网点的住宅建筑		

注：①表中未列入的建筑，其类别应根据本表类比确定。
②除另有规定外，宿舍、公寓等非住宅类居住建筑的防火要求，应符合规范有关公共建筑的规定。
③除规范另有规定外，裙房的防火要求应符合有关高层民用建筑的规定。

1.2 民用建筑层数、高度的计算

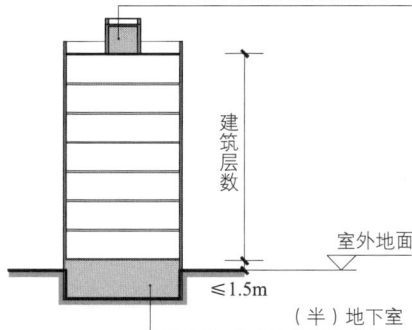

屋顶上凸出的局部设备用房、出屋面的楼梯间等

建筑层数

室外地面

≤1.5m

（半）地下室

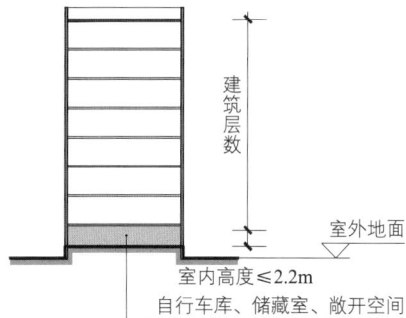

建筑层数

室外地面

室内高度≤2.2m

自行车库、储藏室、敞开空间

建筑层数应按自然层计算。设置在建筑底部且室内高度≤2.2m的自行车库、储藏室、敞开空间，或室内顶板面高出室外设计地面的高度≤1.5m的（半）地下室；以及屋顶上凸出的局部设备用房、出屋面的楼梯间等，可不计入建筑层数。

▮ 不计入层数
☐ 计入层数

▌ **建筑层数的计算**

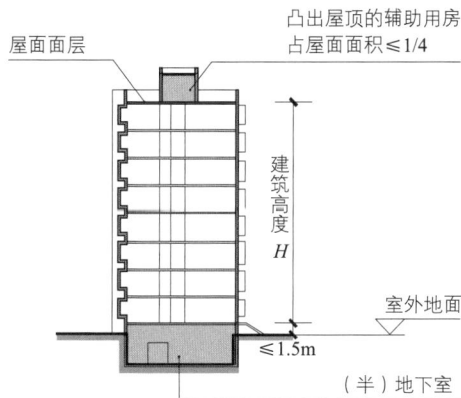

屋面面层

凸出屋顶的辅助用房占屋面面积≤1/4

建筑高度 H

室外地面

≤1.5m

（半）地下室

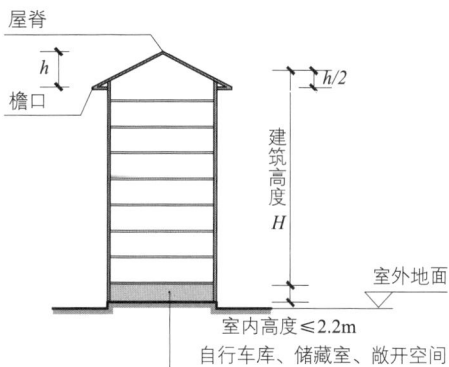

屋脊

檐口

h

$h/2$

建筑高度 H

室外地面

室内高度≤2.2m

自行车库、储藏室、敞开空间

对于住宅建筑，设置在底部且室内高度≤2.2m的自行车库、储藏室、敞开空间，室内外高差及建筑的（半）地下室的顶板面高出室外设计地面的高度≤1.5m的部分，可不计入建筑高度。

▮ 不计入高度
☐ 计入高度

▌ **住宅建筑高度的计算**

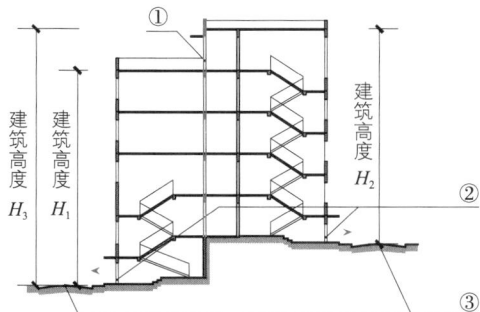

建筑高度 H_3　建筑高度 H_1

建筑高度 H_2

① ② ③

① 防火墙（FM甲、FC甲）
② 安全出口
③ 沿建筑两个长边设置贯通式或尽头式消防车道
注：同时具备①、②、③三个条件时，可按 H_1、H_2 分别计算建筑高度；否则应按 H_3 计算建筑高度。

▌ **台阶式地坪建筑高度的计算**
《建筑设计防火规范》图示18J811-1

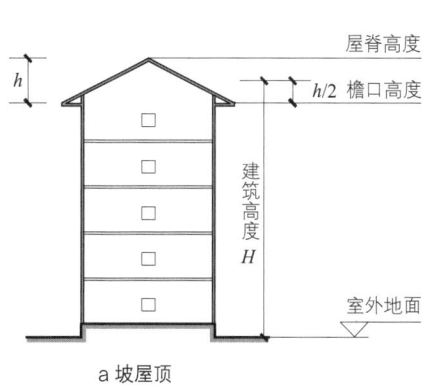

屋脊高度

h

$h/2$ 檐口高度

建筑高度 H

室外地面

a 坡屋顶

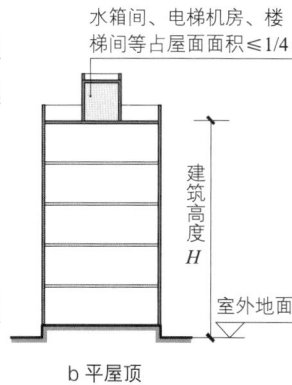

水箱间、电梯机房、楼梯间等占屋面面积≤1/4

建筑高度 H

室外地面

b 平屋顶

▌ **公共建筑高度的计算**

1.3 坡地民用建筑高度及类别的认定

坡地场地中不同接地标高的建筑，有着不同的"室外地面"认定方式。坡地民用建筑高度及类

别的认定，其基本思路是通过划分垂直防火分区、各自设置安全疏散及扑救场地等方式，将坡地建筑划分为上层和吊层，当满足相应的技术要求和条件时，建筑高度则可上、下分别计算并由此定性，其防火设计相应进行。

坡地民用建筑划分为上层及吊层需满足的条件 表1-3

满足条件	具体要求
外部扑救	平顶层应能通过消防车进行扑救，当吊层为非高层时，低侧道路应设有人行通道；若吊层为高层时，低侧道路应能通行消防车，保证扑救
楼梯转移	1、2类时楼梯可上下共用，但应在平顶层双跑楼梯中间设耐火隔墙使上下断开，且人流在此层转移，能直通室外；3、4、5类时公共建筑与上部住宅楼梯应各自独立设置，直通室外，且在平顶层的楼梯设墙隔开地上、地下；第6类时上、下公共建筑及住宅三者的楼梯均应各自独立设置
电梯保护	1、2类的客梯可上下共用，但若无前室保护时，吊层中应设前室防烟气蔓延；其他类（第6类除外）公共建筑和住宅的客梯应分设，消防电梯可上下共用；第6类的上层与吊层应分别设置消防电梯
耐火分隔	1）"分界"处楼板上不能开设中庭、自动扶梯等贯通上下部分的洞口，楼板耐火极限≥2.00h； 2）"分界"处上下窗间实体裙墙的高度应≥1.2m，耐火极限≥2.00h，或于"分界"下面一层窗上口，设置宽度≥1.0m、耐火极限≥1.50h的防火挑檐

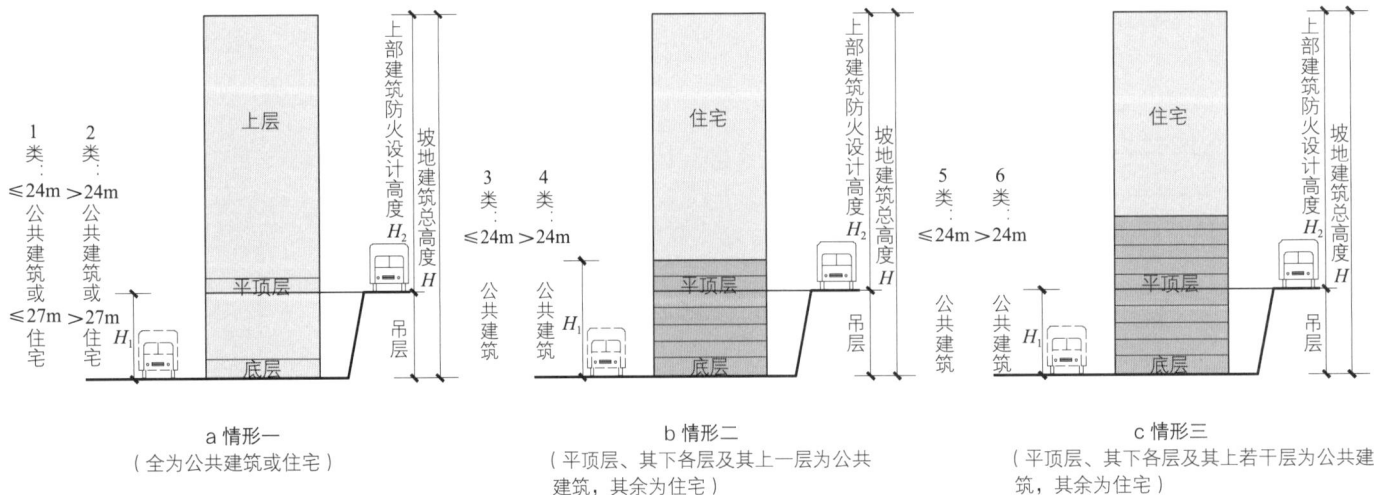

a 情形一
（全为公共建筑或住宅）

b 情形二
（平顶层、其下各层及其上一层为公共建筑，其余为住宅）

c 情形三
（平顶层、其下各层及其上若干层为公共建筑，其余为住宅）

■ 坡地高层民用建筑的分类及其定性

2 总平面布局

2 总平面布局

2.1 城市消防规划

2.1.1 城市消防规划的目标及内容

城市消防规划是从城市的角度出发，在深入调查城市人口分布、建筑耐火能力、交通设施、通信网络及广场、绿化布局等基本情况之后，掌握各地区火灾危害性大小，推算出各市区、街区火势蔓延速度和可能受灾的程度，在此基础上，着重研究一旦发生各种灾害，如何尽量避减火灾发生和阻止成片燃烧；同时，还要充分考虑受灾人员的紧急疏散、暂时避难和消防救援人员的灭火救援等问题。

1）减少、防止起火燃烧

①火灾危害性大的工厂、仓库等，应考虑与居住区及重要建筑等保持充分的安全距离。

②生产和储存易燃易爆危险物品的厂房、仓库等，应迁出人口密集区，并位于城镇规划区相对独立的安全地带或边缘地带的下风区。

③加强各类建筑的耐火、防火性能。

2）阻止火势扩大蔓延

防火间距的保障是建筑防火安全的最低要求，在发生市区火灾时，防火间距将失去作用，有效的方式是采用防火隔离带，避免城市火灾的成片蔓延。

①立体防火隔离带——连续布置成街区型、防火墙型的多层或高层耐火建筑，可以起到阻挡街区、市区大火的辐射热和阻截火流的"防火墙"作用。

②平面防火隔离带——在城市防灾规划中，空地、绿化、公园、道路及水面等开阔部分，构成了平面防火隔离带。

3）组织安全疏散避难

①疏散道路——保证足够的宽度和密度，避免弯道、丁字口及尽端道路，应形成多维多向的城市交通网络。

②避难场地——由空地、广场、绿地、公园等构成，须保证其有效性、可达性、安全性。

4）加强消防救援力量

①前提条件——消防站的配备和保障措施，应有良好的防火、抗震能力；

②外围因素——城市道路网、消防用水及市政设施的完善配备；

③通信情报工作——城市消防网络的建立，便于信息的获得和传递；

④科技因素——大数据、智能化灾害联动措施等现代科学技术及设施设备的应用；

⑤消防装备——采用特殊的装备，如消防飞机、消防坦克、大功率的消防车等。

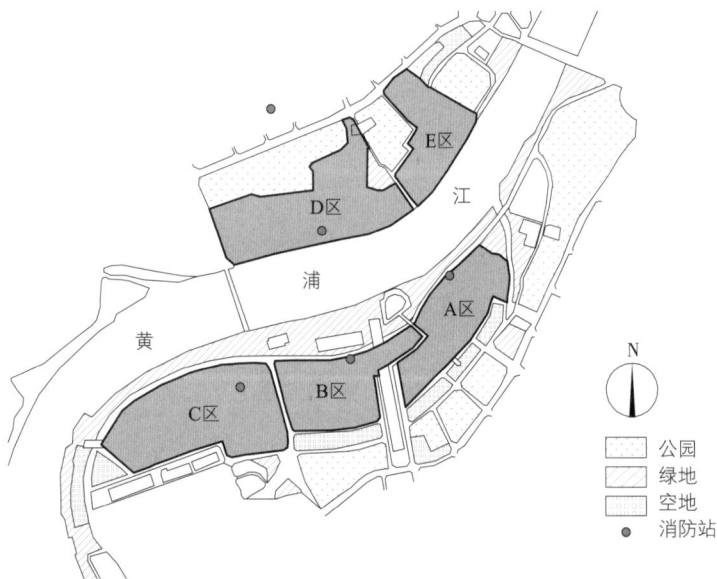

■ 平面防火隔离带
（2010年上海世博会展馆区）

2010年上海世博会展馆区合理规划布置空地、绿化、公园、道路及水面等开阔部分，构成城市空间的平面防火隔离带，其中基本无可燃物，能够有效地截断火势，阻止火势蔓延。

在市中心形成公共建筑均匀布置的网格状街区，安全区域被划分为11个街区，每区原则上只修建1幢超高层建筑，保证每街区至少留有30%的空地，各高楼之间保持50～100m以上的间距，可有效阻止城市火灾的蔓延。

1～11均为安全防火街区编号，街区内超高层建筑分别为：
3-国际电信电话大楼；
6-京王广场饭店本馆及南馆；
7-小田急和新宿第一生命大厦；
8-新宿住友大厦；
9-新宿三井大厦；
10-新宿中心大厦；
11（a）-新宿野村大厦；
11（b）-安田火灾海上保险公司大楼。

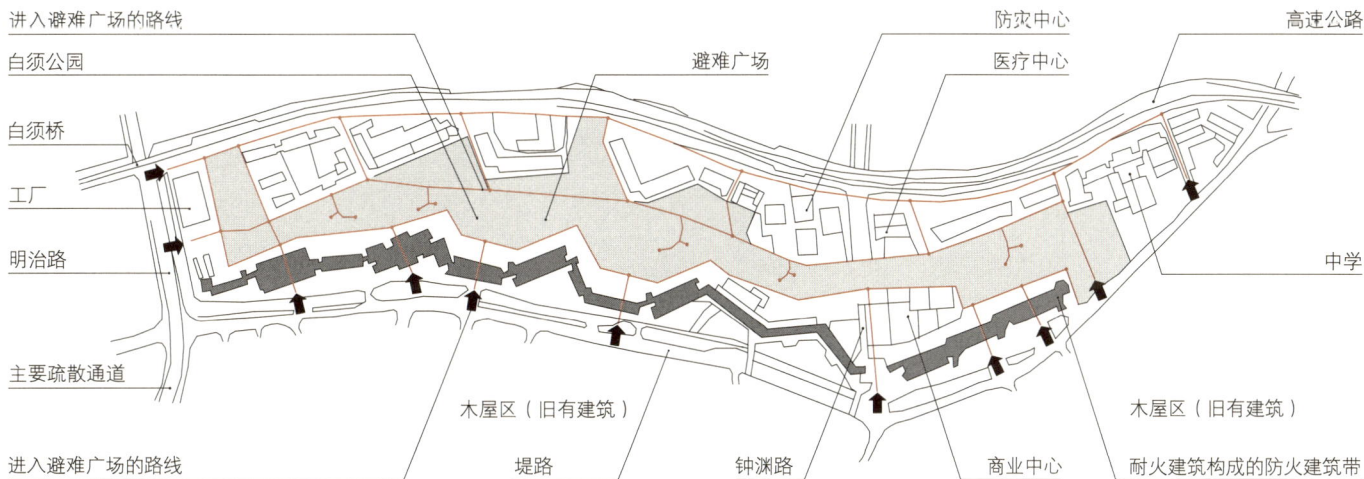

安全防火街区

超高层建筑

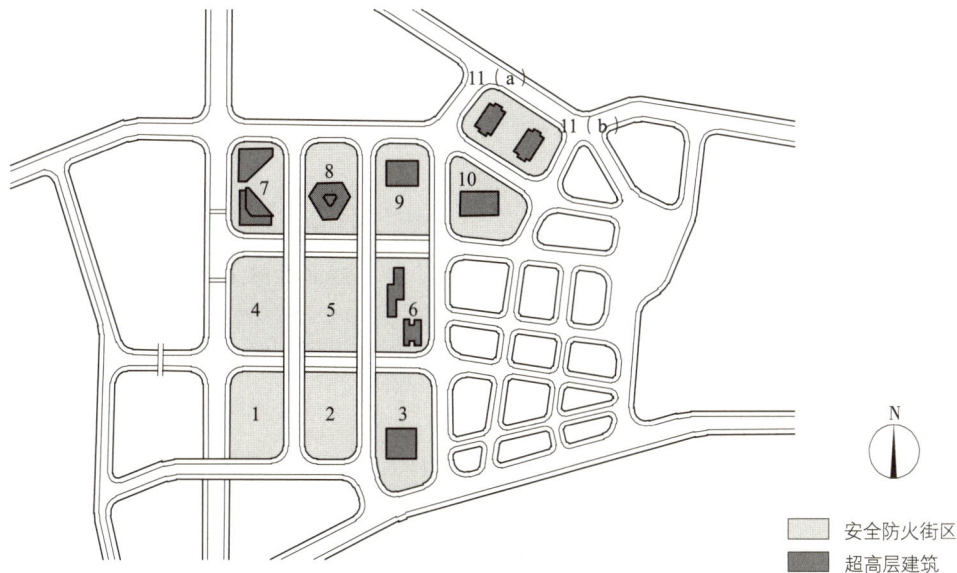

a 日本新宿副都心总平面（街区型立体防火隔离带）

东京都墨田区的白须东小区中设置的多层和高层的线状耐火建筑，能够阻挡火灾时来自东侧大片木屋区的辐射热和火流，起到立体"防火墙"的作用，有效控制木屋区大火的向西蔓延，使疏散到避难广场上的人员安全得到保障。

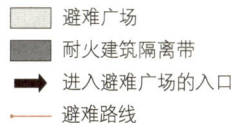

避难广场

耐火建筑隔离带

进入避难广场的入口

避难路线

b 日本东京白须东小区（防火墙型立体防火隔离带）

立体防火隔离带

章孝思. 高层建筑防火安全设计 [M]. 成都：四川科技出版社，1989.

2.1.2 城市应急避难场所

城市应急避难场所可结合避震疏散场所设置,制定避震疏散规划应和城市其他防灾规划的要求相结合。城市避震疏散场所应按照紧急避震疏散场所、固定避震疏散场所和中心避震疏散场所分别进行安排,一般由空地、广场、绿地、公园等构成,包括以下类型。

1)紧急避难场所:灾后为附近居民提供临时、紧急避难的场所,是灾民集合并转移到固定避难场所的过渡性场所。一般选择居住区、企事业单位内部或街边公园广场、高层建筑中的避难层或停车场进行布局。

2)固定避难场所:灾后能为灾民提供较长时间避难安置和医疗救助的重要场所,应选择面积较大、通达性好、设施齐全的安全场地及建筑,结合居民区人口密集程度、疏散道路畅通情况、服务范围大小和与其他救援设施距离等因素布局。

3)中心避难场所:规模较大、功能较全,是具有避难救灾指挥中心和伤员转运中心作用的固定避难场所。布局时一般选择面积较大的开敞空间,交通通达度要高,且应靠近抢险救灾、医疗抢救中心等设施,方便灾后救援指挥工作的尽快展开。

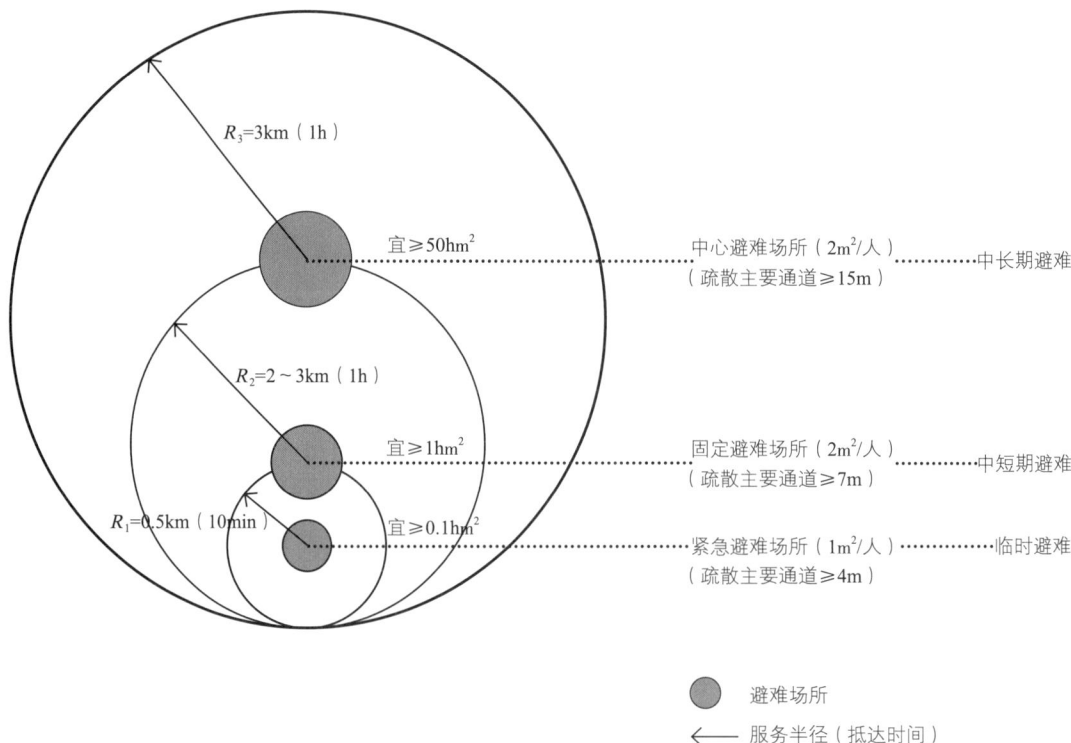

R_3=3km(1h)

宜≥50hm^2　　中心避难场所(2m^2/人)⋯⋯中长期避难
　　　　　　　　(疏散主要通道≥15m)

R_2=2~3km(1h)

宜≥1hm^2　　固定避难场所(2m^2/人)⋯⋯中短期避难
　　　　　　　(疏散主要通道≥7m)

R_1=0.5km(10min)

宜≥0.1hm^2　　紧急避难场所(1m^2/人)⋯⋯临时避难
　　　　　　　　(疏散主要通道≥4m)

● 避难场所

← 服务半径(抵达时间)

█ 城市应急避难场所

2.2 建筑防火设计的总体要求

2.2.1 建筑防火设计的目标要求

1）保障人身和财产安全及人身健康；

2）保障重要使用功能，保障生产、经营或重要设施运行的连续性；

3）保护公共利益；

4）保护环境、节约资源。

2.2.2 建筑防火设计的功能要求

1）建筑的承重结构应保证在受到火或高温作用后，在设计耐火时间内仍能正常发挥承载功能；

2）建筑应设置满足在建筑发生火灾时人员安全疏散或避难需要的设施；

3）建筑内部和外部的防火分隔应能在设定时间内阻止火灾蔓延至相邻建筑或建筑内的其他防火分隔区域；

4）建筑的总平面布局及与相邻建筑的间距应满足消防救援的要求。

▌ 建筑消防安全的技术保障体系

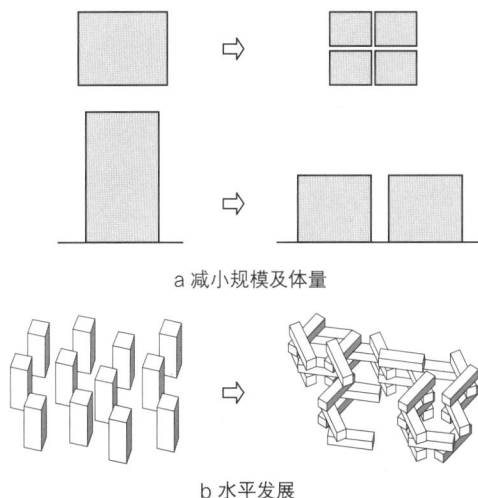

▌ 建筑消防安全保护方案

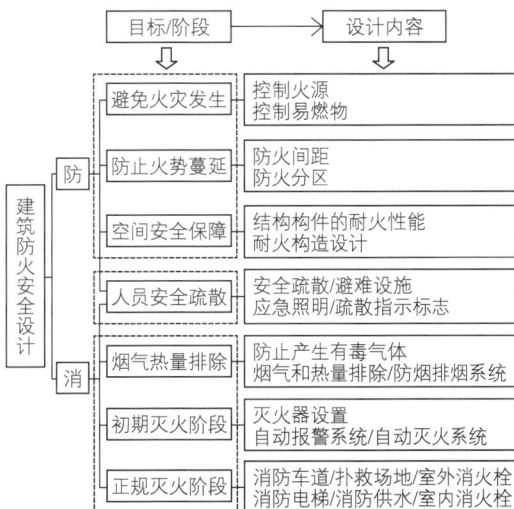

a 减小规模及体量

b 水平发展

▌ 建筑防火设计的优化思维

▌ 建筑防火安全设计的主要内容

9

2.3 民用建筑的防火间距

2.3.1 防火间距的一般要求

民用建筑应根据建筑使用性质、建筑高度、耐火等级及火灾危险性等合理确定防火间距。防火间距应保证任意一侧建筑外墙受到的相邻建筑火灾辐射热强度，均低于其临界引燃辐射热强度。防火间距是相邻建筑之间的空间间隔，既是防止火灾在建筑之间蔓延的间隔，又是保证灭火救援行动方便、安全疏散的空间。防火间距应按相邻建筑物外墙的最近水平距离计算，当外墙有凸出的可燃或难燃构件时，应从其凸出部分的外缘算起。

民用建筑不宜布置在火灾危险性为甲、乙类厂（库）房，甲、乙、丙类液体和可燃气体储罐及可燃材料堆场附近。

耐火等级	一、二	三	四
一、二	6	7	9
三	7	8	10
四	9	10	12

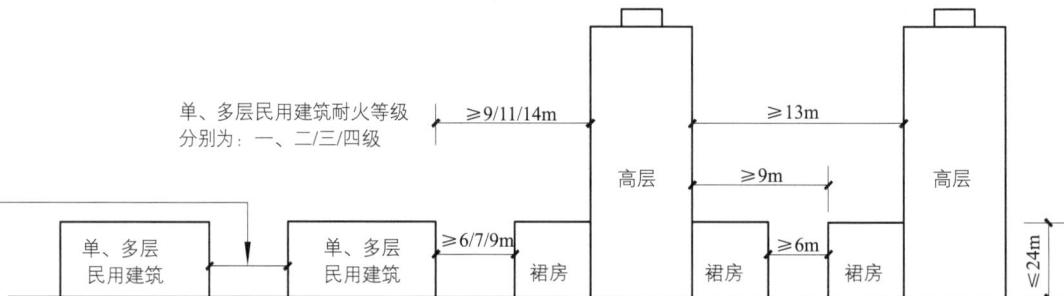

单、多层民用建筑耐火等级分别为：一、二/三/四级

注：① 相邻两座单、多层建筑，当相邻外墙为不燃烧体且无外露的可燃性屋檐，每面外墙上未设置防火保护措施的门窗洞口不正对开设，且洞口面积之和≤该外墙面积的5%时，其防火间距可按本图规定减少25%。
② 相邻建筑通过连廊、天桥或底部的建筑物等连接时，其间距不应小于本图规定。
③ 民用建筑耐火等级应根据其建筑高度、使用功能、重要性和火灾扑救难度等确定，可分为一、二、三、四级。耐火等级低于四级的既有建筑物，其耐火等级可按四级确定。

■ **民用建筑之间的防火间距**

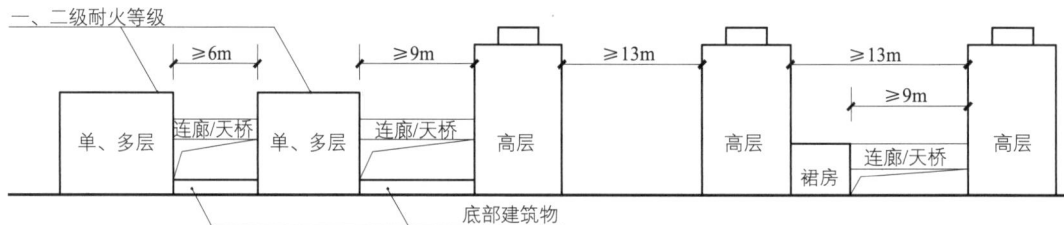

■ **相邻建筑通过连廊、天桥或底部的建筑等连接时的防火间距**

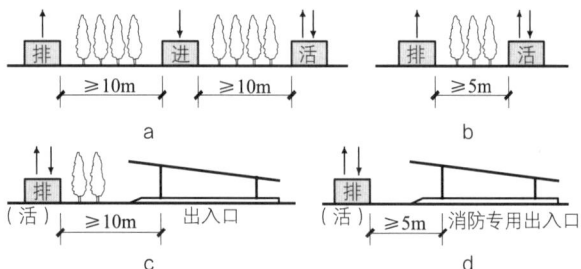

■ **地下车站各敞口低风井之间最小水平距离**

《地铁设计防火标准》GB 51298—2018

地下车站的采光窗井与相邻地面建筑之间的防火间距（m）　　表2-1

建筑类别	单、多层民用建筑			高层民用建筑	丙、丁、戊类厂房/库房			甲、乙类厂房/库房
耐火等级	一、二级	三级	四级	一、二级	一、二级	三级	四级	一、二级
地下车站的采光窗井	6	7	9	13	10	12	14	25

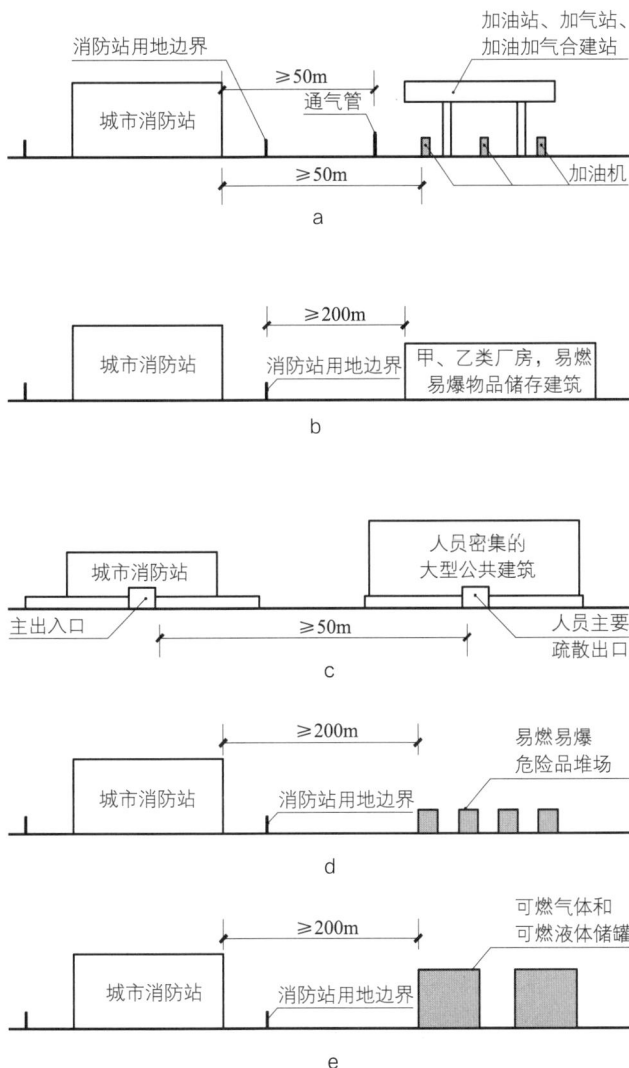

■ 城市消防站与相邻建筑之间的防火间距要求

规范编制组.《建筑防火通用规范》实施指南［M］. 北京：中国计划出版社，2023.

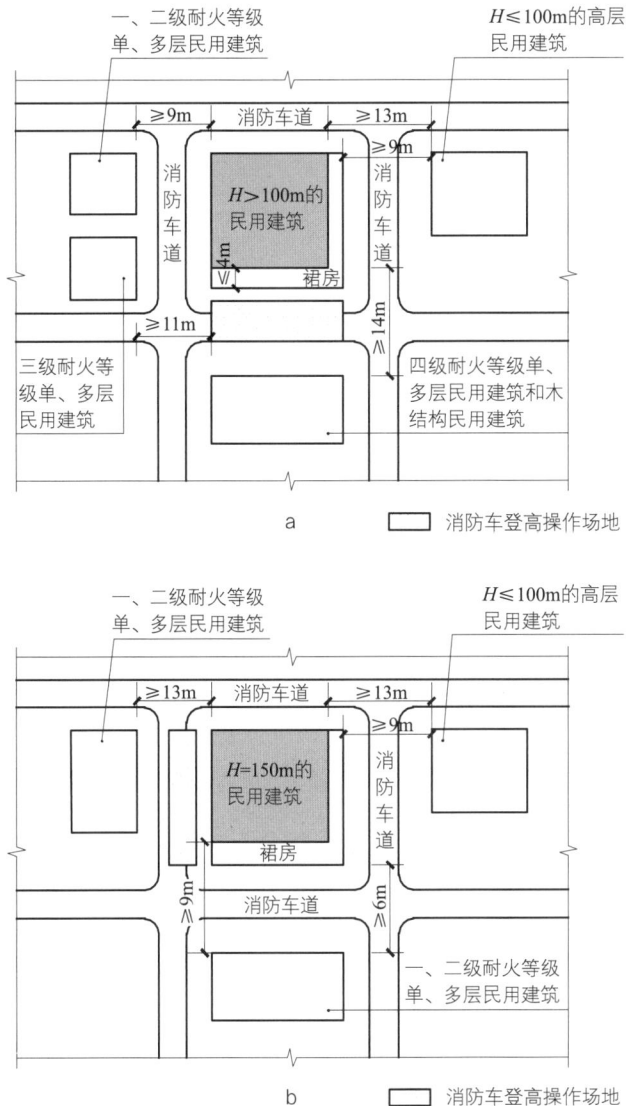

■ $H>100m$ 的民用建筑与其他建筑之间的防火间距和消防救援空间要求

规范编制组.《建筑防火通用规范》实施指南［M］. 北京：中国计划出版社，2023.

11

2.3.2 汽车库、修车库、停车场的防火间距

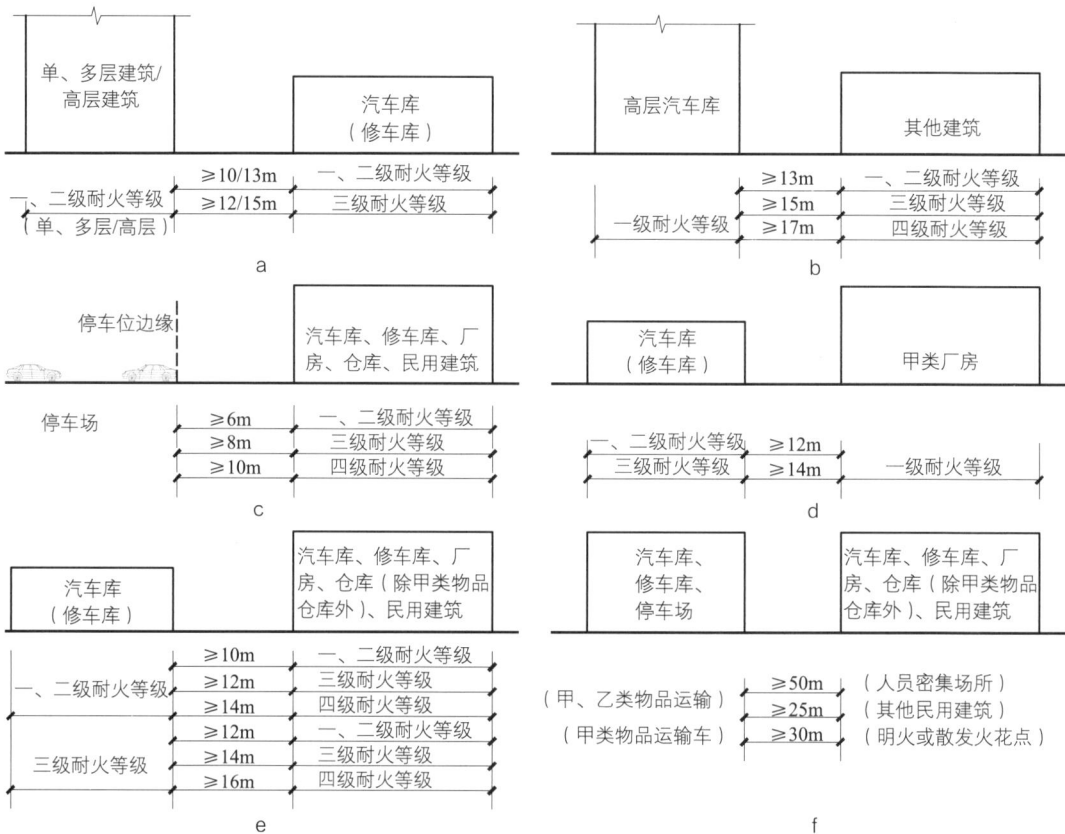

a

单、多层建筑/高层建筑 ｜ 汽车库（修车库）

一、二级耐火等级（单、多层/高层）
- ≥10/13m 一、二级耐火等级
- ≥12/15m 三级耐火等级

b

高层汽车库 ｜ 其他建筑

一级耐火等级
- ≥13m 一、二级耐火等级
- ≥15m 三级耐火等级
- ≥17m 四级耐火等级

c

停车位边缘 ｜ 汽车库、修车库、厂房、仓库、民用建筑

停车场
- ≥6m 一、二级耐火等级
- ≥8m 三级耐火等级
- ≥10m 四级耐火等级

d

汽车库（修车库） ｜ 甲类厂房

- 一、二级耐火等级 ≥12m
- 三级耐火等级 ≥14m 一级耐火等级

e

汽车库（修车库） ｜ 汽车库、修车库、厂房、仓库（除甲类物品仓库外）、民用建筑

一、二级耐火等级
- ≥10m 一、二级耐火等级
- ≥12m 三级耐火等级
- ≥14m 四级耐火等级

三级耐火等级
- ≥12m 一、二级耐火等级
- ≥14m 三级耐火等级
- ≥16m 四级耐火等级

f

汽车库、修车库、停车场 ｜ 汽车库、修车库、厂房、仓库（除甲类物品仓库外）、民用建筑

（甲、乙类物品运输）
- ≥50m （人员密集场所）
- ≥25m （其他民用建筑）

（甲类物品运输车）
- ≥30m （明火或散发火花点）

汽车库、修车库、停车场的防火间距
《汽车库、修车库、停车场设计防火规范》图示12J814

2.3.3 民用建筑与工业建筑之间的防火间距

民用建筑与厂房、仓库之间的防火间距（m）　　　　表2-2

名称			民用建筑				
			裙房，单、多层建筑			高层建筑	
			一、二级	三级	四级	一类	二类
甲类厂房	单、多层	一、二级	25			50	
乙类厂房、仓库	单、多层	一、二级	25			50	
	单、多层	三级					
	高层	一、二级					
丙类厂房、仓库	单、多层	一、二级	10	12	14	20	15
	单、多层	三级	12	14	16	25	20
	单、多层	四级	14	16	18		
	高层	一、二级	13	15	17	20	15
丁、戊类厂房、仓库	单、多层	一、二级	10	12	14	15	13
	单、多层	三级	12	14	16	18	15
	单、多层	四级	14	16	18		
	高层	一、二级	13	15	17	15	13

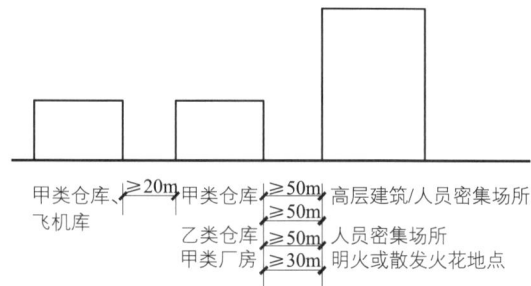

甲类仓库 飞机库 ≥20m 甲类仓库 ≥50m 高层建筑/人员密集场所
≥50m
乙类仓库 ≥50m 人员密集场所
甲类厂房 ≥30m 明火或散发火花地点

厂房、仓库与高层建筑及人员密集场所之间的防火间距

民用建筑与液体储罐（区）的防火间距（m） 表2-3

类别	一个罐区或堆场的总容量V（m³）	民用建筑			
		一、二级		三级	四级
		高层民用建筑	裙房、其他民用建筑		
甲、乙类液体储罐（区）	1≤V<50	40	12	15	20
	50≤V<200	50	15	20	25
	200≤V<1000	60	20	25	30
	1000≤V<5000	70	25	30	40
丙类液体储罐（区）	5≤V<250	40	12	15	20
	250≤V<1000	50	15	20	25
	1000≤V<5000	60	20	25	30
	5000≤V<25000	70	25	30	40

民用建筑与湿式可燃气体/氧气储罐的防火间距（m） 表2-4

类别	一个储罐总容量V（m³）	民用建筑	
		裙房，单、多层民用建筑	高层民用建筑
湿式可燃气体储罐	V<1000	18	25
	1000≤V<10000	20	30
	10000≤V<50000	25	35
	50000≤V<100000	30	40
	100000≤V<300000	35	45
湿式氧气储罐	V≤1000	18	
	1000<V≤50000	20	
	V>50000	25	

民用建筑与瓶装液化石油气供应站瓶库的防火间距（m） 表2-5

分类	I 级		II 级	
瓶库的总存瓶容积V（m³）	6<V≤10	10<V≤20	1<V≤3	3<V≤6
重要公共建筑	20	25	12	15
其他民用建筑	10	15	6	8

民用建筑与液化石油气供应基地的全压式和半冷式储罐（区）的防火间距（m） 表2-6

名称	液化天然气储罐（区）（总容积V，m³）						
	30<V≤50	50<V≤200	200<V≤500	500<V≤1000	1000<V≤2500	2500<V≤5000	5000<V≤10000
单罐容积V（m³）	V≤20	V≤50	V≤100	V≤200	V≤400	V≤1000	V>1000
居住区、村镇和重要公共建筑（最外侧建筑物的外墙）	45	50	70	90	110	130	150
其他民用建筑	40	45	50	55	65	75	100

注：① 防火间距按本表储罐区的总容积或单罐容积的较大者确定。
② 当地下液化石油气储罐的单罐容积≤50m³，总容积≤400m³时，其防火间距可按本表规定减少50%。
③ 居住区、村镇：指≥1000人或≥300户及以上者；当<1000人或<300户时，相应的防火间距按本表有关其他民用建筑的要求确定。

2.4 民用建筑防火间距的放宽情形

在建设场地条件充裕的情况下，总体布局容易满足防火间距的要求，但在旧城改造、保护历史建筑，以及创造新老建筑共处的空间环境时，往往受四周原有建筑的限制，使得有的建设场地在满足各种间距后已无法布置新建建筑。这种情况下，可考虑结合防火间距的放宽情形来设计。

1）两座建筑相邻较高一面外墙为防火墙，或高出相邻较低建筑（一、二级耐火等级）的屋面15m及以下范围内的外墙为防火墙时，其防火间距不限。

2）两座高度相同的建筑（一、二级耐火等级），相邻任一侧外墙为防火墙，屋顶耐火极限≥1.00h时，其防火间距不限。

3）相邻两座建筑，较低建筑的耐火等级不低于二级，其相邻面的外墙为防火墙且屋顶无天窗，屋顶的耐火极限≥1.00h时，其防火间距：单、多层建筑应≥3.5m；高层建筑应≥4m。

4）相邻两座建筑，较低建筑的耐火等级不低于二级且屋顶无天窗，较高一面外墙高出较低建筑的屋面15m及以下范围内的开口部位设置FM甲、FC甲，或设置防火分隔水幕或防火卷帘时，其防火间距：单、多层建筑应≥3.5m；高层建筑应≥4m。

5）除高层民用建筑外，数座一、二级耐火等级的住宅建筑或办公建筑，当占地面积总和≤2500m²时，可成组布置，但组内建筑物之间的间距宜≥4m，组与组或组与相邻建筑物的防火间距不应小于防火间距的一般规定。

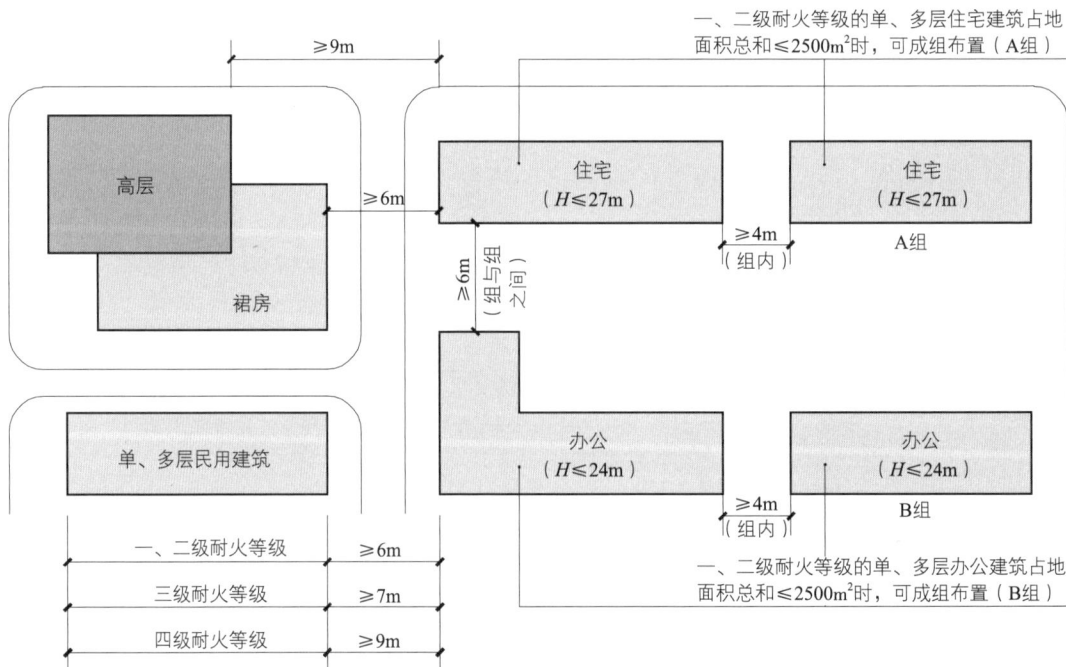

▋ 小规模成组布置单、多层建筑防火间距的放宽情形

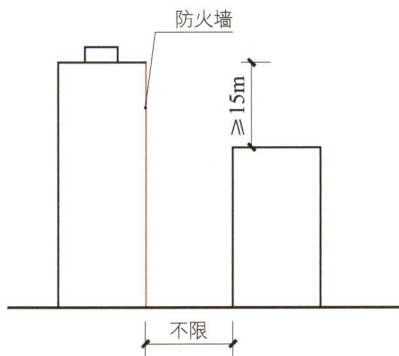

a 防火间距不限（不同高度）

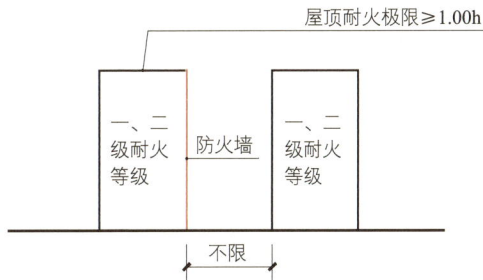

b 防火间距不限（相同高度）

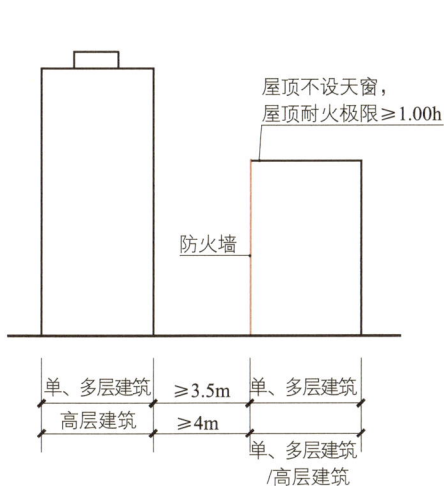

c 防火间距减至3.5m或4m（较低建筑的耐火等级≥二级）

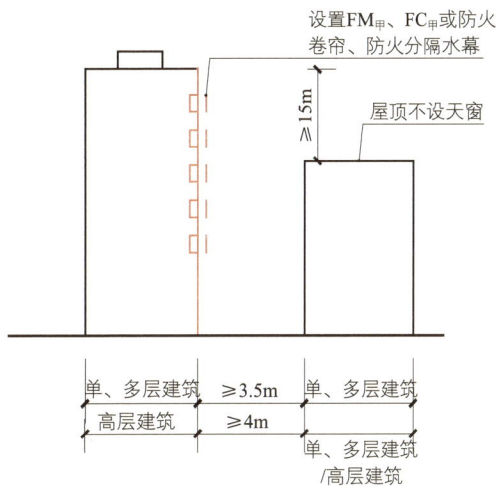

■ 民用建筑防火间距的放宽情形

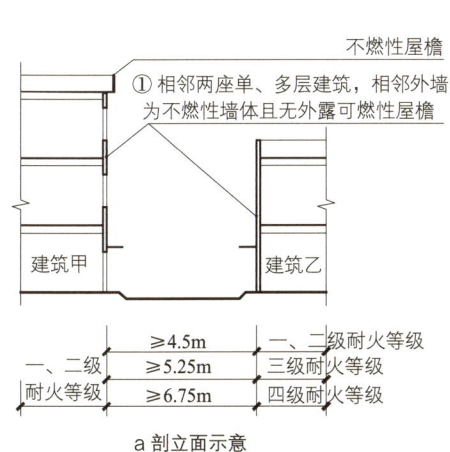

a 剖立面示意

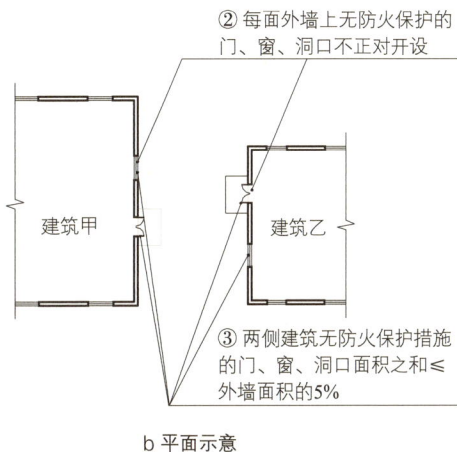

b 平面示意

■ 相邻单、多层建筑之间防火间距减少25%的三个条件

《建筑设计防火规范》图示 18J811-1

15

①消防电梯
②安全出口/消防救援口
③消防控制室
④受限裙房
⑤消防车道
⑥登高操作场地

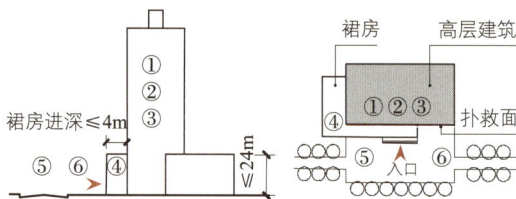

■ 利于消防扑救的六结合原则

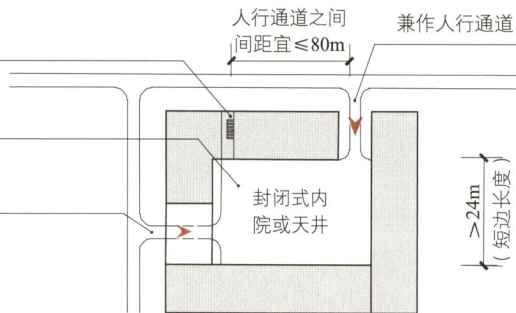

人行通道（可利用楼梯间）

人行通道之间间距宜≤80m

兼作人行通道

景观或小品设置须保证消防扑救和消防车回转

封闭式内院或天井

封闭式内院或天井的短边长度>24m时，宜设置进入的消防车道

>24m（短边长度）

■ 封闭式内院或天井建筑设置消防车道

注：除受环境地理条件限制只能设置1条消防车道的公共建筑外，飞机库、其他高层公共建筑和占地面积>3000m²的其他单、多层公共建筑应至少沿建筑两条长边设置消防车道。住宅建筑应至少沿建筑一条长边设置消防车道。当仅设置1条消防车道时，该消防车道应位于建筑的消防登高操作场地一侧。

■ 消防车道的设置及形式

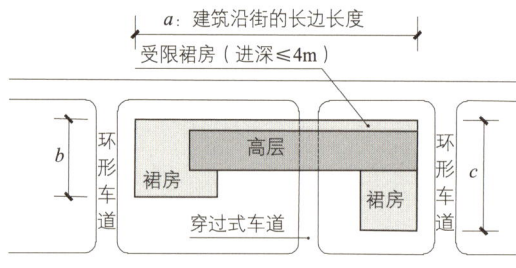

a：建筑沿街的长边长度

受限裙房（进深≤4m）

环形车道

高层

裙房

穿过式车道

裙房

环形车道

b

c

满足下列条件之一时，应设置穿过建筑的消防车道，确有困难时应设置环形消防车道：
① 建筑物沿街部分长度：*a*>150m（矩形建筑）。
② 建筑物总长度：*a+b*>220m（L形建筑）或*a+b+c*>220m（U形建筑）。

2.5 消防车道

街区内道路应考虑消防车通行，其道路中心线间距宜≤160m。民用建筑周围、城市轨道交通的车辆基地内、其他地下工程的地面出入口附近，均应设置消防车道并与外部道路连通。

消防车道应与扑救场地结合，能承受消防车满载时的压力，净宽和净空满足消防车安全、快速通行的要求，转弯半径满足转弯要求，一般应达到9～12m。消防车道的坡度应≤10%。环形消防车道至少应有2处与其他车道连通，长度>40m的尽头式消防车道应设置回车场（道）。

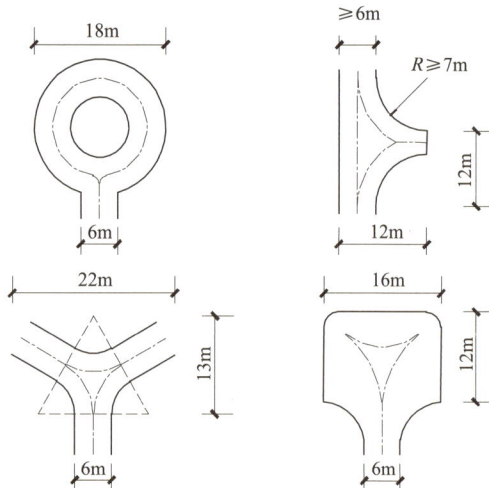

18m
6m
≥6m
R≥7m
12m
12m
22m
13m
6m
16m
12m
6m

■ 消防车回车场（道）

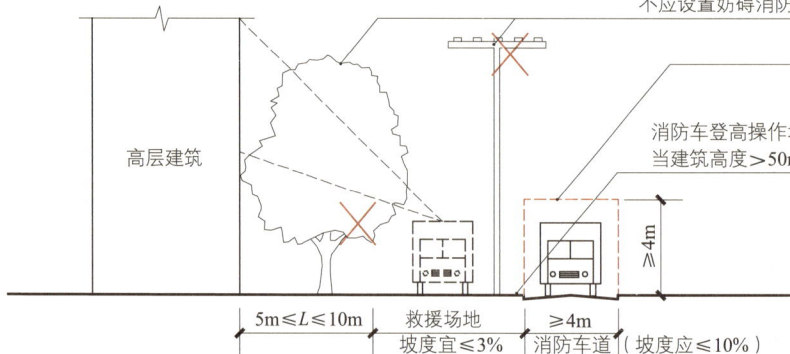

不应设置妨碍消防车登高操作的树木、架空管线等

虚框范围内不应有障碍（包括穿过建筑的消防车道）

消防车登高操作场地：长度≥15m，宽度≥10m；当建筑高度>50m时，长度≥20m，宽度≥10m

高层建筑

≥4m

5m≤L≤10m

救援场地坡度宜≤3%

≥4m

消防车道（坡度应≤10%）

■ 消防车道与救援场地的要求

2.6 登高操作场地与消防救援口

高层建筑应至少沿其一条长边设置消防车登高操作场地；未连续设置的消防车登高操作场地，应保证消防车的救援作业范围能覆盖该建筑的全部消防扑救面。场地的坡度应满足消防车停靠和消防救援作业的要求。

在建筑外墙上应设置便于消防救援人员出入的消防救援口，并符合：

1）沿外墙的每个防火分区，在对应消防救援操作面范围内设置的消防救援口应≥2个；

2）无外窗的建筑应每层设置消防救援口，有外窗的建筑应自第3层起每层设置消防救援口；

3）消防救援口的净高度和净宽度均应≥1.0m，当利用门时，净宽度应≥0.8m；

4）消防救援口应易于从室内和室外打开或破拆，采用玻璃窗时，应选用安全玻璃；

5）消防救援口应设置可在室内和室外识别的永久性明显标志。

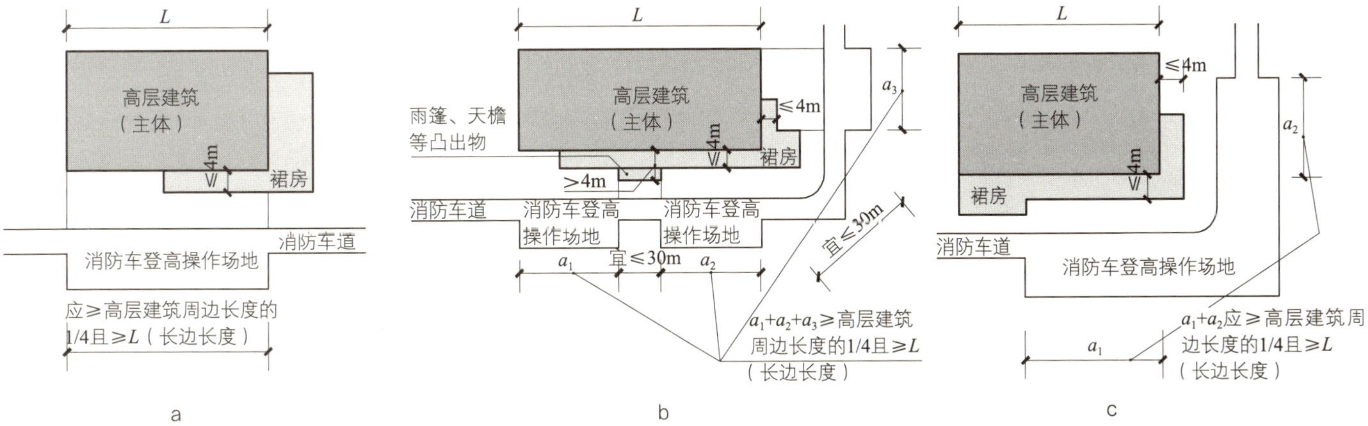

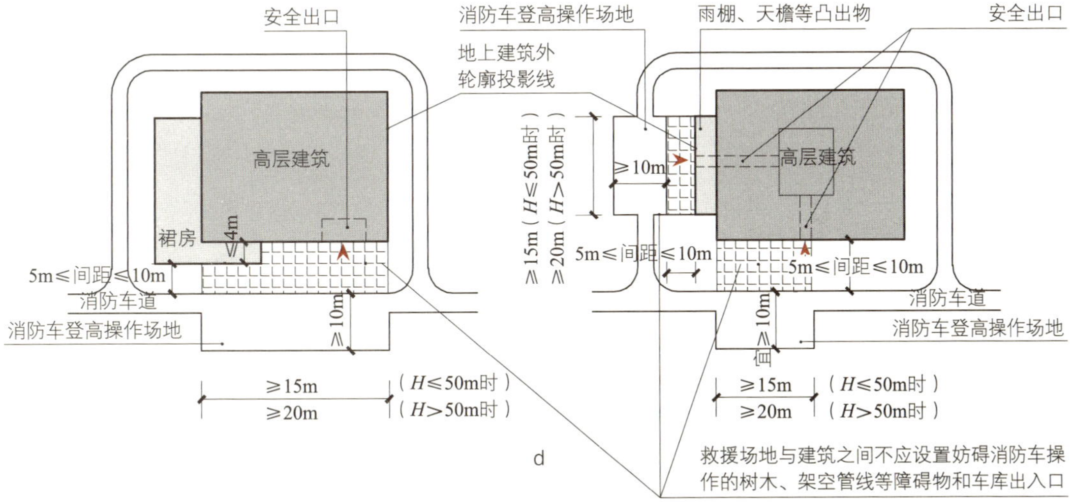

a

b

c

d

高层建筑至少沿一个长边或周边长度的1/4且≥一个长边长度的底边，应连续布置消防车登高操作场地。H≤50m的建筑，连续布置消防车登高操作场地确有困难时，可间隔布置，但间距宜≤30m，其总长度应符合规定。消防车登高操作场地的坡度宜≤3%。

■ **高层建筑的消防车登高操作场地和出入口设置**
《建筑设计防火规范》图示
18J811-1

17

高层住宅建筑、山坡地或河道边临空建造的高层民用建筑，可沿建筑的一个长边设置消防车道，但该长边所在建筑立面应为消防车登高操作面。

■ 高层住宅、临空高层民用建筑的消防车道设置
《建筑设计防火规范》图示18
J811-1

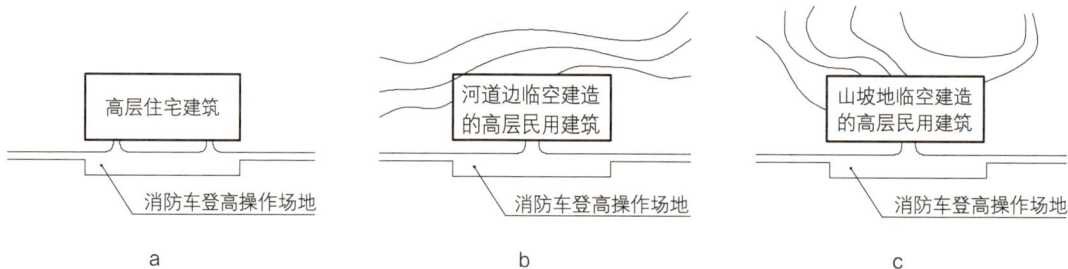

高层住宅建筑

消防车登高操作场地

a

河道边临空建造的高层民用建筑

消防车登高操作场地

b

山坡地临空建造的高层民用建筑

消防车登高操作场地

c

■ 消防救援口示意
石峥嵘.《建筑设计防火规范》图示及应用［M］. 北京：中国水利水电出版社，2022.

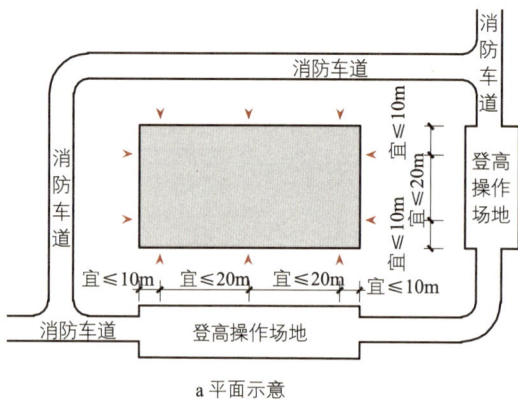

a 平面示意

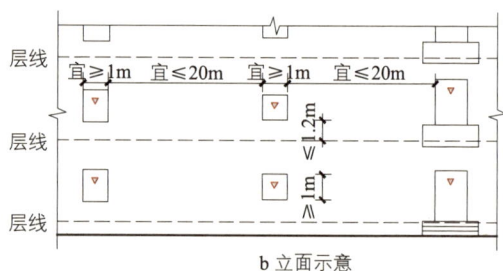

b 立面示意

消防救援口应设置可在室内和室外识别的永久性明显标志，必要时，在标志上还应标明具体的破拆位置、破拆方法等说明性文字。

c 标志参考

■ 消防车登高操作场地示意
张树平，李钰. 建筑防火设计（第3版）［M］. 北京：中国建筑工业出版社，2020.

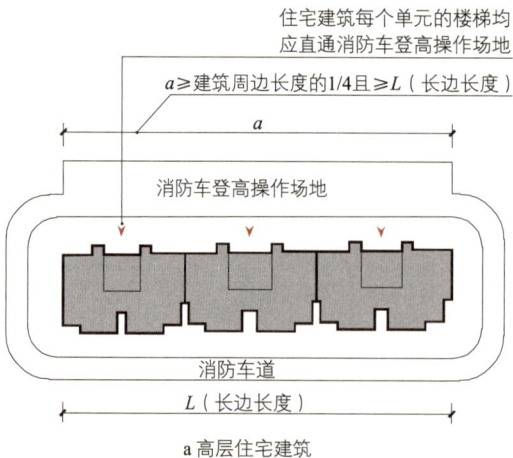

住宅建筑每个单元的楼梯均应直通消防车登高操作场地

$a \geq$ 建筑周边长度的1/4且$\geq L$（长边长度）

a 高层住宅建筑

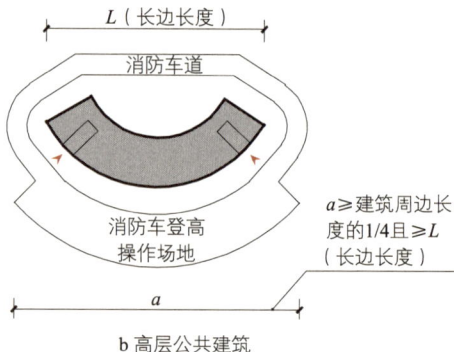

b 高层公共建筑

2.7 群体高层建筑的典型布局方式

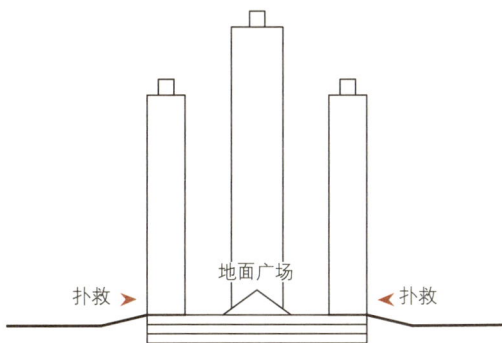

a 剖面示意

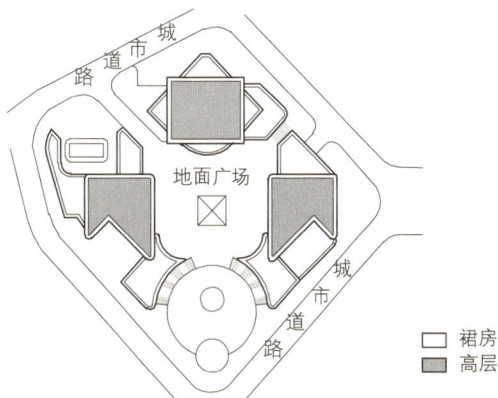

b 总平面示意

☐ 裙房
■ 高层

"裙房"设于地下成为半地下商业空间，其屋顶形成与道路略有高差的地面广场，多个高层主体矗立其上。广场上设置利于地下空间采光通风的中庭、通风井等，消防车可直接驶上地面广场对各高层主体进行扑救。

■ **广场式布局**

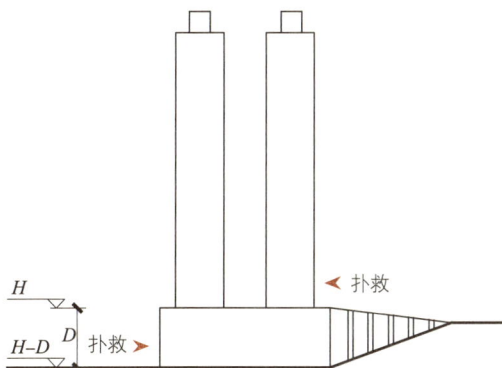

a 高低两侧设置消防车道

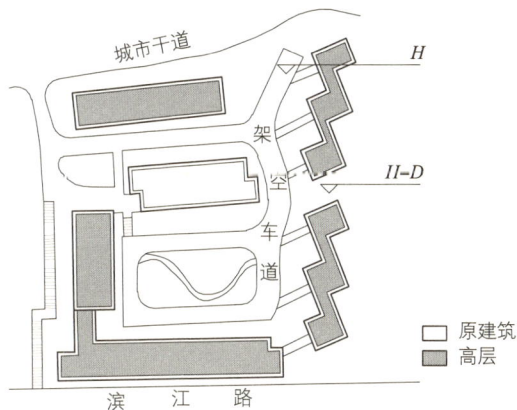

b 架空消防车道

☐ 原建筑
■ 高层

当地形高差较大时，可在坡地场地两侧设置消防车道进行扑救（图a）。当消防车道到达建筑周边有困难时，可在地势较高一侧设置架空消防车道进行扑救（图b）。

■ **立体式布局**

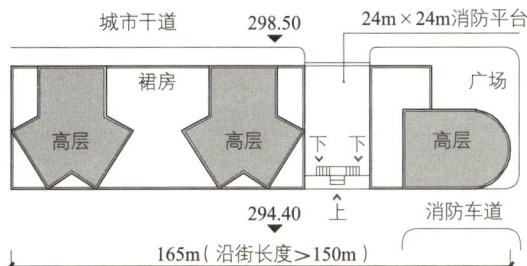

165m（沿街长度＞150m）

当裙房太长（沿街长度＞150m或总长度＞220m），且两侧有高差时，可在其间设置消防平台作为扑救场地，消防车不需要穿越建筑，人流可经过消防平台抵达建筑另一侧。

■ **消防平台替代穿过式消防车道**

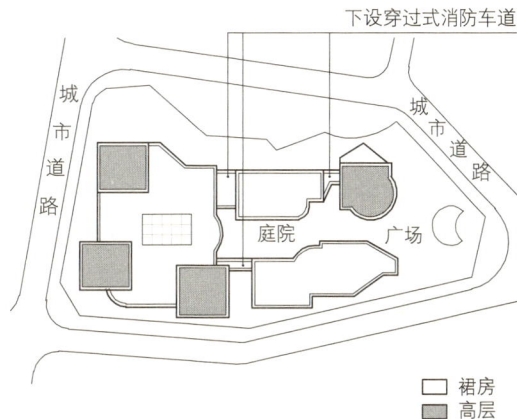

☐ 裙房
■ 高层

各高层建筑布置于裙房外部紧靠城市道路一侧，当裙房及内院尺度较大时，宜设置多个方向进入庭院的穿过式消防车道。

■ **周边式布局**

19

2.8 总平面布局案例解析

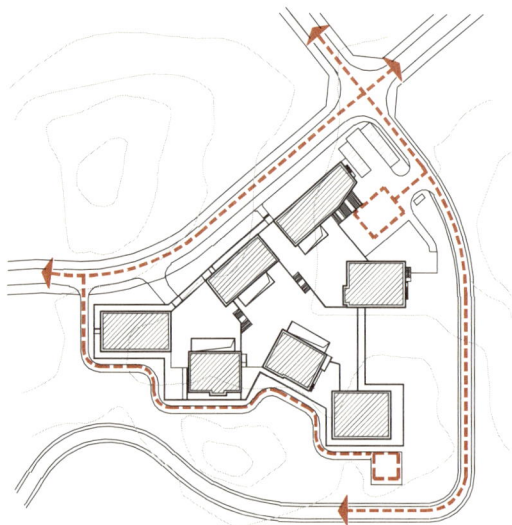

分散式布局:结合山地地形,通过不同标高的平台将7栋建筑联系起来,周边设置消防车道,道路尽端设置消防车回车场。

回车场
消防车道
多层建筑

■ **四川美术学院虎溪校区设计艺术馆**
家堃建筑设计事务所

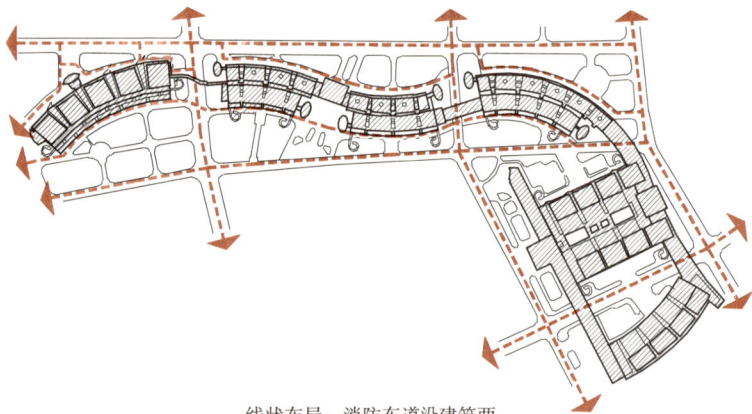

5栋会展建筑并排布局,建筑周边设置环形消防车道,每栋建筑之间设置穿过式消防车道,可兼作人员安全疏散通道。

消防车道
多层建筑

■ **广州白云国际会展中心**
中信华南(集团)建筑设计院

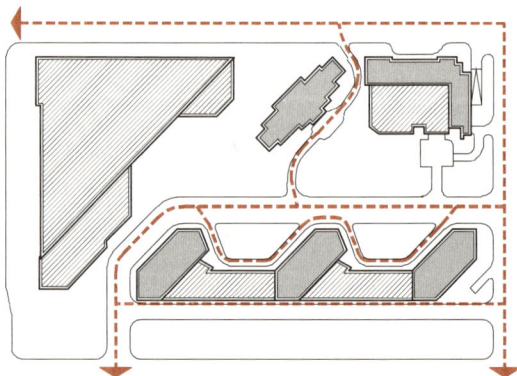

线状布局:消防车道沿建筑两长边布置,适中部位设置穿过式消防车道,联系城市道路与内部道路,可在建筑两侧实现消防扑救和疏散组织。

消防车道
多层建筑

■ **义乌国际商贸城一期**
杭州市建筑设计研究院有限公司

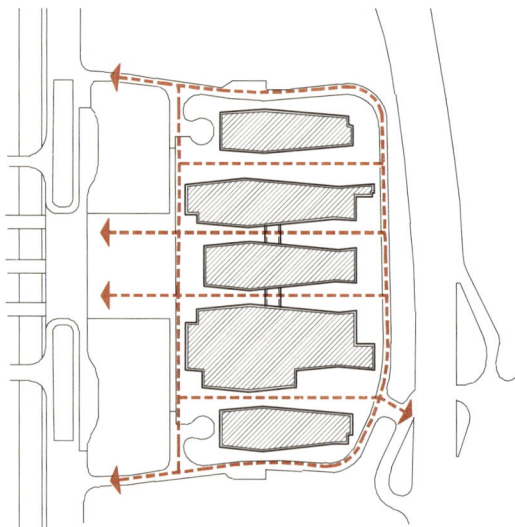

3栋高层办公建筑沿道路布局,2栋高层酒店建筑沿长边设置消防车道和扑救场地,购物中心两侧为主要城市道路,各自保证消防扑救。

消防车道
多层建筑
高层建筑

■ **北京华贸中心**
美国KPF建筑设计事务所,北京市建筑设计研究院股份有限公司

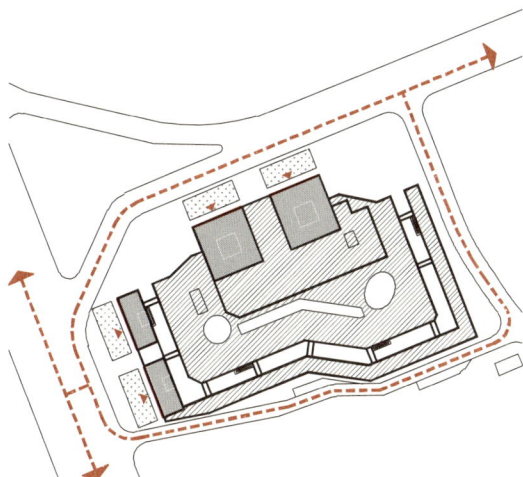

消防车道沿建筑周边布置，高层建筑布局在裙房外侧，与裙房各自设置安全疏散系统。

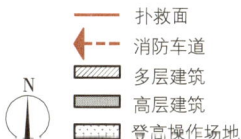

——	扑救面
←- -	消防车道
▨	多层建筑
▨	高层建筑
▨	登高操作场地

N

■ **上海宝山万达广场**
上海霍普建筑设计事务所股份有限公司

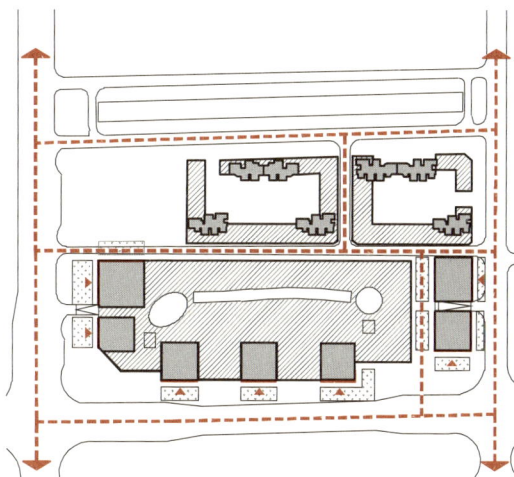

高层建筑沿城市道路布局，结合外部空间设置消防车道和登高操作场地。

——	扑救面
←- -	消防车道
▨	多层建筑
▨	高层建筑
▨	登高操作场地

N

■ **佛山南海万达广场**
悉地国际设计顾问（深圳）有限公司

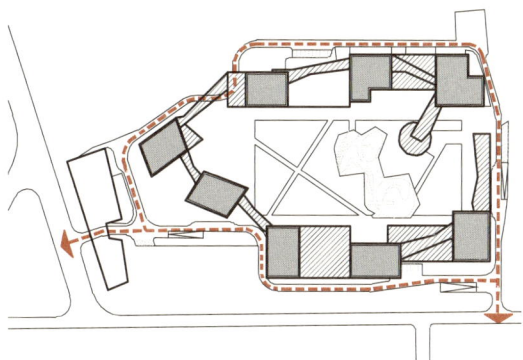

各高层建筑沿外围道路布局，外部保证消防扑救，内部形成人性化的广场或院落。

←- -	消防车道
▨	多层建筑
▨	高层建筑

N

■ **北京当代MOMA城**
斯帝文·霍尔建筑师事务所

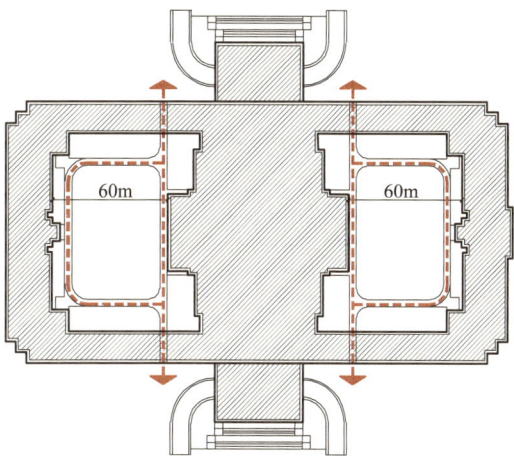

建筑沿街长度过长，消防车道穿越建筑可进入短边尺寸＞24m的内院，保证内外消防扑救和疏散。

←- -	消防车道
▨	高层建筑

N

■ **济南龙奥资产运营有限公司综合服务楼**
山东同圆设计集团有限公司

周边院落式布局：沿建筑周边布置消防车道，并设置安全疏散通道连通消防车道及城市道路。

■ **北京航空航天大学科研楼**
北京建筑设计研究院

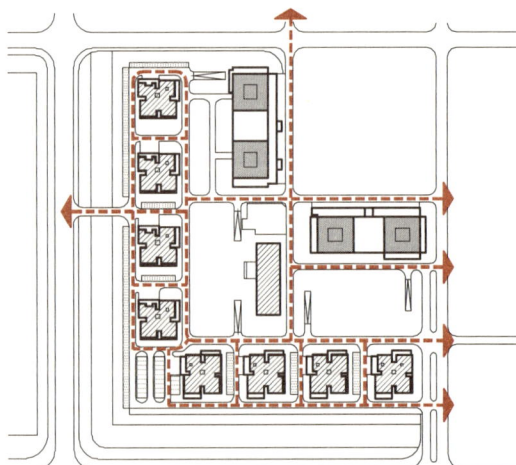

图例（右上）
- ←--→ 消防车道
- ▦ 多层建筑
- ▦ 高层建筑

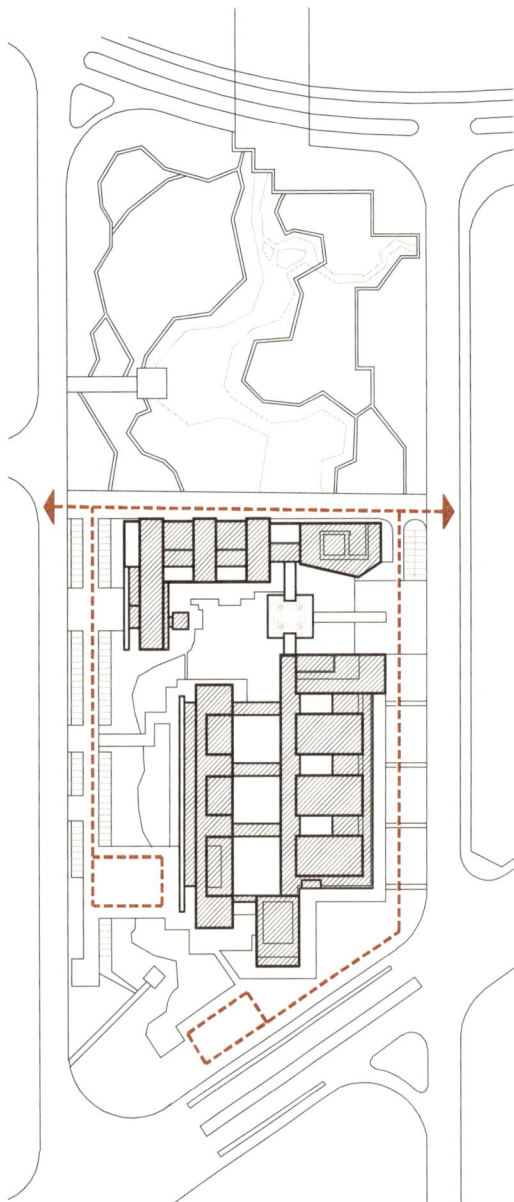

多层组群建筑布局：建筑外围设置消防车道连接城市道路，尽端设回车场。建筑之间庭院可形成与车道隔离的人性化环境。

■ **宁波帮博物馆**
华南理工大学建筑设计研究院有限公司

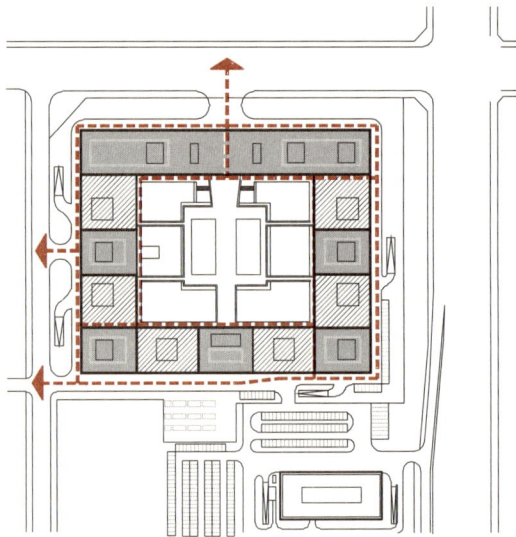

图例（左下）
- ←--→ 消防车道
- ▦ 多层建筑
- ⬚ 回车场

每栋高层建筑均设置环形消防车道，保证建筑之间的防火间距，利于扑救和疏散。

■ **天津融侨渤龙湖总部基地（西区）**
天津市城市规划设计研究院有限公司

图例（右下）
- ←--→ 消防车道
- ▦ 多层建筑
- ▦ 高层建筑

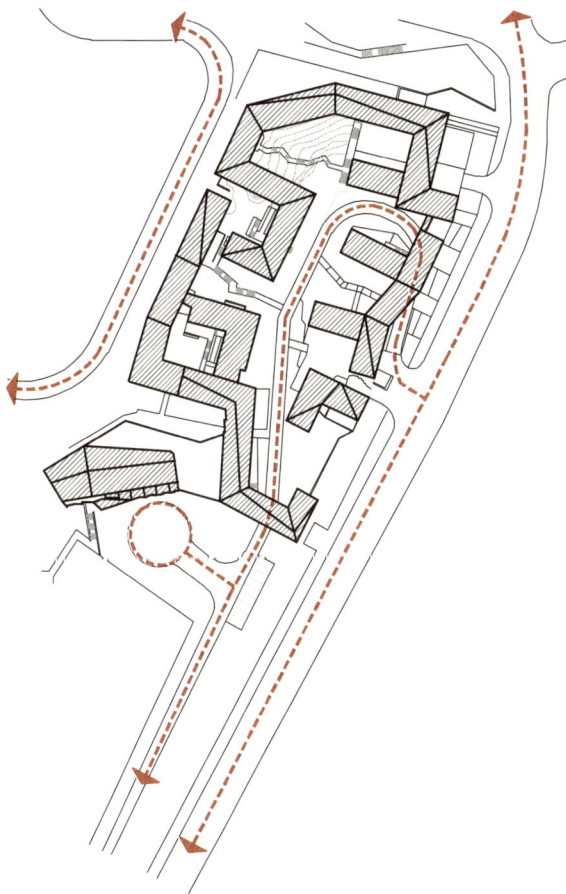

建筑沿城市道路布局，保证消防扑救，消防车道穿越广场院落，内部联系人员安全疏散通道，外部联系城市道路。

N

- - → 消防车道

▨ 多层建筑

⭕ 回车场

■ **深圳美伦酒店+公寓**
URBANUS都市实践

项目位于山坡地上，消防车道沿建筑四周布置，并在坡度过大处设置尽端回车场，满足各栋高层建筑的消防扑救要求。

N

- - → 消防车道

▨ 多层建筑

▩ 高层建筑

⭕ 回车场

■ **重庆协信星光时代**
重庆市设计院有限公司

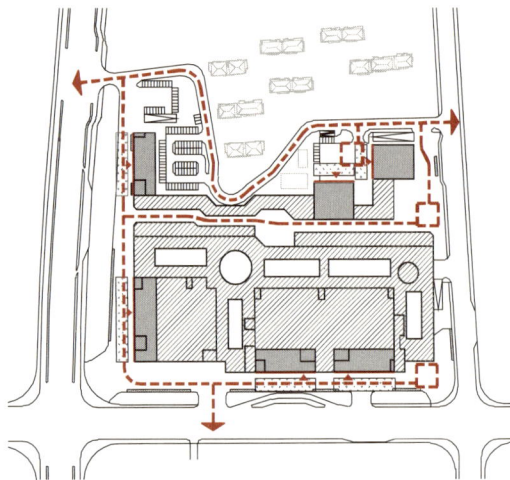

消防车道沿建筑四周布置，形成内外环路，邻近高层建筑或道路尽端设置回车场；各高层建筑邻道路，留有足够尺度的消防车登高操作场地。

图例：
—— 扑救面
‑‑‑‑ 消防车道
▨ 多层建筑
▦ 高层建筑
⬚ 回车场
⬓ 登高操作场地

N

■ **上海周浦万达商业广场**
　中国建筑上海设计研究院有限公司

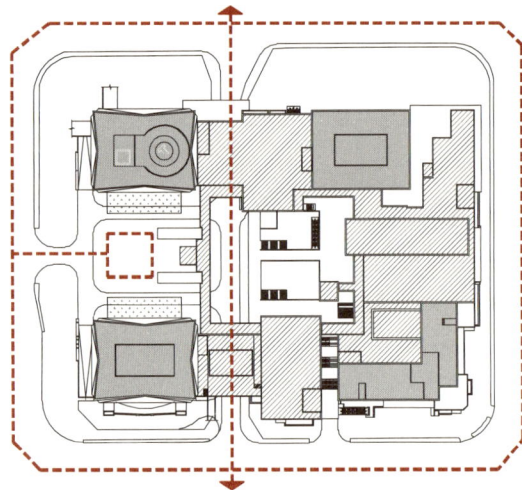

各高层建筑靠城市道路外围布置，可在城市道路一侧组织消防扑救，塔楼之间的广场构成消防车登高操作场地。

图例：
‑‑‑‑ 消防车道
▨ 多层建筑
▦ 高层建筑
⬚ 回车场
⬓ 登高操作场地

N

■ **深圳卓越皇岗世纪中心**
　中建国际（深圳）设计顾问有限公司

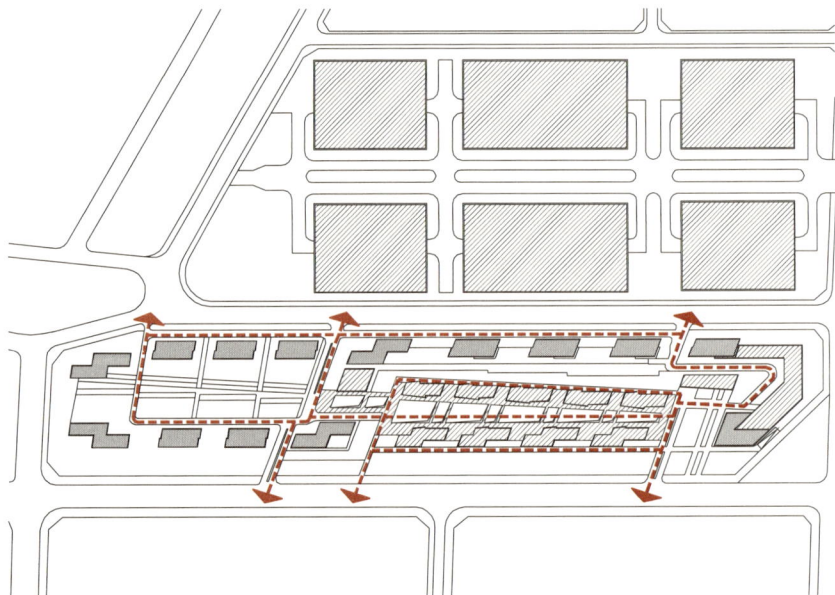

物流建筑呈网格布局，商务区高层建筑呈点状布置，沿建筑周边设置消防车道，各建筑之间设有人员安全疏散通道，连通外部道路。

■ **成都博川物流基地**
　澳大利亚柏涛（墨尔本）建筑
　设计亚洲公司

物流区

商务区

N
‑‑‑‑ 消防车道
▨ 多层建筑
▦ 高层建筑

3

防火分区
与防火分隔

3 防火分区与防火分隔

3.1 防火分区的面积规定

防火分区是在建筑内部采用防火墙、楼板及其他防火分隔设施分隔而成，能在一定时间内防止火灾向同一建筑的其余部分蔓延的局部空间。防火分区设计包括水平防火分区设计和垂直防火分区设计，其目的是将火势控制在限制的区域，至少需要保持一定时间，避免火势扩散至相邻的其他空间。同一建筑内的不同使用功能区域之间应进行防火分隔。

民用建筑的高度、层数及防火分区的最大允许建筑面积　　　　表3-1

名称	耐火等级	允许建筑高度、层数、位置		防火分区的最大允许建筑面积（m²）	备注
高层民用建筑	一、二级	住宅	>27m	1500	体育馆、剧场观众厅的防火分区的最大允许建筑面积，可适当增加
		公建	>24m		
单、多层民用建筑	一、二级	住宅	≤27m	2500	
		公建	≤24m的单、多层，>24m的单层		
	三级	5层		1200	—
	四级	2层		600	—
（半）地下建筑（室）	一级	—		500	设备用房防火分区最大允许建筑面积应≤1000m²
汽车库	一、二级	单层		3000	—
		多层		2500	
		高层或地下		2000	
商业营业厅、展览厅	一、二级	高层建筑		4000	设置自动灭火系统、火灾自动报警系统，且采用不燃或难燃装修
		单层或多层建筑的首层		10000	
		（半）地下		2000	

注：①设置自动灭火系统的防火分区，允许最大建筑面积可按本表增加一倍；当局部设置时，增加面积可按该局部面积的一倍计算。
②裙房与高层建筑主体之间设置防火墙分隔时，裙房的防火分区可按耐火等级为一、二级单、多层建筑的要求确定；当其间未采用防火墙和FM甲分隔时，裙房的防火分区应按高层建筑主体的相应要求划分。
③敞开式、错层式、斜楼板式的汽车库的上下连通层面积应叠加计算，其防火分区最大允许建筑面积可按本表规定值增加一倍；半地下汽车库、设在建筑物首层的汽车库的防火分区，最大允许建筑面积应≤2500m²；室内有车道且有人员停留的机械式汽车库的防火分区，最大允许建筑面积应按本表规定值减少35%。
④独立建造的老年人照料设施，一、二级耐火等级时建筑高度宜≤32m，且应≤54m；三级耐火等级时应≤2层。
⑤除建筑内游泳池、消防水池等的水面、冰面或雪面面积，射击场的靶道面积，污水沉降池面积，开敞式的外走廊或阳台面积等可不计入防火分区的建筑面积外，其他建筑面积均应计入所在防火分区的建筑面积。

3.2 水平防火分区

水平防火分区是采用具有一定耐火能力的墙体、门、窗和楼板，按规定的建筑面积标准，根据建筑物内部的不同使用功能区域，分隔形成的若干防火区域或防火单元。除了考虑不同的火灾危险性外，还需按照使用灭火剂的种类加以分隔；贵重设备间、贵重物品的房间，也需分隔形成防火单元。

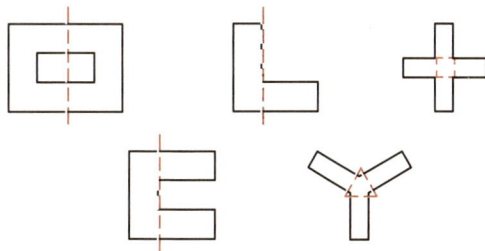

当民用建筑标准层面积当超过一个防火分区允许的最大建筑面积时，可结合体型在平面转折处划分防火分区。

▌ **结合平面及体型划分水平防火分区**

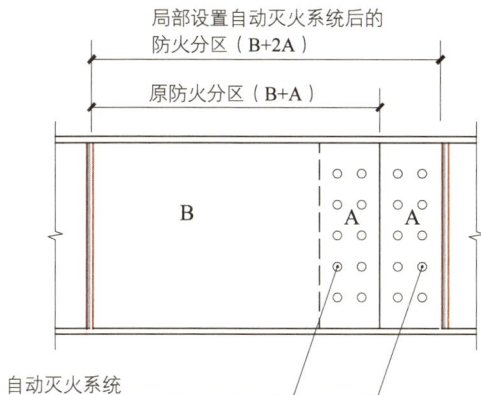

局部设置自动灭火系统的防火分区，其允许最大建筑面积可增加局部面积的一倍。

a 局部设置自动灭火系统

▌ **水平防火分区的防火分隔**

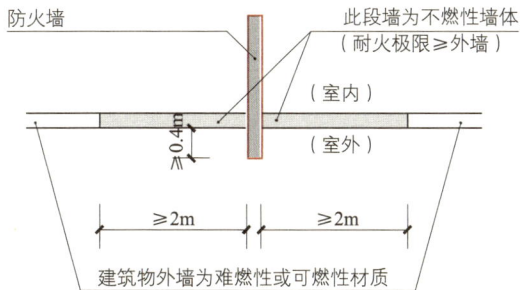

应采用防火墙划分防火分区，确有困难时可结合FM甲或防火卷帘、防火分隔水幕等措施进行分隔。

b 水平防火分区的划分

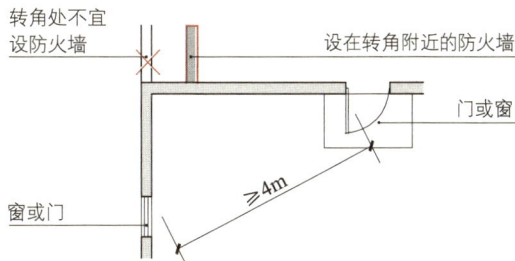

建筑外墙为难燃性或可燃性墙体时，防火墙应凸出外墙表面≥0.4m，且防火墙两侧的外墙应为宽度≥2m的不燃烧体，其耐火极限应大于等于外墙的耐火极限。

▌ **防火分区分界处的防火墙设置**

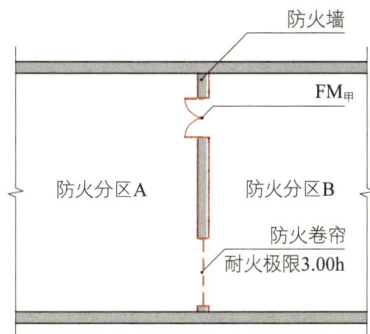

建筑物内的防火墙不宜设置在转角处。如设置在转角附近，内转角两侧墙上的门、窗洞口之间最近边缘的水平距离应≥4m。

▌ **防火分区转角处的防火墙设置**

3.3 垂直防火分区

垂直防火分区是以耐火楼板、窗槛墙、防火挑檐等对建筑空间进行竖向分隔，并在管井、上下连通部位等处设置相应的耐火封堵或分隔措施，使整个建筑在竖向上分别形成多个防火单元。每一自然层通常作为一个防火分区。当建筑物内设置中庭、自动扶梯、敞开楼梯等上下层相连通的开口时，其防火分区允许的最大建筑面积应按上下层相连通的面积叠加计算。

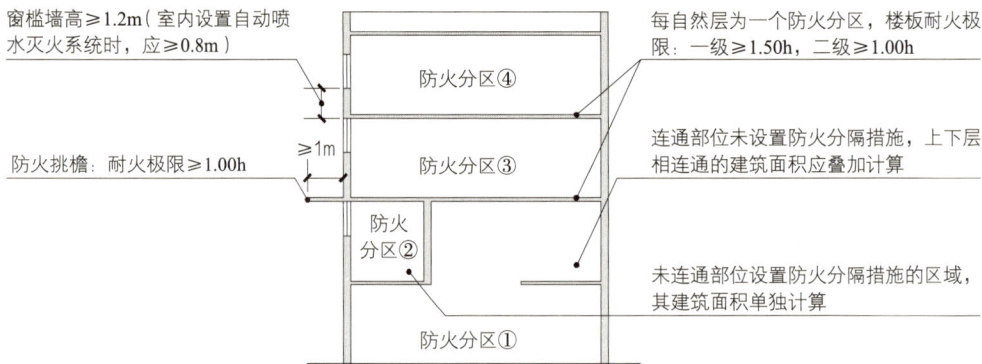

窗槛墙高≥1.2m（室内设置自动喷水灭火系统时，应≥0.8m）

防火挑檐：耐火极限≥1.00h

≥1m

防火分区④

防火分区③

防火分区②

防火分区①

每自然层为一个防火分区，楼板耐火极限：一级≥1.50h，二级≥1.00h

连通部位未设置防火分区措施，上下层相连通的建筑面积应叠加计算

未连通部位设置防火分区措施的区域，其建筑面积单独计算

▌ **连通部位防火分区面积叠加计算**

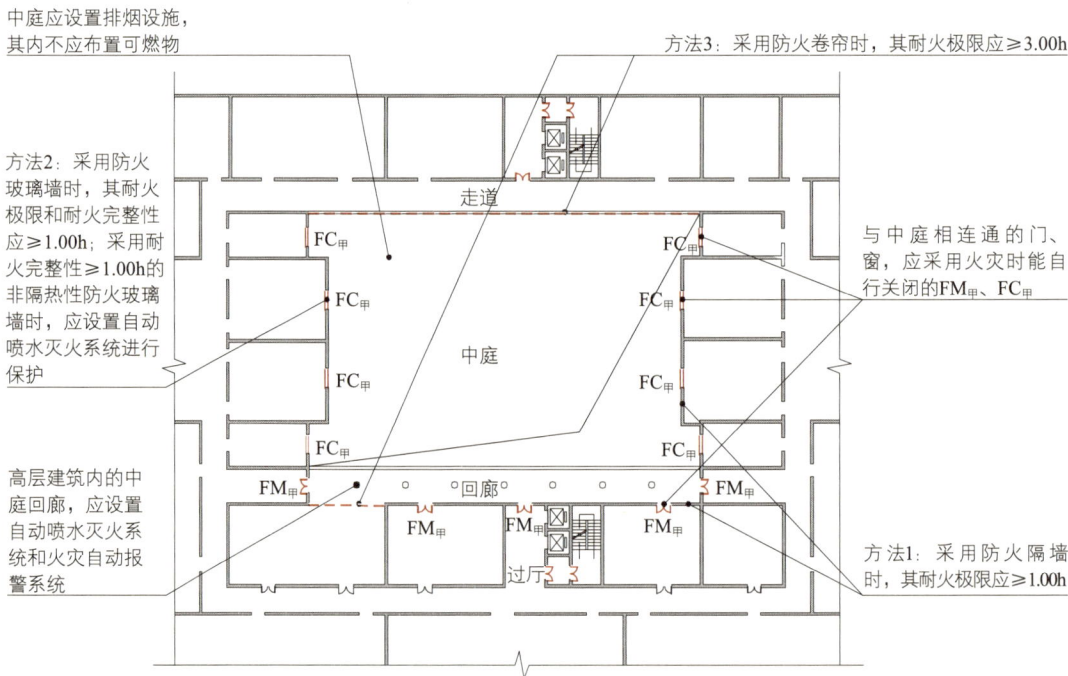

中庭应设置排烟设施，其内不应布置可燃物

方法3：采用防火卷帘时，其耐火极限应≥3.00h

方法2：采用防火玻璃墙时，其耐火极限和耐火完整性应≥1.00h；采用耐火完整性≥1.00h的非隔热性防火玻璃墙时，应设置自动喷水灭火系统进行保护

走道

FC甲   FC甲

FC甲   FC甲

中庭

FC甲   FC甲

FC甲   FC甲

FM甲   回廊   FM甲

FM甲 FM甲   FM甲

过厅

与中庭相连通的门、窗，应采用火灾时能自行关闭的FM甲、FC甲

方法1：采用防火隔墙时，其耐火极限应≥1.00h

高层建筑内的中庭回廊，应设置自动喷水灭火系统和火灾自动报警系统

▌ **中庭与周围连通空间的防火分隔措施**
《建筑设计防火规范》图示18J811-1

当中庭连通楼层建筑面积超过一个防火分区允许的最大建筑面积时，应将中庭与周围连通空间进行防火分隔。

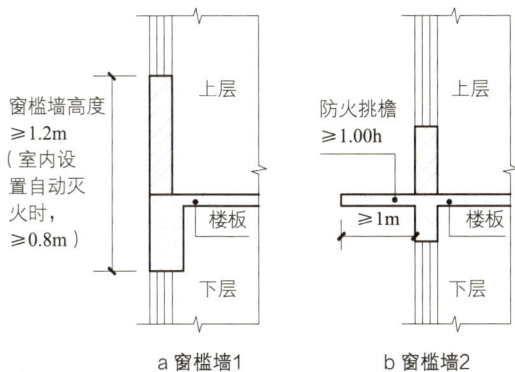

窗槛墙高度
≥1.2m
（室内设
置自动灭
火时，
≥0.8m）

上层

楼板

下层

a 窗槛墙1

防火挑檐
≥1.00h

上层

≥1m

楼板

下层

b 窗槛墙2

上下层开口之间设置实体墙确有困难时，可设置防火玻璃墙，应保证其耐火完整性。

■ **垂直防火分区的防火分隔**

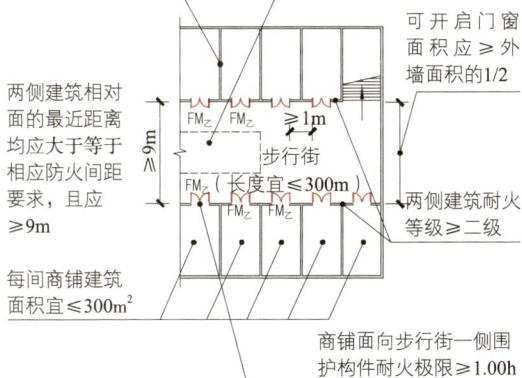

防火卷帘
耐火极限≥3.00h

FM$_Z$

开敞阳台

FM$_Z$

防火卷帘
耐火极限≥3.00h

■ **楼梯间的防火分隔**（兼顾平时使用）

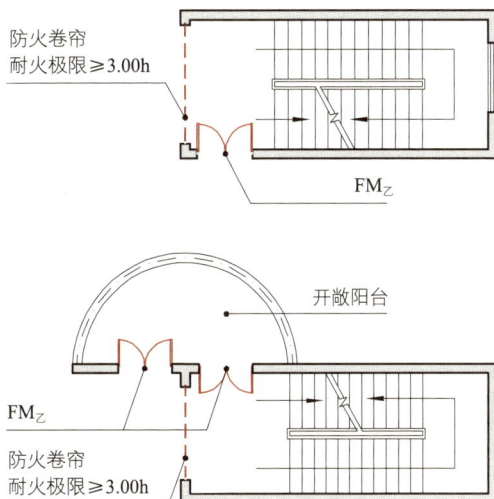

商铺之间防火隔墙的耐火极限应≥2.00h

上部各层楼板开口面积≥步行街地面面积的37%

可开启门窗面积应≥外墙面积的1/2

两侧建筑相对面的最近距离均应大于等于相应防火间距要求，且应≥9m

步行街（长度宜≤300m）

两侧建筑耐火等级≥二级

每间商铺建筑面积宜≤300m²

商铺面向步行街一侧围护构件耐火极限≥1.00h

FM$_Z$ FM$_Z$ ≥1m

FM$_Z$ FM$_Z$

FM$_Z$ FM$_Z$

≥9m

a 平面示意（首层）

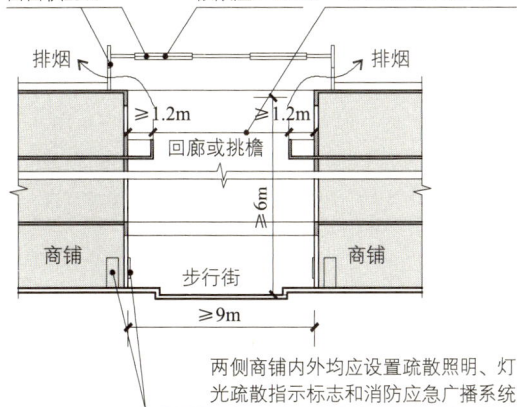

常开式自然排烟口有效面积应≥步行街地面面积25%

顶棚为不燃或难燃材料，承重结构的耐火极限应≥1.00h

各层楼板开口应≥步行街地面面积37%

排烟

排烟

≥1.2m ≥1.2m

回廊或挑檐

≥6m

商铺

步行街

商铺

≥9m

两侧商铺内外均应设置疏散照明、灯光疏散指示标志和消防应急广播系统

b 剖面示意

■ **有顶棚商业步行街的防火设计**

《建筑设计防火规范》图示18J811-1

3.4 大型地下商业建筑防火分区

　　总建筑面积＞20000m²的（半）地下商店，应采用无门、窗、洞口的防火墙和耐火极限≥2.00h的楼板，分隔为多个建筑面积≤20000m²的区域。相邻区域确需局部连通时，应采用室外开敞空间（如下沉式广场）、防火隔间、避难走道、防烟楼梯间等方式进行连通。防烟楼梯间的门应采用FM甲。

　　实际工程中，"下沉式广场"相当于一个开敞式防火隔离区，"防火隔间"则相当于一个封闭式防火隔离区。

设置≥1部直接通向地面的疏散楼梯，疏散楼梯总净宽应大于等于相邻防火分区通向下沉式广场的设计疏散总净宽度

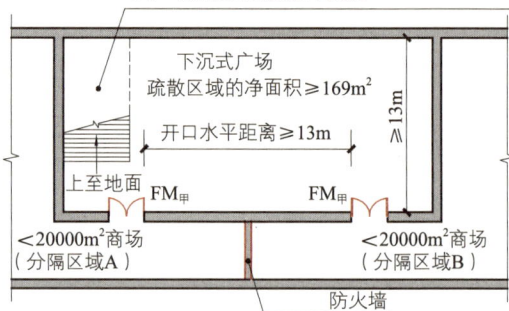

下沉式广场
疏散区域的净面积≥169m²

开口水平距离≥13m

≥13m

上至地面　FM甲　　　　FM甲

＜20000m²商场
（分隔区域A）

＜20000m²商场
（分隔区域B）

防火墙

■ **下沉式广场防火隔离区**

将两个地下商场连接处的上部敞开，形成一个开敞的下沉式空间，人员须通过此开敞空间才能到达另一商场。此开敞空间内应有楼梯或踏步直接上到室外地面。

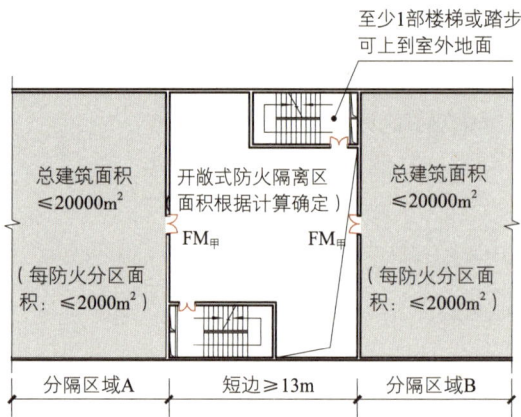

■ **开敞式防火隔离区**

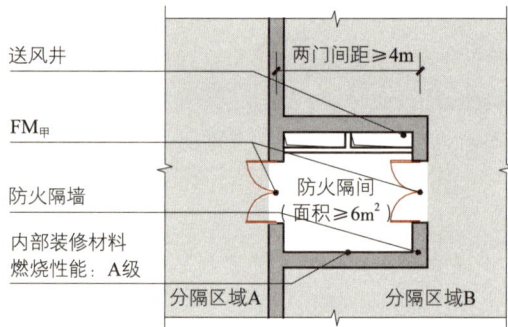

至少1部楼梯或踏步可上到室外地面

总建筑面积
≤20000m²

（每防火分区面积：≤2000m²）

开敞式防火隔离区面积根据计算确定

FM甲　　FM甲

总建筑面积
≤20000m²

（每防火分区面积：≤2000m²）

分隔区域A　　短边≥13m　　分隔区域B

送风井

两门间距≥4m

FM甲

防火隔墙

防火隔间
（面积≥6m²）

内部装修材料
燃烧性能：A级

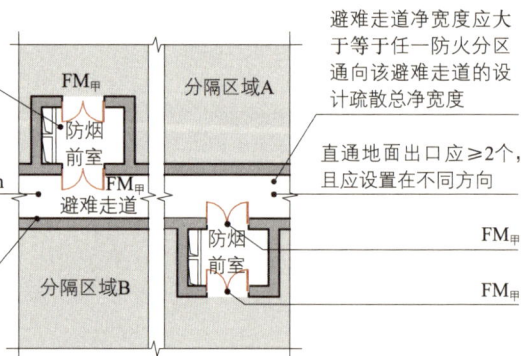

分隔区域A　　　　　分隔区域B

■ **防火隔间**

防火分区至避难走道入口处应设置防烟前室，面积≥6m²

避难走道楼板的耐火极限≥1.50h

内部装修材料
燃烧性能：A级

FM甲

分隔区域A

防烟前室

FM甲

避难走道

防烟前室

分隔区域B

避难走道净宽度应大于等于任一防火分区通向该避难走道的设计疏散总净宽度

直通地面出口应≥2个，且应设置在不同方向

FM甲

FM甲

■ **避难走道**

前室

地下商场A
总建筑面积
≤20000m²

（防火分区面积
≤2000m²）

前室

封闭式防火隔离区
（设2个防烟楼梯间）

有困难时，可与相邻防火分区共用其中1个防烟楼梯间

短边≥13m

≥13m

地下商场B
总建筑面积
≤20000m²

（防火分区面积
≤2000m²）

前室

（所有疏散门均为FM甲）

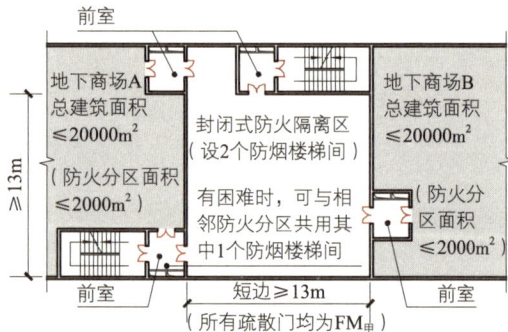

在两个地下商场的连接处设置的封闭式防火隔离区，如同超高层建筑的避难区，人员须经过此空间才能到达另一侧的商场。防火隔离区面积应根据相关规范计算，前室应设置加压送风系统。

■ **封闭式防火隔离区**

3.5 汽车库防火分区

汽车库的防火分区可采用防火墙、防火卷帘等防火分隔措施，其防火分区的最大允许建筑面积应该符合表3-2的规定。半地下汽车库、设在建筑物首层的汽车库防火分区最大允许建筑面积应≤2500m²。汽车库内的设备用房应单独划分防火分区，当符合下列条件时可将其计入汽车库的防火分区面积：①设备用房设有自动灭火系统；②汽车库每个防火分区内设备用房的总建筑面积≤1000m²；③设备用房采用防火隔墙和FM甲与停车区域分隔。

汽车库防火分区的最大允许建筑面积（m²）表3-2

耐火等级	单层汽车库	多层汽车库、半地下停车库	地下汽车库、高层汽车库
一、二级	3000	2500	2000
三级	1000	不允许	不允许

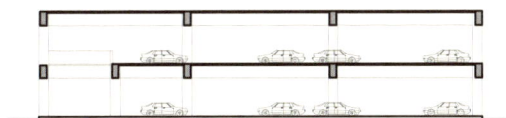

a 敞开式汽车库

b 斜楼板式汽车库

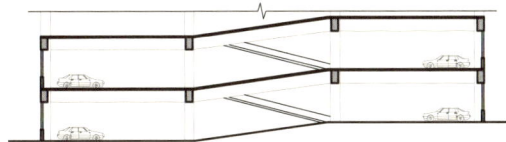

c 错层式汽车库

注：敞开式、斜楼板式、错层式汽车库的上下连通层面积应该叠加计算，每个防火分区的最大允许建筑面积应≤表3-2规定的2倍。

■ **汽车库防火分区**
《汽车库、修车库、停车场设计防火规范》图示12J814

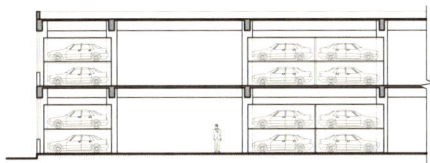

室内有车道且有人员停留的机械式汽车库，其防火分区最大允许建筑面积应按表3-2的规定减少35%。

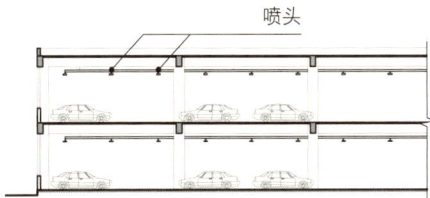

设置自动灭火系统的汽车库，每个防火分区最大允许建筑面积应≤表3-2规定的2倍。

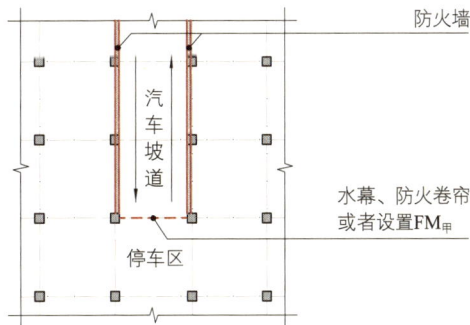

a 未设置自动灭火系统

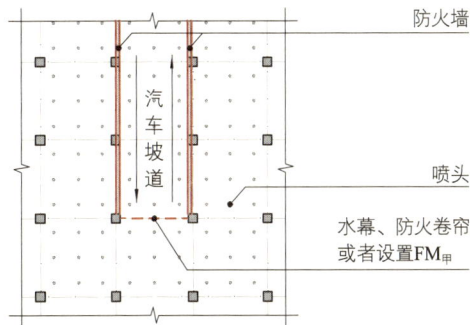

b 设置有自动灭火系统

■ **室内有车道且有人员停留的机械式汽车库**（剖面）

■ **设置自动灭火系统的汽车库**（剖面）

除敞开式汽车库、斜楼板式汽车库外，其他汽车库内的汽车坡道两侧应采用防火墙与停车区隔开，坡道出入口处应采用水幕、防火卷帘或FM甲等与停车区隔开；但当汽车库和汽车坡道上均设置自动灭火系统时，坡道的出入口处可不设置水幕、防火卷帘或FM甲。

■ **汽车库内汽车坡道的防火分隔措施**
《汽车库、修车库、停车场设计防火规范》图示12J814

3.6 平面布置结合防火分区与防火分隔

| | 平面布置结合防火分区与防火分隔 | 表3-3 |

功能部位	空间设置要求及其耐火分隔措施
商店营业厅、公共展览厅	地上部分采用三级耐火等级建筑时，应≤2层；采用四级耐火等级建筑时，应为单层；耐火等级为一、二级时不应设置在地下三层及以下。一、二级耐火等级建筑内的营业厅、展览厅，当设置自动灭火系统和火灾自动报警系统且采用不燃或难燃装修材料时，每个防火分区的最大允许建筑面积应符合：设置在高层建筑内时，应≤4000m²；设置在单层建筑或仅设置在多层建筑的首层内时，应≤10000m²；设置在（半）地下时，应≤2000m²
医院和疗养院的住院部分	1）不应设置在（半）地下，采用三级耐火等级建筑时应≤2层；采用四级耐火等级建筑时应为单层； 2）病房楼内相邻护理单元之间，应采用耐火极限≥2.00h的防火隔墙分隔，隔墙上的门应采用FM甲，走道上的防火门应采用常开FM； 3）手术室或手术部、产房、重症监护室、贵重精密医疗装备用房、储藏间、实验室、胶片室等，应采用FM、FC、耐火极限≥2.00h的防火隔墙和耐火极限≥1.00h的楼板与其他区域分隔
儿童活动场所	宜设置在独立的建筑内，不应设置在（半）地下。当采用一、二级耐火等级建筑时应≤3层；采用三级耐火等级建筑时应≤2层；采用四级耐火等级建筑时应为单层。确需设置在其他民用建筑内时，应符合：设置在一、二级耐火等级的建筑内时，应布置在首层、二层或三层；设置在高层建筑时，应设置独立的安全出口和疏散楼梯；设置在单、多层建筑内时，宜设置独立的安全出口和疏散楼梯
老年人照料设施	1）对于一、二级耐火等级建筑，应布置在楼地面设计标高≤54m的楼层上（设置楼层标高宜≤32m）； 2）对于三级耐火等级建筑，应布置在首层或二层； 3）居室和休息室不应布置在（半）地下； 4）老年人公共活动用房、康复与医疗用房，应布置在地下一层及以上楼层，当布置在半地下或地下一层、地上四层及以上楼层时，每个房间的建筑面积应≤200m²且使用人数应≤30人
教学建筑、食堂、菜市场	采用三级耐火等级建筑时，应≤2层；采用四级耐火等级建筑时，应为单层
高层建筑内的会议厅、多功能厅	宜布置在首层、二层或三层；设置在三级耐火等级的建筑内时，不应布置在三层及以上；确需布置在一、二级耐火等级建筑的其他楼层时，应符合： 1）一个厅、室的疏散门应≥2个，且建筑面积宜≤400m²； 2）设置在（半）地下时，宜设置在地下一层，不应设置在地下三层及以下楼层； 3）设置在高层建筑时，应设置火灾自动报警系统和自动灭火系统
住宅建筑与其他功能组合	设置商业服务网点的住宅建筑，居住部分与商业服务网点之间应采用耐火极限≥2.00h且无门窗、洞口的防火隔墙和耐火极限≥1.50h的不燃性楼板完全分隔，安全出口和疏散楼梯应分别独立设置。商业服务网点中每个分隔单元之间应采用耐火极限≥2.00h，且无门窗、洞口的防火隔墙相互分隔。 除商业服务网点外，住宅建筑与其他使用功能的建筑合建时，应符合： 1）住宅部分与非住宅部分之间，应采用耐火极限≥2.00h，且无门窗、洞口的防火隔墙和耐火极限≥1.50h的不燃性楼板完全分隔；当为高层建筑时，应采用无门窗、洞口的防火墙和耐火极限≥2.00h的不燃性楼板完全分隔； 2）住宅与非住宅部分的安全出口和疏散楼梯应分别独立设置；为住宅部分服务的地上车库应设置独立的安全出口，地下车库的疏散楼梯应进行分隔； 3）住宅部分和非住宅部分的安全疏散、防火分区和室内消防设施配置，可根据各自的建筑高度分别按照有关住宅建筑和公共建筑的规定执行；该建筑的其他防火设计，应根据建筑的总高度和建筑规模按有关公共建筑的规定执行
一类高层住宅建筑的特殊房间	54m＜建筑高度≤100m的住宅建筑，每户应有一个房间符合： 1）靠外墙设置，并设置可开启外窗； 2）内、外墙体的耐火极限应≥1.00h，该房间门宜采用FM乙，外窗的耐火完整性宜≥1.00h

续表

功能部位	空间设置要求及其耐火分隔措施
剧场、电影院、礼堂	宜设置在独立的建筑内；采用三级耐火等级建筑时，应≤2层；确需设置在其他建筑内时，至少应设置1个独立的安全出口或疏散楼梯，并应符合： 1）应采用耐火极限≥2.00h的防火隔墙和FM甲与其他区域分隔； 2）设置在一、二级耐火等级的建筑内时，观众厅宜布置在首层、二层或三层。确需布置在其他楼层时，一个厅、室的疏散门应≥2个，且建筑面积宜≤400m²；应设置火灾自动报警系统和自动灭火系统；幕布的燃烧性能不应低于B₁级； 3）设置在三级耐火等级的建筑内时，不应设置在三层及以上楼层； 4）设置在（半）地下时，宜设置在地下一层，不应设置在地下三层及以下，防火分区的最大允许建筑面积应≤1000m²（当设置自动灭火系统和自动报警系统时，该面积不得增加）
歌舞娱乐放映游艺场所（不含剧场、电影院）	1）应布置在地下一层及以上且埋深≤10m的楼层； 2）当布置在地下一层或地上四层及以上楼层时，每个房间的建筑面积应≤200m²； 3）房间之间应采用耐火极限≥2.00h的防火隔墙分隔； 4）与建筑其他部位之间应采用FM、耐火极限≥2.00h的防火隔墙和≥1.00h的不燃性楼板分隔
燃油或燃气锅炉、可燃油油浸变压器、充有可燃油的高压电容器和多油开关、柴油发电机房	独立建造且与民用建筑贴邻时，应采用防火墙分隔，不应贴邻建筑中人员密集的场所。附设在建筑内时，应符合： 1）当位于人员密集的场所的上一层、下一层或贴邻时，应采取防止设备用房的爆炸作用危及上一层、下一层或相邻场所的措施； 2）疏散门应直通室外或安全出口； 3）应采用耐火极限≥2.00h的防火隔墙和耐火极限≥1.50h的不燃性楼板与其他部位分隔，防火隔墙上的门、窗应为FM甲、FC甲； 4）附设在建筑内的燃油或燃气锅炉房、柴油发电机房，应符合： ① 常（负）压燃油或燃气锅炉房不应位于地下二层及以下，位于屋顶的常（负）压燃气锅炉房与通向屋面的安全出口的最小水平距离应≥6m；其他燃油或燃气锅炉房应位于建筑首层的靠外墙部位或地一层的靠外侧部位，不应贴邻消防救援专用出入口、疏散楼梯（间）或人员的主要疏散通道； ② 建筑内单间储油间的燃油储存量应≤1m³，油箱的通气管应满足防火要求，油箱的下部应设置防止油品流散的设施；储油间应采用耐火极限≥3.00h的防火隔墙与发电机间、锅炉间分隔； ③ 柴油机的排烟管、柴油机房的通风管、与储油间无关的电气线路等，不应穿过储油间； ④ 燃油或燃气管道在设备间内及进入建筑物前，应分别设置具有自动和手动关闭功能的切断阀； 5）附设在建筑内的可燃油油浸变压器、充有可燃油的高压电容器和多油开关等设备用房，应符合： ① 油浸变压器室、多油开关室、高压电容器室均应设置防止油品流散的设施； ② 变压器室应位于建筑的靠外侧部位，不应设置在地下二层及以下楼层； ③ 变压器室之间、变压器室与配电室之间应采用FM和耐火极限≥2.00h的防火隔墙分隔
消防控制室、灭火设备室、消防水泵房和通风空气调节机房、变配电室等	附设在建筑内时，应采用耐火极限≥2.00h的防火隔墙和耐火极限≥1.50h的不燃性楼板与其他部位分隔。单独建造的消防水泵房耐火等级应≥二级；附设在建筑内的消防水泵房应采用FM、FC、耐火极限≥2.00h的防火隔墙和耐火极限≥1.50h的楼板与其他部位分隔。一般民用建筑中的消防水泵房不应设置在建筑的地下三层及以下楼层。通风、空气调节机房和变配电室开向建筑内的门，应采用FM甲；消防控制室和其他设备房开向建筑内的门，应采用FM乙。 设置火灾自动报警系统和需要联动控制的消防设备的建筑（群）应设置消防控制室，并应符合： 1）单独建造的消防控制室，其耐火等级应≥二级； 2）附设在建筑内的消防控制室，宜设置在建筑内首层或地下一层，且宜布置在靠外墙部位； 3）不应设置在电磁场干扰较强及其他可能影响消防控制设备正常工作的房间附近； 4）疏散门应直通室外或安全出口
人防工程	1）不得使用和储存液化石油气、相对密度≥0.75的可燃气体和闪点<60℃的液体燃料； 2）不应设置哺乳室、托儿所、幼儿园、游乐厅等儿童活动场所和残疾人员活动场所； 3）医院病房和歌舞娱乐放映游艺场所不应设在地下二层及以下，当设置在地下一层时，埋深应≤10m； 4）地下商店不应设置在地下三层及以下，不应经营和储存甲、乙类储存物品属性的商品

3.7 防火分隔图示解析

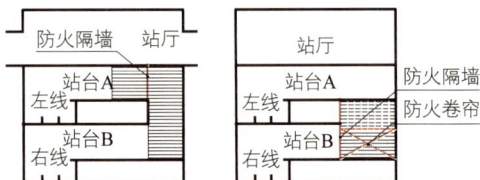

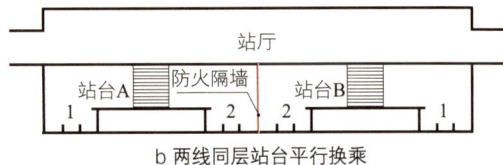

b 两线同层站台平行换乘

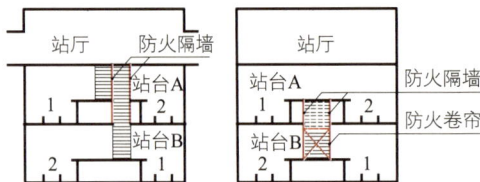

a 上下重叠平行换乘

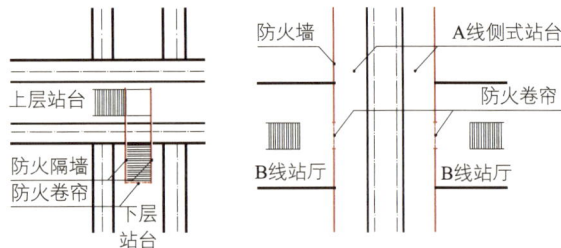

c 点式换乘   d 侧式站台与同层站厅换乘

■ **地下车站换乘防火隔离**
《地铁设计防火标准》GB
51298—2018

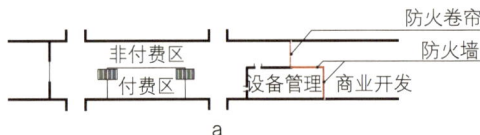

a

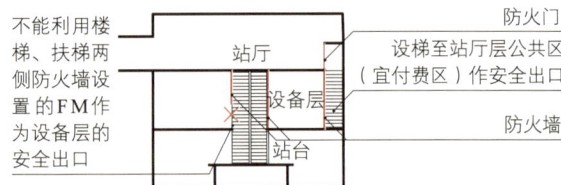

■ **地下车站设备层安全出口布置**
《地铁设计防火标准》GB 51298—2018

■ **站厅公共区与同层商业开发防火隔离**
《地铁设计防火标准》GB
51298—2018

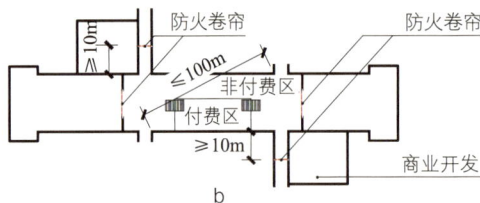

b

■ **站厅公共区内设商铺防火隔离**
《地铁设计防火标准》GB
51298—2018

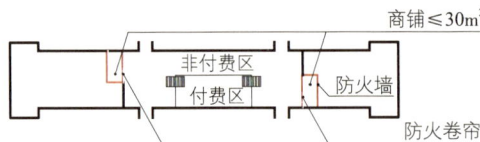

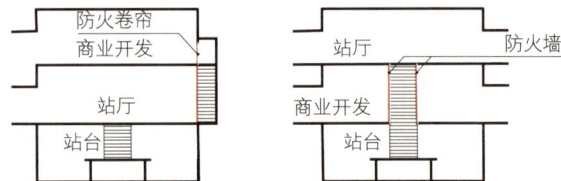

■ **商业开发层与地铁之间防火隔离**
《地铁设计防火标准》GB 51298—2018

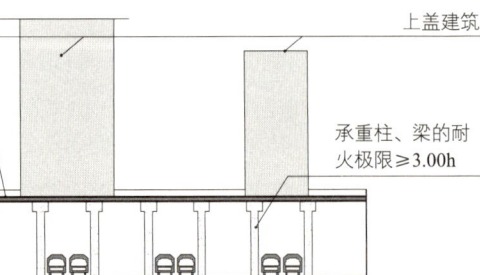

■ **地铁车站项目与上盖建筑的防火分隔**
规范编制组.《建筑防火通用规范》实施指南［M］. 北京：中国计划出版社，2023.

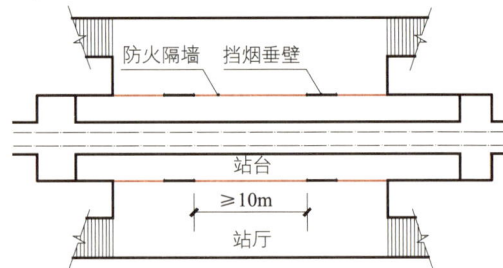

■ **地下一层侧式站台安全出口布置**
《地铁设计防火标准》GB 51298—2018

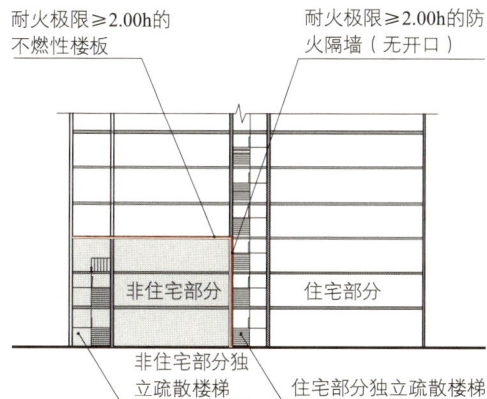

a 防火分隔剖面示意

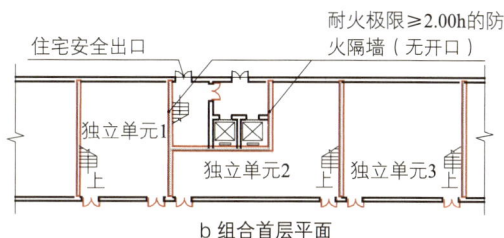

b 组合首层平面

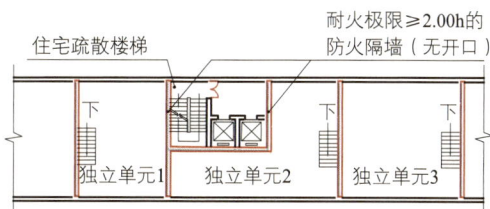

c 组合二层平面

■ **住宅建筑与其他建筑合建的防火分隔及安全出口设置**
规范编制组.《建筑防火通用规范》实施指南［M］.北京：中国计划出版社，2023.

a 站厅与站台之间

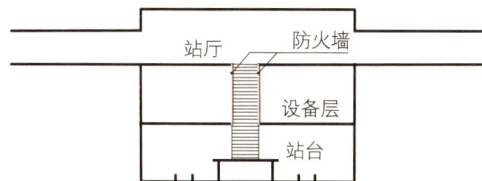

b 站厅与站台之间设备层

■ **地下车站站厅与站台及设备层的防火隔离**
《地铁设计防火标准》GB 51298—2018

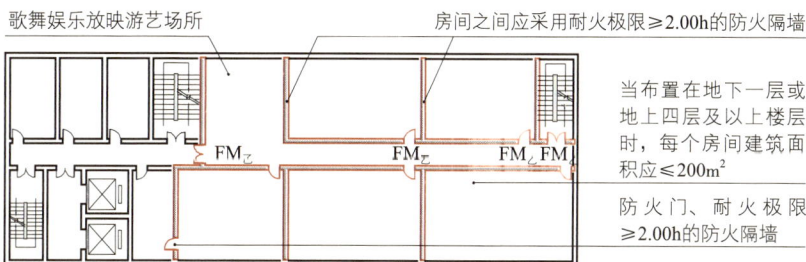

a 与相邻其他功能区域之间

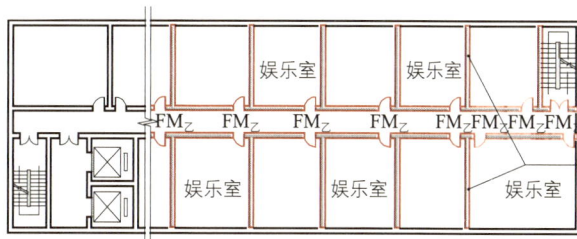

b 内部不同功能之间

■ **歌舞娱乐游艺放映场所的防火分隔**
规范编制组.《建筑防火通用规范》实施指南［M］.北京：中国计划出版社，2023.

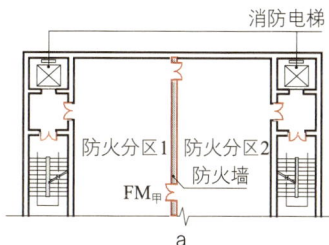

a

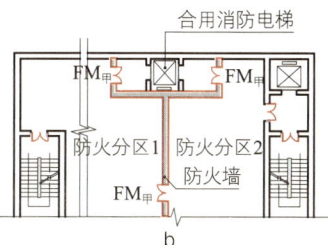

b

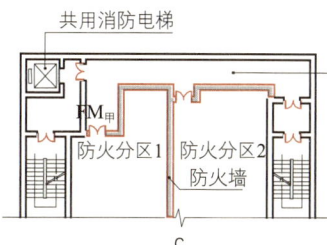

c

■ **防火分区的消防电梯设置示意**
规范编制组.《建筑防火通用规范》实施指南［M］.北京：中国计划出版社，2023.

3.8 防火分区案例解析

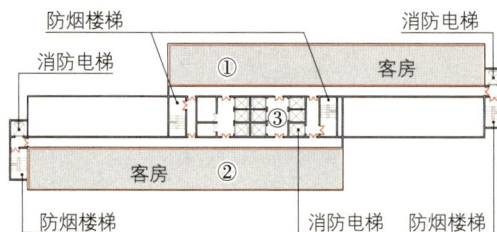

平面呈错开的一字形，体量的交接部位为交通枢纽，结合平面功能在核心筒两侧设置FM甲，联系客房部分，每层平面划分为3个防火分区。

■ 伦敦泰拉旅馆防火分区

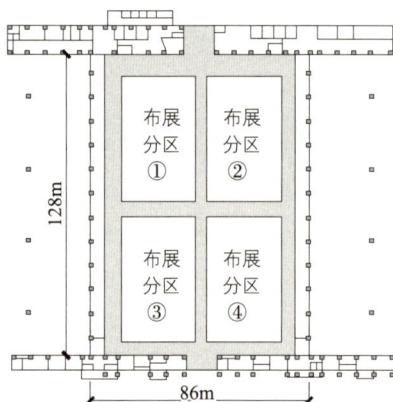

a 单个展厅内的性能化防火分隔措施

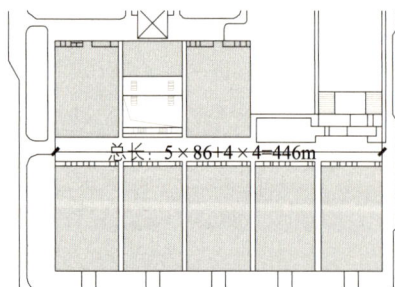

b 首层展厅防火分区及人流疏散

首层共有8个展厅，每展厅的建筑面积约11000m²，均按1个防火分区设计，展厅之间设4m疏散走道，每展厅内设4个布展分区，布展分区之间以6m防火通道分隔，采取性能化防火设计。

■ 广州国际会议展览中心（一期）防火分区

倪阳，邓孟仁，林琳. 大型公共建筑消防探讨—广州国际会议展览中心建筑消防设计 [J]. 建筑学报，2005（2）：59-61.

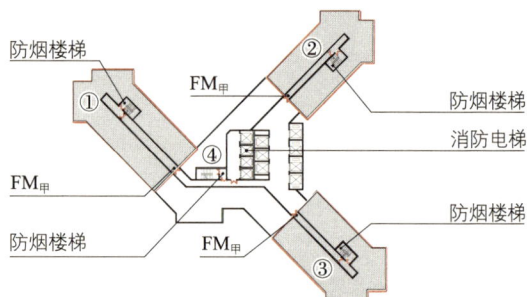

平面呈Y形，三翼客房划分为3个防火分区，中央核心部分作为1个防火分区，共4个防火分区。每个防火分区各设置1部防烟楼梯间，三翼防火分区各设置1樘FM甲开向中央的防火分区。

■ 北京长城饭店防火分区

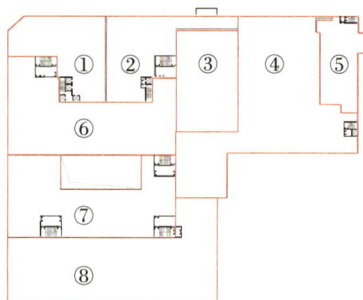

平面划分为9个防火分区，每个分区均保障双向疏散。其中，防火分区⑦作为共享空间，按一个防火分区设计。

■ 天津仁恒海河广场地下一层防火分区
天津市建筑设计研究院有限公司

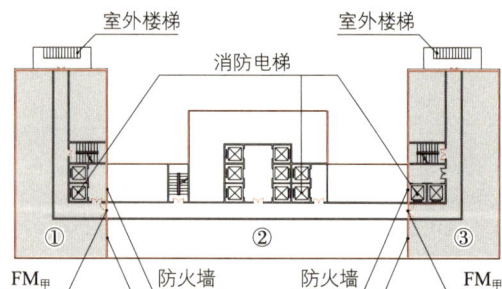

标准层结合抗震缝和平面布局划分为3个防火分区。①、③防火分区内各有2部疏散楼梯（其一为室外疏散梯）；②防火分区内只有1部疏散楼梯，可借助相邻防火分区进行疏散。每个分区各设1部带有防烟前室的消防电梯。

■ 北京饭店东楼防火分区

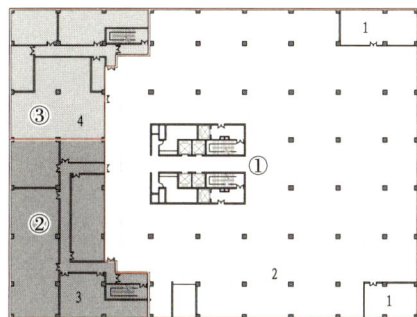

1. 机房 2. 停车库
3. 物业 4. 变配电室

地下部分建筑面积为3850m²，停车数量为70辆。按不同功能划分为3个防火分区：①停车库（设喷淋）2900m²；②物业管理用房、机房（设喷淋）600m²；③变配电室、机房（无喷淋）350m²。

■ 某高层建筑地下汽车库防火分区

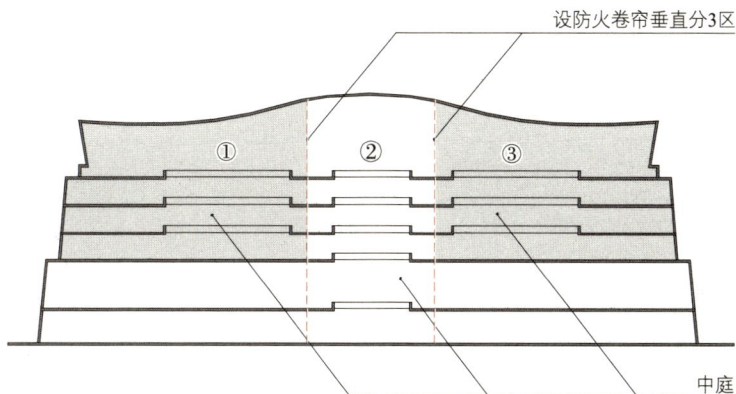

辅楼6层，总建筑面积约20000m²，共设有3个中庭。①、③号中庭均连通3~6层，②号中庭连通1~6层。②号中庭两侧层层设置防火卷帘，将辅楼垂直分为3区，①、③号中庭四周均未设防火分隔，①、③号中庭上下连通建筑面积之和基本控制在一个防火分区最大允许建筑面积之内。

■ 上海金茂大厦辅楼垂直防火分区

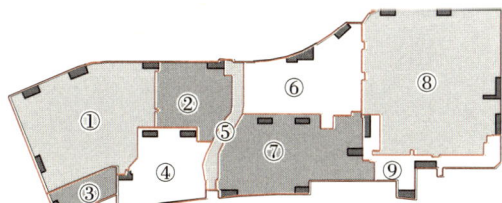

a 首层平面图

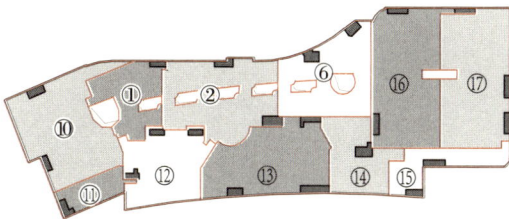

b 二层平面图

首层结合交通和商业布局划分为9个防火分区，共设置23部直达室外的疏散楼梯。首层防火分区①和⑧按性能化设计防火，突破了防火分区最大允许建筑面积的限制。

■ 天津泰达永旺商业广场防火分区
　天津市建筑设计研究院有限公司

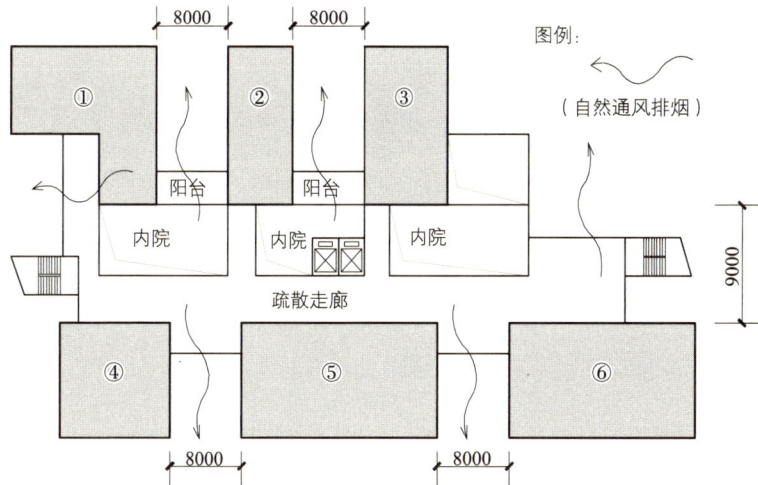

共6层，3个内院竖向贯通全楼，其上设玻璃顶。内院四周墙面开敞，利于自然排烟散热，每层办公平面构成6个防火分区，与相邻及对面房间保持8~9m的防火间距，均能直接双向疏散。经论证，将"内院"定性为"室内半开敞空间"而非中庭，内院四周不需设防火卷帘。

■ 重庆林同棪办公楼防火分区

图例：
- 防火分区填充
- 疏散楼梯填充
- 防火分区分界线

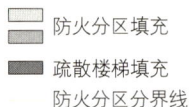

1. 室内步行街
2. 次主力店

商业营业厅设有火灾自动报警系统和自动灭火系统，每个防火分区面积≤4000m²（设在高层建筑内）。商业步行街内街顶部设采光顶，并设置有开启面积占采光顶投影面积25%的气动开启窗。直通室内步行街的商铺通过有效的防火分隔措施与步行街分隔，每个次主力店均形成独立的防火分区。

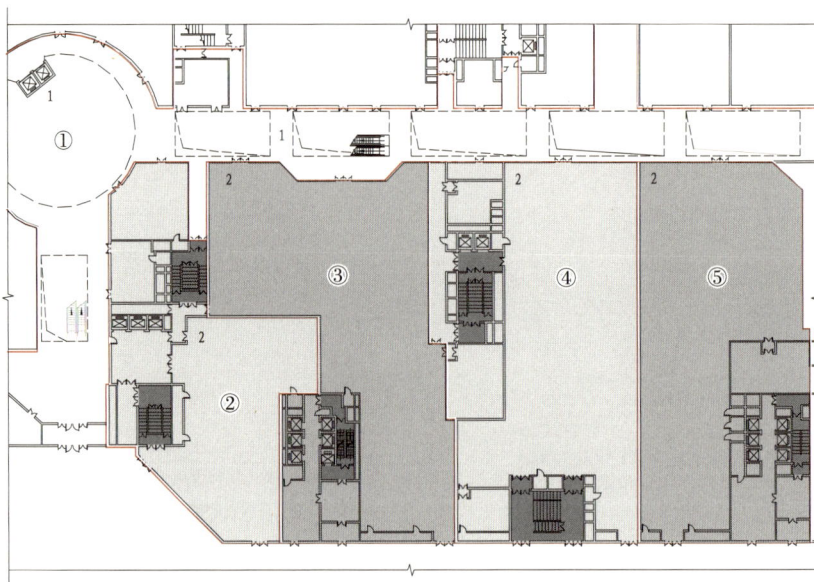

■ 郑州二七万达广场

（一层平面局部防火分区）
万达商业规划研究院有限公司，中国核工业设计院郑州分公司，洲联集团五合国际建筑设计有限公司

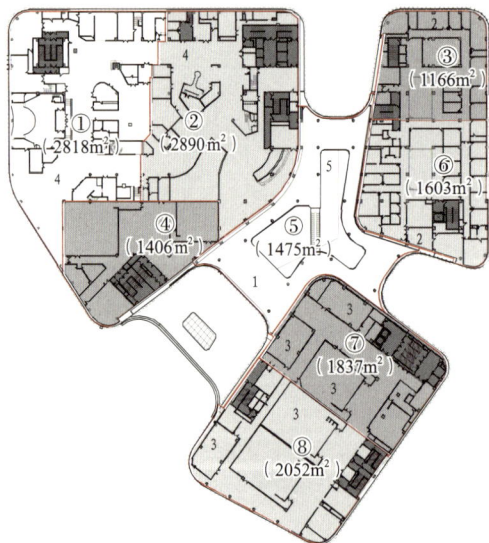

地上4层，地下1层，属于多层建筑。四层平面建筑面积为15242m²，结合功能分布及疏散楼梯布局，划分为8个防火分区，除⑤区（中庭上空）外，其他分区均能满足双向疏散。

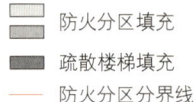

■ 天津阳光乐园

（四层平面防火分区）
华汇工程建筑设计有限公司

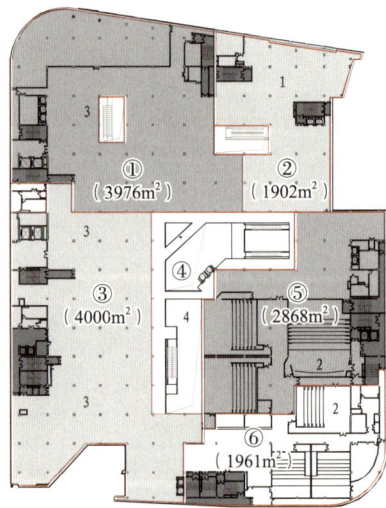

1. 环廊   4. 商业
2. 办公   5. 中庭上空
3. 影院

图例：
- 防火分区填充
- 疏散楼梯填充
- 防火分区分界线

地上6层，地下2层，属于二类高层建筑。六层平面建筑面积为14706m²，按不同功能空间布局关系，划分为6个防火分区，除④区（中庭上空）外，其他每分区均能满足双向疏散。

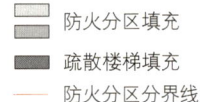

■ 成都苏宁广场（六层平面防火分区）
南京长江都市建筑设计股份有限公司

1. 健身房   3. 餐饮
2. 影院   4. 上空

图例：
- 防火分区填充
- 疏散楼梯填充
- 防火分区分界线

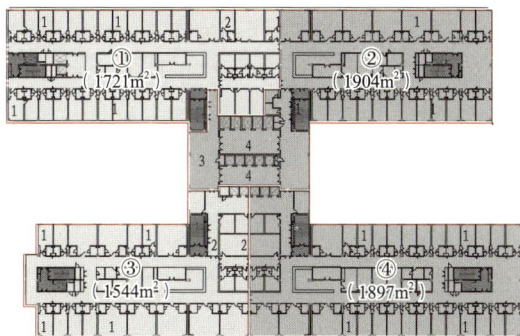

共12层，属于一类高层建筑。八层平面建筑面积为7066m²，按平面特征及功能布局划分为4个防火分区。每个分区均能满足双向疏散，且可通过中央的休息区及电梯厅进行连通。

1. 病房区　3. 休息区
2. 教学区　4. 电梯厅

　防火分区填充
　疏散楼梯填充
── 防火分区分界线

■ 山东大学齐鲁医院门诊保健综合楼（八层平面防火分区）
山东省建筑设计研究院有限公司

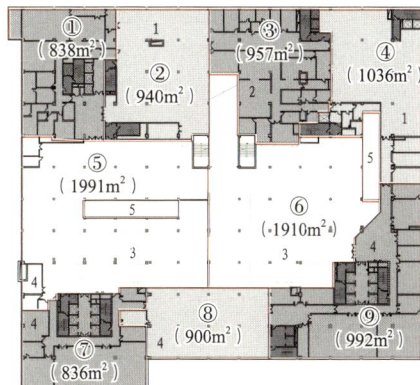

1. 餐厅　4. 设备间
2. 厨房　5. 坡道
3. 停车库

　防火分区填充
　疏散楼梯填充
── 防火分区分界线

地下共2层，主要为设备用房和停车库。地下一层平面建筑面积为10400m²。车库、设备用房、其他功能各自分区，共划分为9个防火分区。⑧区可通过⑦区和⑨区进行疏散，其他分区均能满足双向疏散。

■ 青岛高新创业中心
（地下一层平面防火分区）
天津大学建筑设计规划研究
总院有限公司

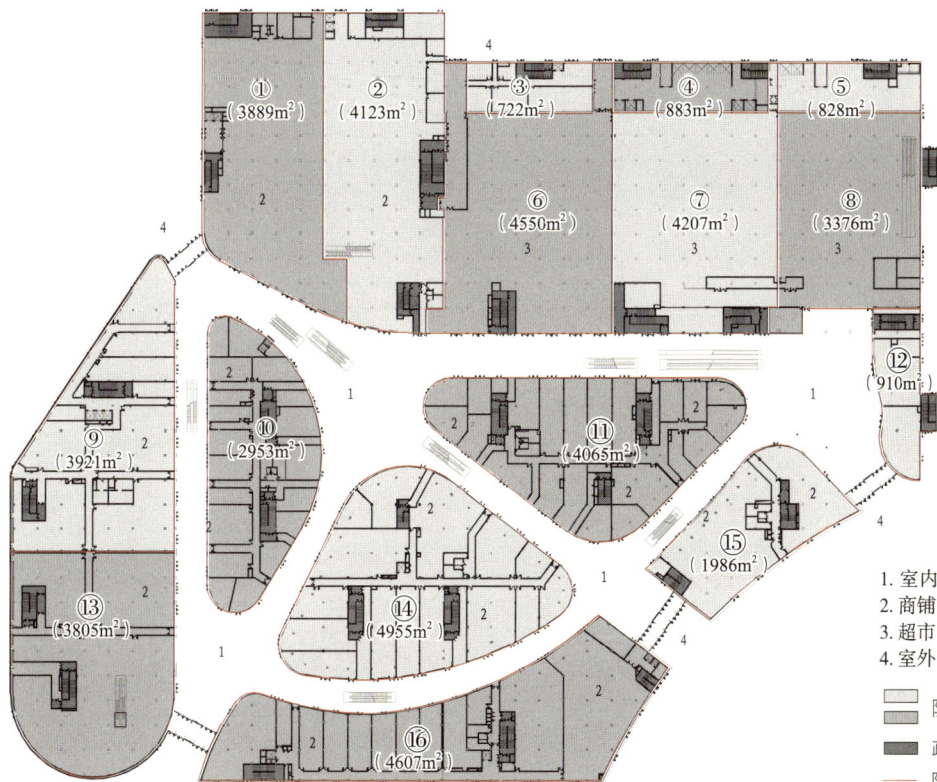

1. 室内步行街
2. 商铺
3. 超市
4. 室外

　防火分区填充
　疏散楼梯填充
── 防火分区分界线

共3层，属于多层建筑。一层平面建筑面积为62769m²，结合室内步行街及商业布局，划分为16个防火分区。室内步行街定性为半室外准安全区域，每个分区均可双向疏散至室内步行街或室外安全区域。

■ 沈阳星摩尔商业广场
（一层平面防火分区）
中国建筑上海设计研究院有限公司

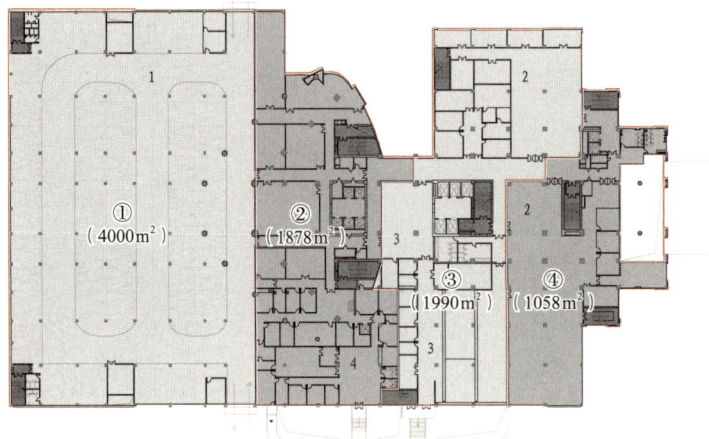

a 地下一层平面

b 地下二层平面

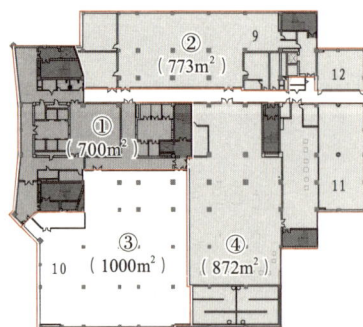

c 地下三层平面

重庆第三军医大学西南医院外科大楼（地下层平面防火分区）

重庆大学建筑规划设计研究总院有限公司

1. 停车库	7. 库房
2. 餐厅	8. 垃圾处理
3. 厨房	9. 变配电室
4. 献血大厅	10. 空调机房
5. 办公室	11. 消防水池
6. 后门厅	12. CO_2水池

▢ 防火分区填充

▮ 疏散楼梯填充

— 防火分区分界线

地上22层，地下3层，建筑高度97.8m，总建筑面积为87000m²，属于一类高层建筑。地下一层共设置4个防火分区，车库、输血科、病员餐厅、职工食堂独立分区；地下二层共设置5个防火分区，车库分设2个分区，服务用房、物业用房、门厅分区单独分区，其中门厅分区与负一楼的职工食堂分区上下连通（面积叠加计算）；地下三层共设4个防火分区，其中变配电、水泵房、空调机房、行政用房单独分区。各分区面积均符合规范要求，满足双向疏散。

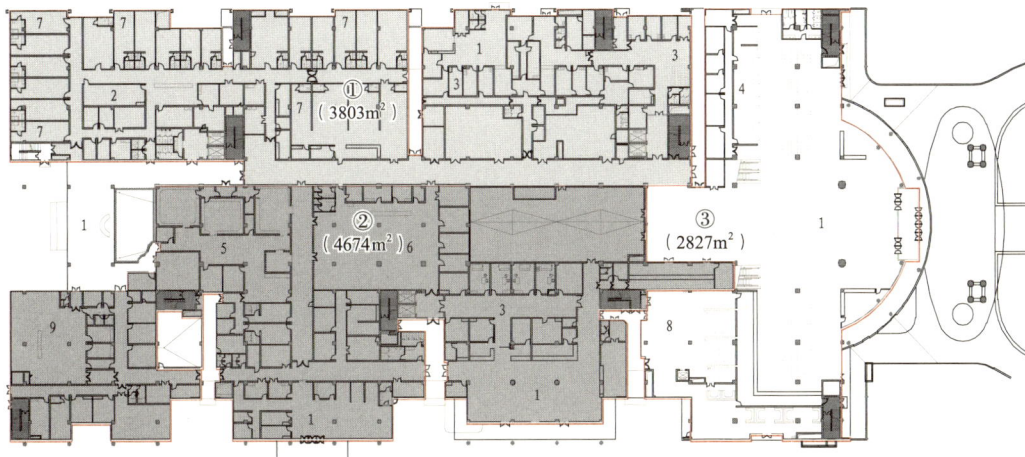

a 一层平面

1. 入口门厅
2. 医师室
3. 诊室
4. 挂号区
5. 手术区
6. 急诊输液区
7. 留观室
8. 药局
9. 护士站
10. 办公室
11. 放射科
12. CT候诊

▭ 防火分区填充

▬ 疏散楼梯填充

— 防火分区分界线

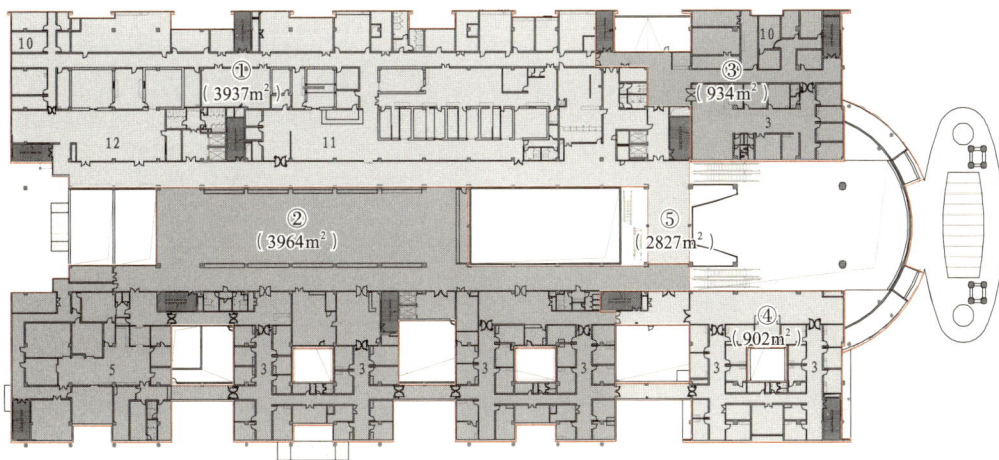

b 二层平面

地上5层，属于多层建筑。其中一层平面划分为3个防火分区：南区、北区和门诊大厅区；二层平面划分为5个防火分区：南北楼各设2个防火分区，东侧门诊大厅上空为第5防火分区。各分区面积均符合规范要求，满足双向疏散。

■ **重庆西南医院门诊大楼**（一层、二层平面防火分区）
重庆大学建筑规划设计研究总院有限公司

41

1. 护士站
2. 病房
3. 活动室
4. 处置室
5. 办公
6. 示教室

防火分区填充
疏散楼梯填充
防火分区分界线

住院大楼标准层根据平面形态和护理单元布局，划分为3个防火分区，每个分区均有双向疏散。

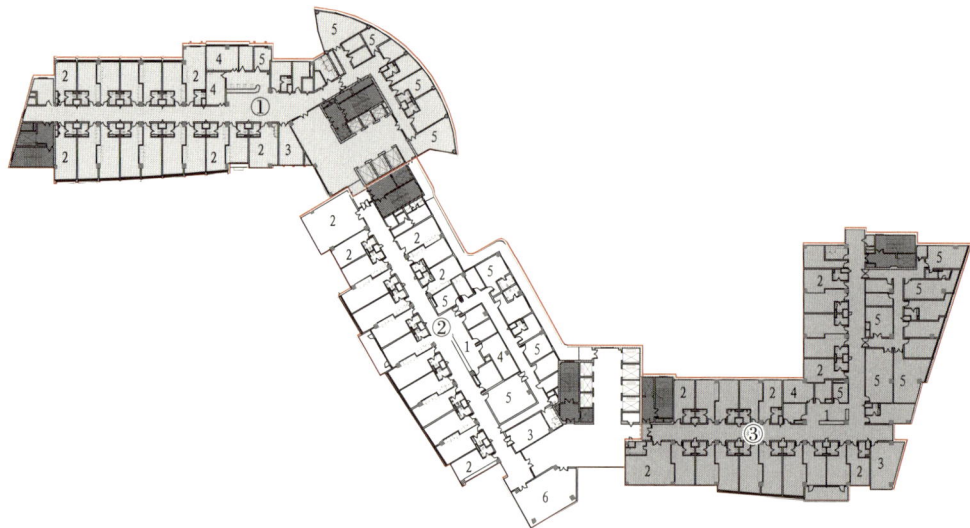

■ **重庆大坪医院住院综合楼**
（标准层防火分区）
重庆大学建筑规划设计研究总院有限公司

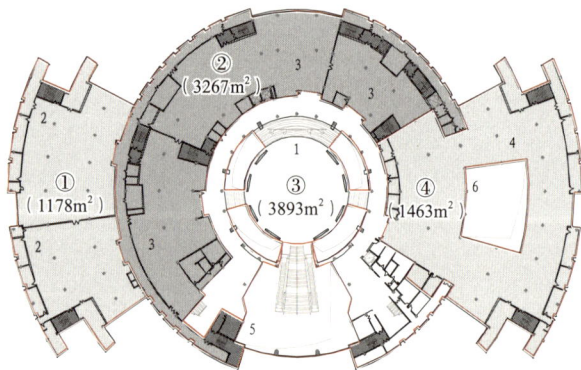

防火分区填充
疏散楼梯填充
防火分区分界线

1. 休息大厅　　4. 规划展厅
2. 临时展厅　　5. 门厅上空
3. 主题展厅　　6. 展厅上空

共4层，属于多层建筑。二层平面建筑面积为7551m²，划分为4个防火分区，每个分区均能满足双向疏散。

■ **龙岩市博物馆**
（二层平面防火分区）

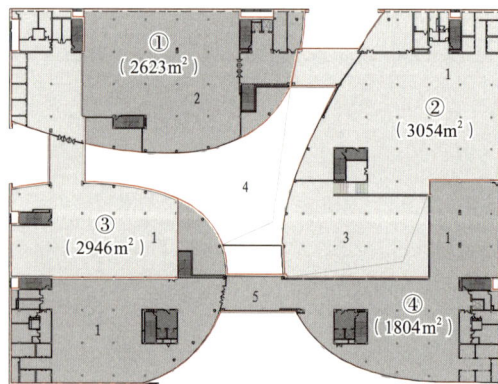

防火分区填充
疏散楼梯填充
防火分区分界线

1. 开架中文图书区　　4. 内院上空
2. 开架外文图书区　　5. 连廊
3. 服务大厅上空

共5层，属于多层建筑。三层平面建筑面积为10428m²，按平面布局划分为4个防火分区，每个分区均能满足双向疏散。

■ **南京大学仙林校区杜厦图书馆**
（三层平面防火分区）

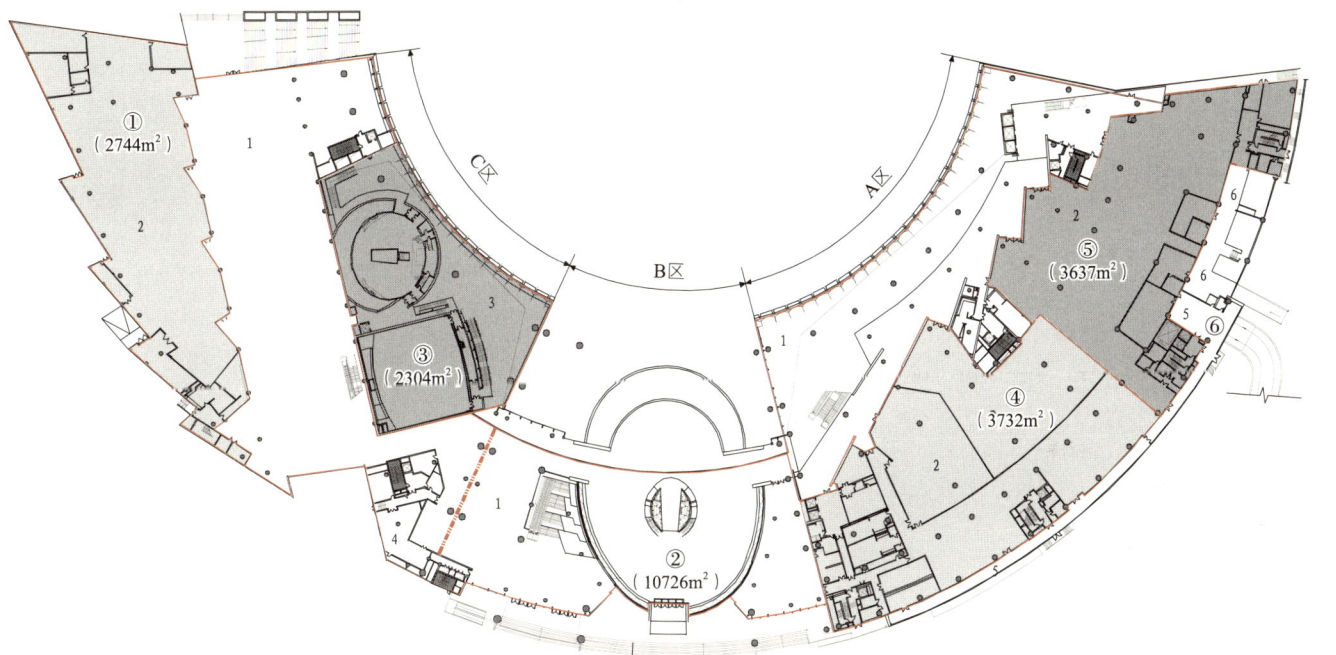

主楼地上4层，每层局部设夹层，地下1层，最大高度48.9m，属于二类高层建筑。一层平面建筑面积为21758m²，结合公共交通及功能单元布局，划分为5个防火分区，每个分区均能疏散至大厅或室外。

与A区、B区、C区相连通的中庭，构成防火分区②，大厅（中庭）与其他区域之间进行防火分隔，装修均采用不燃材料，作为人员交通、集散、休息场所，不设置营业性服务。

A区设5部消防电梯，C区设2部，均与防烟楼梯间合用前室。展览厅每个防火分区建筑面积控制在4000m²以内。展厅靠外墙一侧增设避难走道，连通疏散楼梯间及室外避难走道，并设置火灾自动报警系统、自动喷水灭火系统和机械防烟，形成独立防火分区⑥。在A、B、C三区中庭连接桥廊处及A区中庭沿每层开口部位，设置自动喷淋加密措施。

1. 大厅（中庭）
2. 展厅
3. 影院
4. 消防控制室
5. 避难走道
6. 装卸平台

☐ 防火分区填充
▨ 防火分区填充
▨ 疏散楼梯填充
— 防火分区分界线
┅ 喷淋加密措施

■ **上海科技馆**（一层平面防火分区）

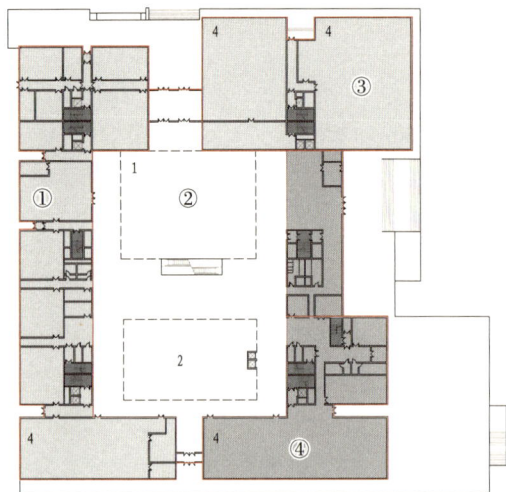

a 一层平面

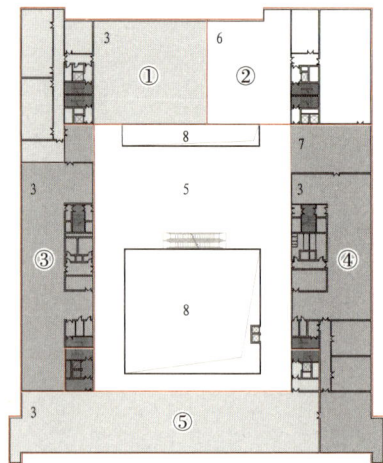

b 二层平面

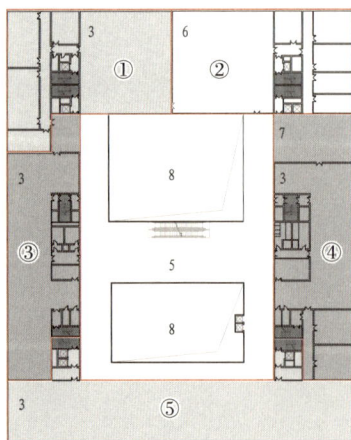

c 三层平面

■ 吉林省图书馆新馆防火分区

1. 入口大厅　5. 自修区
2. 休闲区　　6. 检索区
3. 阅览区　　7. 休息区
4. 图书室　　8. 上空

防火分区填充
疏散楼梯填充
防火分区分界线

图书馆为一类高层建筑，考虑该项目的特殊性、中庭防火分区和疏散方式的独特设计，对中庭防火分区面积做出进一步扩大设计。中庭高约25m，贯通一至五层，各层贯通叠加后建筑面积共达到8650m²，难以按规范要求一次性采用防火墙和防火卷帘进行防火分区划分，设计将中庭作为一个独立防火分区考虑。建筑一层为入口大厅、休闲区，面积为4706.41m²；二、三层为自修区，建筑面积分别为1578m²、1675m²；四层走廊建筑面积为690m²。

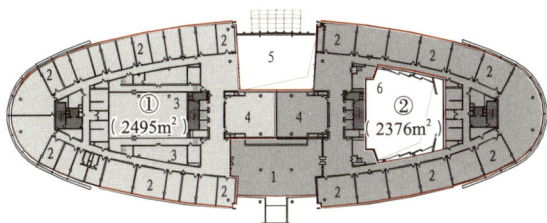

地上共8层，属于二类高层建筑。二层平面面积为4523m²，对称划分为2个防火分区，每个分区均能满足双向疏散。

1. 屋顶平台
2. 办公室
3. 设备间
4. 会议室
5. 中庭上空
6. 会议室上空

防火分区填充
疏散楼梯填充
防火分区分界线

深圳机场信息指挥大楼（二层平面防火分区）

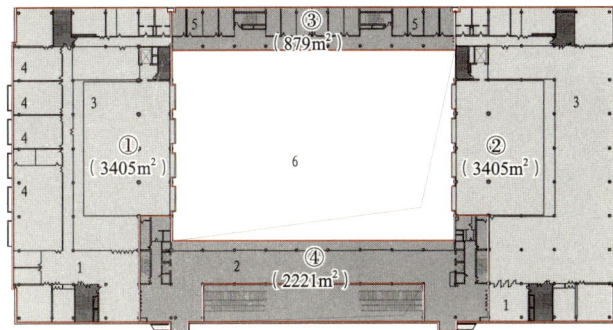

地上共3层，属于多层建筑。二层平面建筑面积为9911m²，结合平面及功能布局划分为4个防火分区，每个分区均能满足双向疏散。

1. 过厅
2. 休息厅
3. 展厅
4. 会议室
5. 办公室
6. 展厅上空

防火分区填充
疏散楼梯填充
防火分区分界线

西安国际展览中心（二层平面防火分区）

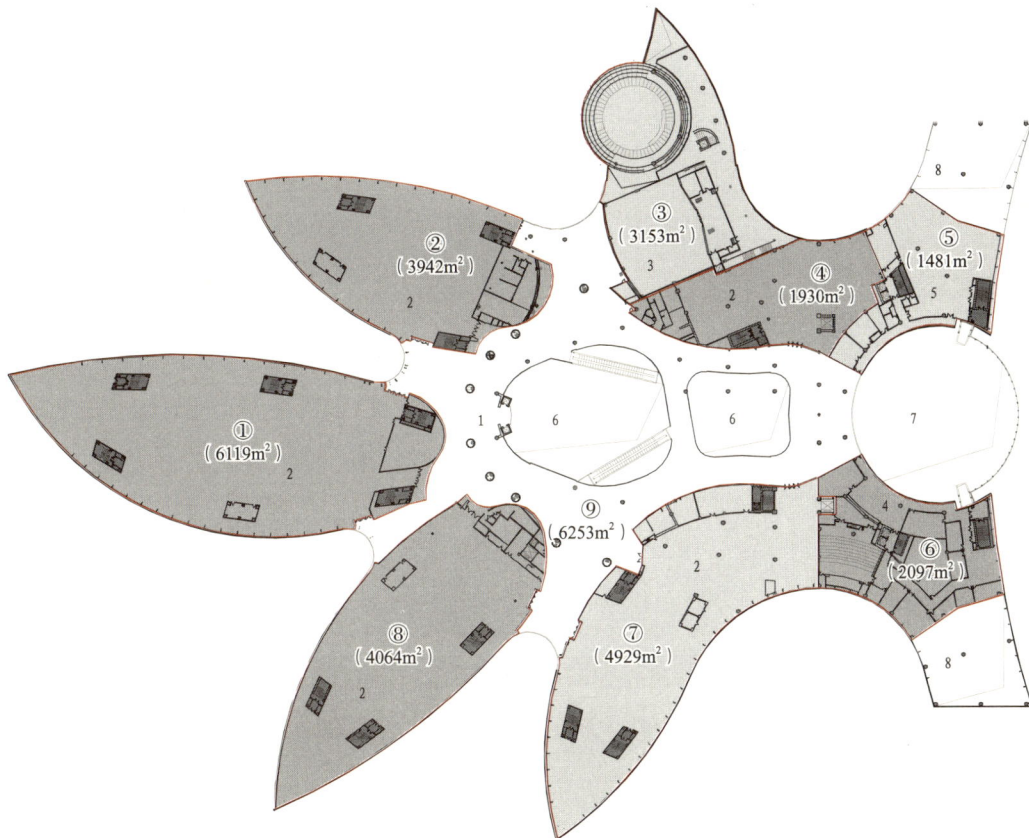

1. 环廊
2. 展厅
3. 影院
4. 会议室
5. 实验室
6. 中庭上空
7. 门厅上空
8. 展厅上空

防火分区填充
疏散楼梯填充
防火分区分界线

主体共3层，局部5层，属于一类高层建筑。三层平面建筑面积33967m²，结合各主题展区布局形式，划分为9个防火分区，每个展厅及功能区各形成1个防火分区，公共区域为1个防火分区。每个分区均独立设置双向安全疏散，且可通过公共区域相互连通。

广东科学中心
（三层平面防火分区）

45

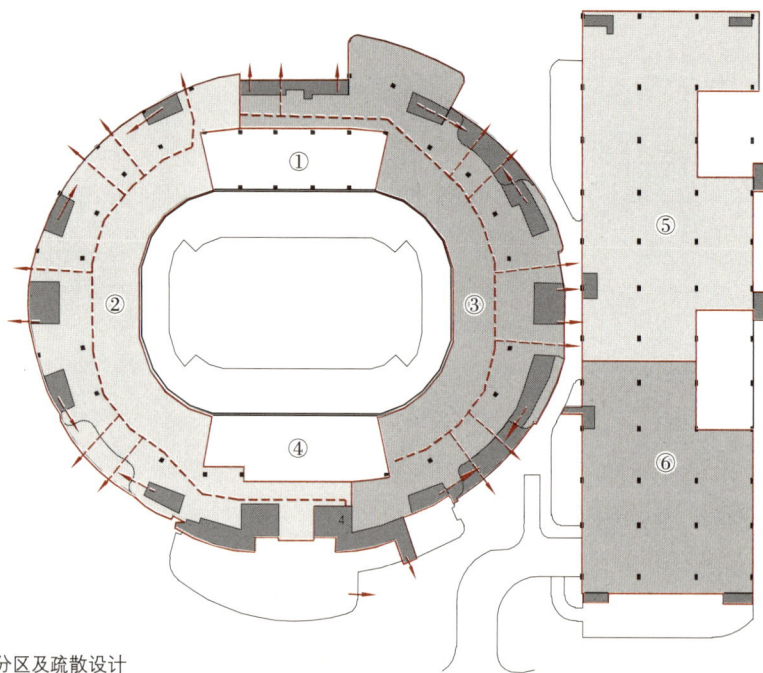

a 一层平面防火分区及疏散设计

图例

- 防火分区填充
- 疏散楼梯填充
- 防火分区分界线
- 疏散方向

一层平面划分为6个防火分区，每个防火分区均设有足够的安全出口。二层平面设置14部直达室外地面的疏散楼梯。贵宾包厢沿体育馆环形布置，单个包厢建筑面积约为60m²，包厢之间用耐火极限为2.00h的墙体进行分隔，并设置FM甲与环形走道及观众休息空间分开。

■ **广州国际体育演艺中心防火分区**

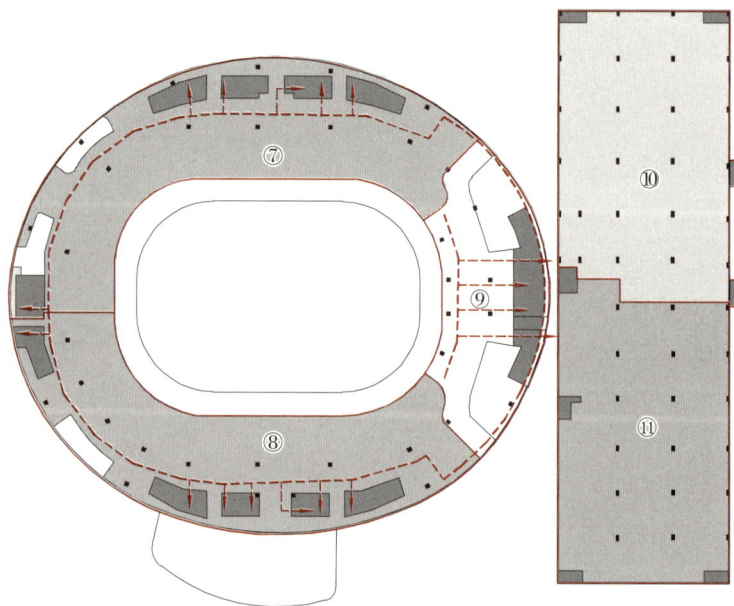

b 二层平面防火分区及疏散设计

4

安全疏散
与避难

4 安全疏散与避难

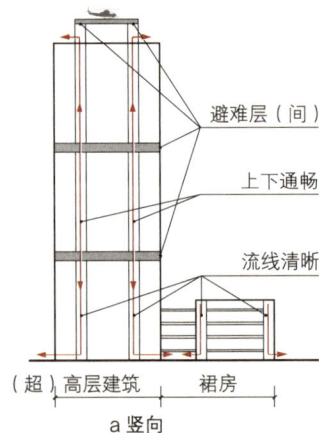

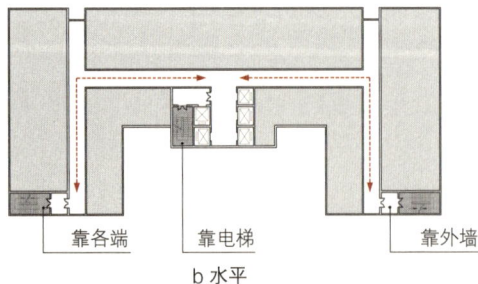

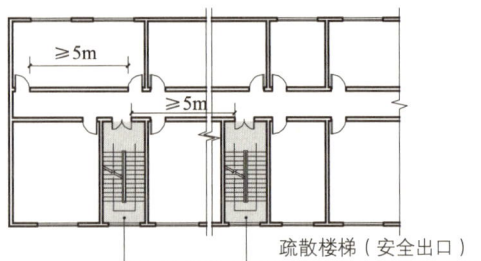

4.1 安全疏散的基本原则

安全疏散与避难设计包括安全出口和疏散门的布置、形式、数量、宽度、距离等，影响到平面空间布局中功能的动态分区、交通流线组织等问题。民用建筑应根据其使用功能、火灾危险性、耐火等级、建筑高度或层数、埋深、建筑面积、人员密度、人员特性，合理设置安全疏散与避难设施。

4.1.1 安全出口设置一般原则

1）每个防火分区安全出口数量应≥2个。

2）安全出口和疏散门应分散设置，房间疏散门应直接通向安全出口，不应经过其他房间。相邻两个安全出口及每个房间相邻两个疏散门最近边缘之间的水平距离应≥5m。自动扶梯和电梯不应计作安全疏散设施。

3）疏散门应为向疏散方向开启的平开门，不应采用推拉门、卷帘门、吊门、转门和折叠门。人数≤60人且每樘门的平均疏散人数≤30人的房间，其疏散门的开启方向不限。

4）托儿所、幼儿园的儿童用房，老年人活动场所和儿童游乐厅等儿童活动场所设置在高层（单/多层）建筑内时，应（宜）设置独立的安全出口。

剧场、电影院、礼堂宜设置在独立的建筑内，确需设置在其他建筑内时，至少应设置1个独立的安全出口和疏散楼梯。合建的住宅部分与非住宅部分（含商业服务网点）应分别设置安全出口。

5）埋深＞15m的地铁车站公共区应设置消防专用通道。

4.1.2 水平方向的设计原则

①靠各端：在建筑各平面的端头设置分散设置楼梯间，形成双向疏散。②靠电梯：至少将一个楼梯间靠近电梯厅，使平时路线、紧急路线相结合。③靠外墙：楼梯间靠建筑外墙并能开窗，能自然排烟散热，便于救援。④设避难层（间）：建筑高度＞100m的民用建筑应设置避难层；老年人照料设施和医疗建筑应设置避难间。

4.1.3 垂直方向的设计原则

1）上下通畅：竖向上形成双向疏散，"上"能到屋顶避难，或转移至另一座楼梯间；"下"能到达底层，通到室外。除通向避难层错位的疏散楼梯外，疏散楼梯间在各层平面位置不应改变。

2）流线清晰：高层主体与裙房的楼梯间应各自设置，避免人流冲突，引起堵塞或意外。

3）设避难层（间）：建筑内用于人员暂时躲避火灾及其烟气危害的楼层（房间）。

■ 安全疏散的基本原则

■ 安全出口之间的距离要求

4.2 疏散楼梯间和安全出口的设置要求

室内疏散楼梯间的基本要求　　　　　　　　　　　　　　　　　　　　　　　　　　　表4-1

楼梯类别		踏步最小宽度（mm）	踏步最大高度（mm）	基本要求
住宅楼梯	公共楼梯	260	175	1）疏散楼梯间内不应设置烧水间、可燃材料储藏室、垃圾道及其他影响人员疏散的凸出物或障碍物。 2）疏散楼梯间内不应设置或穿过甲、乙、丙类液体管道。 3）在住宅建筑的疏散楼梯间内设置可燃气体管道和可燃气体计量表时，应采取敞开楼梯间，并采取防止燃气泄漏的防护措施；其他建筑的疏散楼梯间及其前室内不应设置可燃或助燃气体管道。 4）疏散楼梯间及其前室与其他部位的防火分隔不应使用卷帘。 5）除疏散楼梯间及其前室的出入口、外窗和送风口，住宅建筑疏散楼梯间前室或合用前室内的管道井检查门外，疏散楼梯间及其前室或合用前室内的墙上不应设置其他门、窗等开口。 6）自然通风条件不符合防烟要求的封闭楼梯间，应采取机械加压防烟措施或采用防烟楼梯间。 7）防烟楼梯间前室的使用面积，公共建筑、高层厂房、高层仓库、平时使用的人民防空工程及其他地下工程，应≥6.0m²；住宅建筑应≥4.5m²。与消防电梯前室合用的前室的使用面积，公共建筑、高层厂房、高层仓库、平时使用的人民防空工程及其他地下工程，应≥10.0m²；住宅建筑，应≥6.0m²。 8）疏散楼梯间及其前室上的开口与建筑外墙上的其他相邻开口最近边缘之间的水平距离应≥1.0m。当距离不符合要求时，应采取防止火势通过相邻开口蔓延的措施
	套内楼梯	220	200	
宿舍楼梯	小学宿舍	260	150	
	其他宿舍	270	165	
老年人照料设施楼梯	住宅建筑	300	150	
	公共楼梯	320	130	
托儿所、幼儿园/小学校		260/260	130/150	
人员密集且竖向交通繁忙的建筑和大/中学校楼梯		280	165	
其他建筑楼梯		260	175	
超高层建筑核心筒内楼梯		250	180	
检修及内部服务楼梯		220	200	

注：① 净宽度＞4.0m的疏散楼梯、室内疏散台阶或坡道，应设置扶手栏杆将其分隔为宽度均≤2.0m的区段。
　　② 地上（地下）楼层各层疏散楼梯的净宽度均应大于等于其上部（下部）各层中要求疏散净宽度的最大值。

封闭楼梯间的设置条件及要求　　　　　　　　　　　　　　　　　　　　　　　　　　表4-2

设置封闭楼梯间的建筑及部位			要求
公共建筑	高层	裙房、建筑高度≤32m的二类高层公共建筑	1）不能自然通风或自然通风不能满足要求时，应设置机械加压送风系统或采用防烟楼梯间； 2）除楼梯间的出入口和外窗外，楼梯间的墙上不应开设其他门、窗、洞口； 3）高层建筑、人员密集的公共建筑，其封闭楼梯间的门应采用FM$_Z$，并应向疏散方向开启；其他建筑可采用双向弹簧门； 4）楼梯间的首层可形成扩大的封闭楼梯间，但应采用FM$_Z$等与其他走道和房间分隔
	多层*	1）医疗建筑、旅馆建筑、老年人照料设施及类似使用功能的建筑； 2）设置歌舞娱乐放映游艺场所的建筑； 3）商店、图书馆、展览建筑、会议中心及类似使用功能的建筑； 4）≥6层的其他建筑	
住宅建筑		1）建筑高度≤21m，当户门的耐火完整性＜1.00h，与电梯井相邻布置的疏散楼梯； 2）21m＜建筑高度≤33m，户门的耐火完整性≤1.00h	
地下部分		埋深≤10m或≤2层的（半）地下建筑（室）及汽车库	
汽车库		建筑高度≤32m、地上修车库	

注：带*者表示未与敞开式外廊直接连通的下列多层公共建筑的疏散楼梯，均应采用封闭楼梯间。

49

防烟楼梯间的设置条件及要求 表4-3

设置防烟楼梯间的建筑及部位		要求
公共建筑	一类高层、建筑高度＞32m的二类高层	1）应设置防烟设施； 2）前室可与消防电梯前室合用； 3）前室的使用面积：公共建筑≥6.0m²，住宅建筑≥4.5m²；与消防电梯前室合用时，公共建筑≥10.0m²，住宅建筑≥6.0m²； 4）前室及楼梯间的门应采用FM$_Z$； 5）除住宅建筑的楼梯间前室外，防烟楼梯间和前室的墙上，不应开设除疏散门和正压送风口外的其他门、窗、洞口； 6）楼梯间的首层可形成扩大前室，应采用FM$_Z$等与其他走道和房间分隔
住宅建筑	建筑高度＞33m（开向防烟楼梯间前室及合用前室的户门的耐火性能不应低于FM$_Z$）	
老年人照料设施	＞24m的室内疏散楼梯	
地下部分	埋深＞10m或≥3层的（半）地下建筑（室）及汽车库	
汽车库	建筑高度＞32m	

剪刀楼梯间的设置条件及要求 表4-4

建筑类型	设置条件	要求
公共建筑	高层公共建筑应分散设置疏散楼梯，确有困难且从任一疏散门至最近疏散楼梯入口的距离≤10m时，可采用剪刀楼梯间	1）楼梯间应为防烟楼梯间； 2）梯段之间应设置耐火极限≥1.00h的防火隔墙； 3）楼梯间的前室应分别设置； 4）楼梯间内的加压送风系统不应合用
住宅建筑	住宅单元应分散设置疏散楼梯，确有困难且任一户门至最近疏散楼梯入口的距离≤10m时，可采用剪刀楼梯间	1）应采用防烟楼梯间； 2）梯段之间应设置耐火极限≥1.00h的防火隔墙； 3）楼梯间的前室不宜共用；共用时，前室的使用面积应≥6.0m²；与消防电梯合用时（二合一），前室面积应≥6.0m²； 4）剪刀楼梯间的前室或共用前室不宜与消防电梯的前室合用；合用时（三合一），合用前室的使用面积应≥12.0m²，且短边应≥2.4m； 5）两个楼梯间的加压送风系统不宜合用，合用时应符合有关规定

注：剪刀楼梯间两个安全出口在同一楼层，应能通过公共区自由转换。住宅建筑不应通过套内空间进行转换。

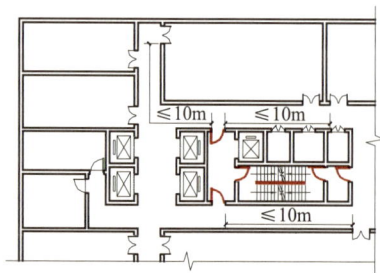

■ 高层公共建筑设置剪刀楼梯间

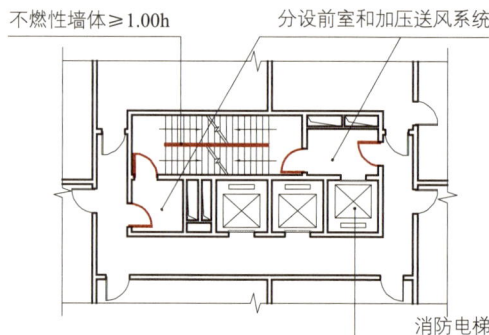

不燃性墙体≥1.00h   分设前室和加压送风系统

消防电梯

■ 剪刀楼梯间分设前室

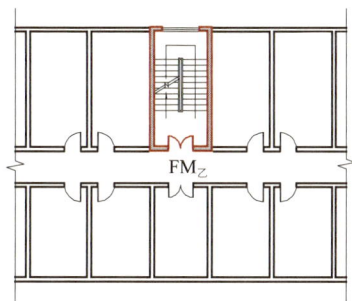

a 标准层平面

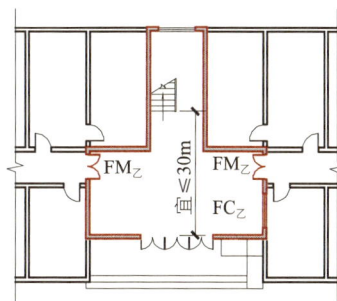

b 首层平面

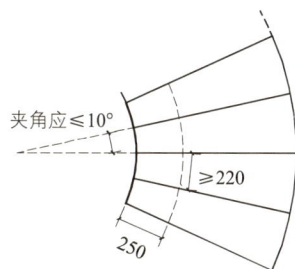

■ 首层扩大的封闭楼梯间

■ 符合疏散要求的弧形楼梯

D：房间内最长的对角线。

a：一个区域或房间内的最远至最近两个安全疏散出口中心连线之间的夹角，宜>30°，最好≥45°。两疏散路线夹角<45°时一般视为单向疏散；同侧两疏散路线夹角≥45°、两安全出口之间距离L≥D/2且≥5m时，可视为双向疏散。

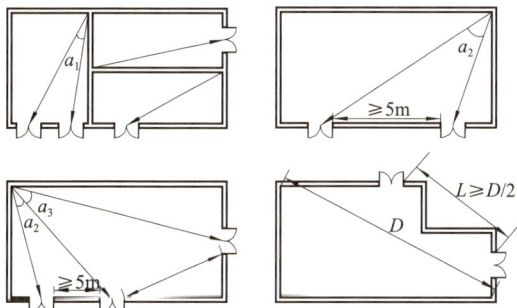

■ 房间疏散出口分散布置

规范编制组.《建筑防火通用规范》实施指南［M］. 北京：中国计划出版社，2023.

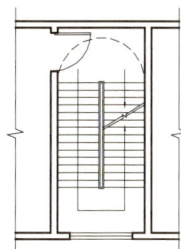

开向疏散楼梯间的门，当其完全开启时，不应减少楼梯平台的有效宽度。

■ 保证疏散楼梯平台有效宽度

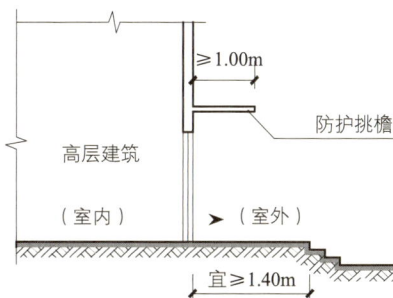

■ 安全出口上方的防护挑檐

不同类型疏散楼梯间的适用情形　　　　　表4-5

楼梯类型	敞开楼梯间	封闭楼梯间	防烟楼梯间
平面图示			
住宅建筑	H≤21m（与电梯井相邻的疏散楼梯应采用封闭楼梯间）	27m<H≤33m（户门为FMz时，可采用敞开楼梯间）	H>33m（同一楼层或单元的户门不宜直接开向前室，确有困难时开向前室的户门应≤3樘，且采用FMz）
公共建筑	H≤24m	24m<H≤32m、裙房建筑	H>32m的二类高层、一类高层建筑、超高层

注：表4-2所列多层公共建筑设置封闭楼梯间情形除外。

4.3 消防电梯及辅助疏散设施

4.3.1 消防电梯

消防电梯能让消防队员快速接近着火区域，提高救援效率和灭火效果，电梯载重量应≥800kg。每个防火分区可供使用的消防电梯应≥1台。

消防电梯应能在所服务区域每层停靠，并设置前室，前室的使用面积应≥6.00m²，短边应≥2.4m；当与防烟楼梯间合用前室时，住宅建筑≥6.00m²，公共建筑≥10m²。前室宜靠外墙设置，首层应经过长度≤30m的（专用）通道通向室外，并与相邻区域之间采取防火分隔措施。除前室的出入口、前室内设置的正压送风口外，前室内不应开设其他门窗、洞口。消防电梯前室的FM不应采用防火卷帘，且不应采用防火玻璃墙等替代防火隔墙。消防电梯井、机房与相邻电梯井、机房之间应采用耐火极限≥2.00h的防火隔墙隔开，其上不设开口。

下列民用建筑应设置消防电梯：

1）建筑高度>33m的住宅建筑；

2）≥5层且建筑面积>3000m²（包括设置在其他建筑内≥5层）的老年人照料设施；

3）一类高层公共建筑、建筑高度>32m的二类高层公共建筑；

4）≥5层且建筑面积>3000m²（包括设置在其他建筑内≥5层）的老年人照料设施；

5）建筑高度>32m的（半）封闭汽车库；

6）除轨道交通工程外，埋深>10m且总建筑面积>3000m²的（半）地下建筑（室）。

火灾时用于辅助人员疏散的电梯及其设置应符合下列规定：

1）应具有在火灾时仅停靠特定楼层和首层的功能；

2）电梯附近的明显位置应设置标示电梯用途的标志和操作说明；

3）其他要求应符合有关消防电梯的规定。

4.3.2 辅助疏散设施

1）避难口

在袋形走道尽端地面或与袋形走道相连的阳台、凹廊等地面，可开设≥700mm×700mm的洞口作为避难口。上、下层洞口的位置应错开，洞口设栏杆围护。

2）室外疏散楼梯

室外疏散楼梯满足下列条件时可作为辅助的防烟楼梯，其宽度可计入疏散楼梯总宽度内：

栏杆扶手的高度≥1.10m，楼梯的净宽度≥0.80m，倾斜角度≤45°。梯段和平台采用不燃材料制作（≤3层建筑的室外疏散楼梯可采用难燃性材料或木结构），平台的耐火极限≥1.00h，梯段的耐火极限≥0.25h。室外楼梯的门采用FM_Z，向外开启。除疏散门外，楼梯周围2m内的墙面上不应设置其他开口。疏散门不正对梯段。

3）缓降器

平时安装在阳台、窗旁或女儿墙上，吊带绳按楼层高度配设，绳的两端各有一个绳套可循环使用。火灾时将吊带绳套系在身上，扔下绳盘，跨到室外，人以0.5m/s速度下降，到达地面时绳盘另一端的吊带绳套又上升到原来高度，供循环使用。

■ 消防电梯布置示意

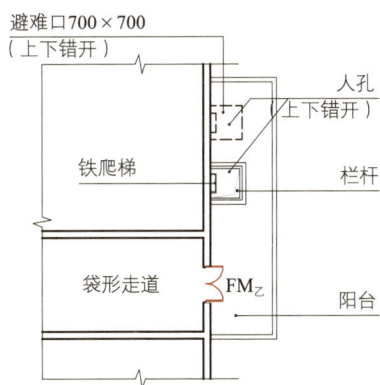

a 避难口（平面）

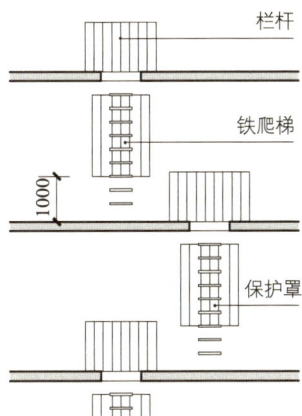

b 铁爬梯类型

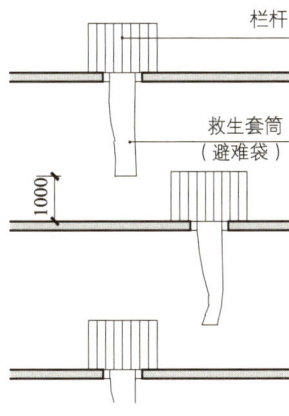

c 救生套筒类型

■ **避难口**

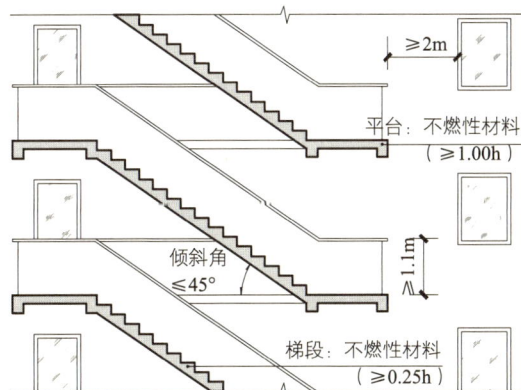

a 剖面示意

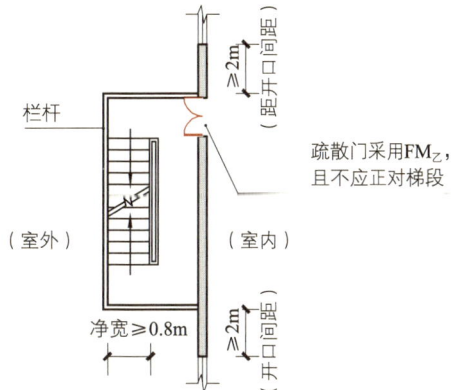

b 平面示意

除≤3层的建筑可采用难燃性材料或木结构外，室外疏散楼梯的梯段和平台均应采用不燃性材料。

■ **室外疏散楼梯**

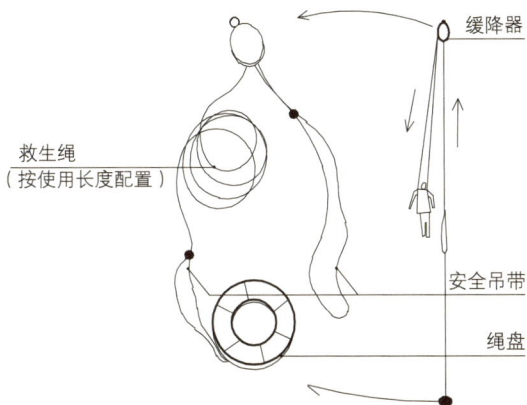

a 使用示意

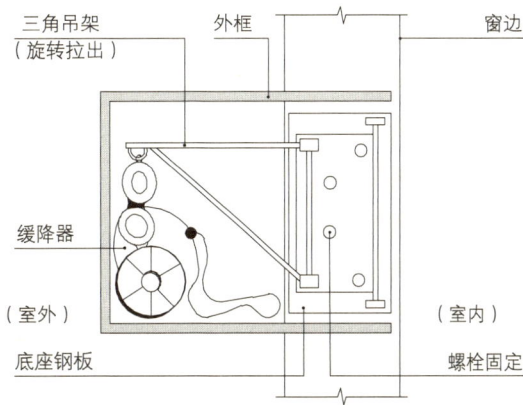

b 安装示意

■ **缓降器**

4.4 疏散时间的要求

4.4.1 疏散时间与火灾发展之间的关系

疏散时间包括人员"可用疏散时间（T_{ASET}：危险到来时间）"和"必需疏散时间（T_{RSET}）"，若$T_{ASET} > T_{RSET}$，则可认为人员能全部撤离到安全区域。人员必需疏散时间（T_{RSET}）由火灾感知时间（T_{cue}）、人员疏散响应时间（T_{reso}）和人员疏散行动时间（T_{trav}）组成，即$T_{RSET}=T_{cue}+T_{reso}+T_{trav}$。

人员疏散行动时间（T_{trav}）与建筑内人员数量、疏散总宽度及人员行动速度有直接的关系。其中，人员数量及疏散宽度根据计算得知，人员行动速度可根据大量调查研究及观测数据，归纳出人员疏散速度参数选取范围。

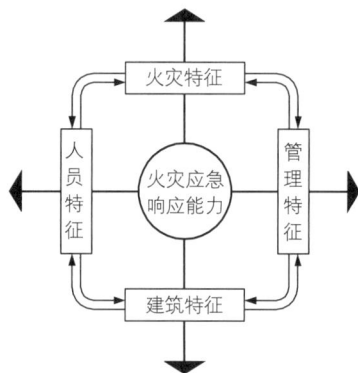

火灾应急响应能力的影响因素

4.4.2 疏散时间计算示意

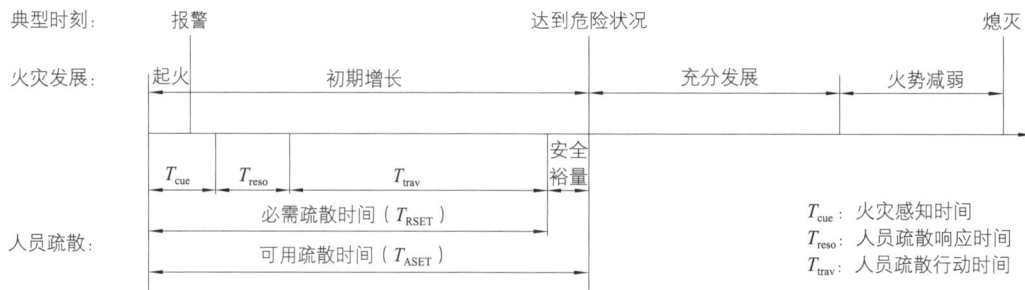

▌某观众厅疏散时间计算

实例：某剧场观众疏散出观众厅时间的计算

剧场耐火等级为二级，无楼座，容纳观众900人，观众厅两侧各有可以通过3股人流的疏散门2个，要求2min内疏散完毕，能否完成？设人员移动速度为0.8m/s。利用公式：

$$T_t = N/(A \times B \times C) = 900/(0.8 \times 3 \times 4) = 93.75s < 120s$$

式中：T_t——疏散时间（s）；N——疏散总人数（人）；A——单股人流移动速度（s/m）；B——每个疏散口可通过人流总股数；C——观众厅疏散门数量。

结论：可在规定时间内（2min，即120s）完成疏散。

安全疏散允许的时间（min）　表4-6

建筑及使用场所	建筑耐火等级	
	一、二级	三级
高层建筑	7	—
一般民用建筑	6	2~4
观众厅内	2	1.5
体育馆	3~4	—
站台层	4~6	—
其他密集场所	5	3
地下商场	3	—

注：安全疏散允许的时间，是指建筑物发生火灾时，人员离开着火建筑物到达安全区域的时间，它是确定安全疏散的距离、疏散通道的宽度、安全出口数量的重要依据。

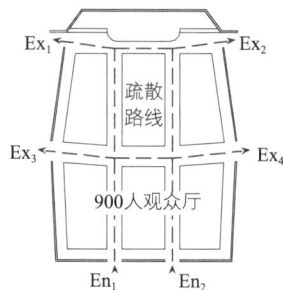

火灾安全疏散的时间分布图

T_{cue}：火灾感知时间

T_{reso}：人员疏散响应时间

T_{trav}：人员疏散行动时间

4.5 住宅建筑的安全疏散

4.5.1 安全出口个数

住宅建筑安全出口的设置应结合建筑高度、建筑面积等因素确定。住宅建筑高度＞54m时，每个单元至少应有2个安全出口；住宅建筑高度≤54m时，符合相关规定时每个单元可设置1个安全出口。

4.5.2 疏散距离及安全出口设置

住宅建筑的疏散楼梯间形式应根据建筑形式、平面类型、建筑高度、建筑面积、套型组合以及户门的耐火等级等因素确定。疏散楼梯间应在首层直通室外，或在首层采用扩大的封闭楼梯间或防烟楼梯间前室。当住宅层数≤4层时，可将对外出口设置在距离楼梯间≤15m处。

住宅建筑的疏散距离（m）　表4-7

类别	位于两个安全出口之间的房间（a）			位于袋形走道两侧或尽端的房间（b）		
	一、二级	三级	四级	一、二级	三级	四级
单、多层	40	35	25	22	20	15
高层	40	—	—	20	—	—

注：① 开向敞开式外廊的户门至最近安全出口最大直线距离，可按本表规定增加5m。
② 直通疏散走道户门至最近敞开楼梯间直线距离，当户门位于两个楼梯间之间时，应按本表规定减少5m；当户门位于袋形走道两侧或尽端时，应按本表规定减少2m。
③ 住宅建筑内全部设置自动喷水灭火系统时，其安全疏散距离可按本表及注①的规定增加25%。
④ 跃廊式住宅的户门至最近安全出口的距离应从户门算起，小楼梯段的距离可按其水平投影长度的1.50倍计算。

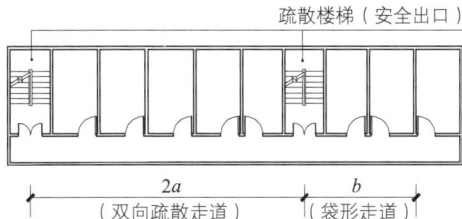

注：图中a、b值与表4-7对应。

住宅户门的疏散距离（廊式住宅）

4.5.3 疏散距离

1）住宅标准层的疏散距离

住宅建筑疏散距离应符合表4-7规定。户内任一点至直通疏散走道的户门的直线距离，不应大于表4-7中规定的袋形走道两侧或尽端的疏散门至最近安全出口的最大直线距离。跃层式住宅户内楼梯可按其梯段水平投影长度的1.50倍计算疏散距离。

2）商业服务网点的疏散距离

设置商业服务网点的住宅建筑，其住宅部分和商业服务网点部分的安全出口和疏散楼梯应分别独立设置。

商业服务网点中每个分隔单元建筑面积应≤300m²；任一层建筑面积＞200m²时，该层应设置2个安全出口（任一层建筑面积≤200m²时，该层可只设置1个安全出口）。

每个分隔单元内任一点至最近直通室外的出口的直线距离，不应大于表4-7中有关单、多层建筑位于袋形走道两侧或尽端的疏散门至最近安全出口的最大直线距离。

4.5.4 疏散宽度

住宅建筑户门和安全出口的净宽应≥0.80m，疏散走道、疏散楼梯和首层疏散外门的净宽应≥1.10m。住宅建筑高度≤18m时，一边设置栏杆的楼梯间，其净宽应≥1.0m。

55

条件①：每层任一单元建筑面积≤650m²

条件②：任一户门到安全出口距离≤15m

同时满足2个条件，每个单元每层可只设1个安全出口

a H≤27m

条件①：每层任一单元建筑面积≤650m²

条件②：任一户门到安全出口距离≤10m

条件③：户门为FM_z

条件④：每单元疏散楼梯能通过屋面相连通

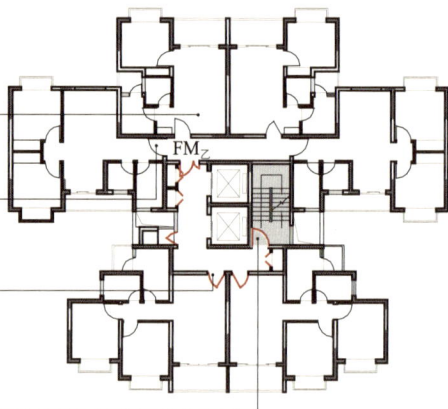

同时满足4个条件，每个单元每层可只设1个安全出口

b 27m<H≤54m（单元式）

■ **H≤54m的住宅建筑每个单元可只设1个安全出口的条件**

住宅建筑每个单元安全出口数量　　表4-8

住宅建筑高度H	满足任一条件		每个单元安全出口数量
	每个单元任一层建筑面积	任一户门到安全出口距离	
H≤27m	>650m²	>15m	≥2个
27m<H≤54m	>650m²	>10m	≥2个
H>54m	—	—	≥2个

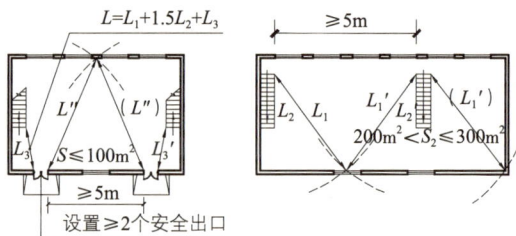

a 平面示意1

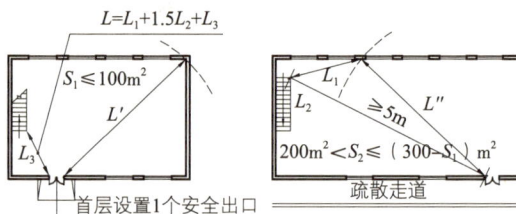

b 平面示意2

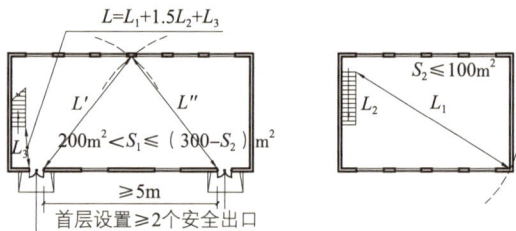

c 平面示意3

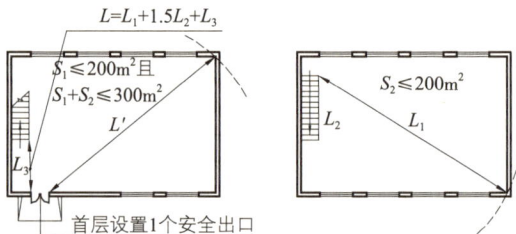

d 平面示意4

注：①L（L'、L"）为商业服务网点中每个分隔单元内的任一点至最近安全出口的直线距离。
②商业服务网点每个分隔单元面积应<300m²，任一层建筑面积>200m²时，该层应设置2个安全出口或疏散门。
③室内楼梯距离按其水平投影1.5倍计算。

■ **商业服务网点的安全疏散距离**（设置在首层及二层）
《建筑设计防火规范》图示18J811-1

4.5.5 住宅建筑的楼梯间设计示意

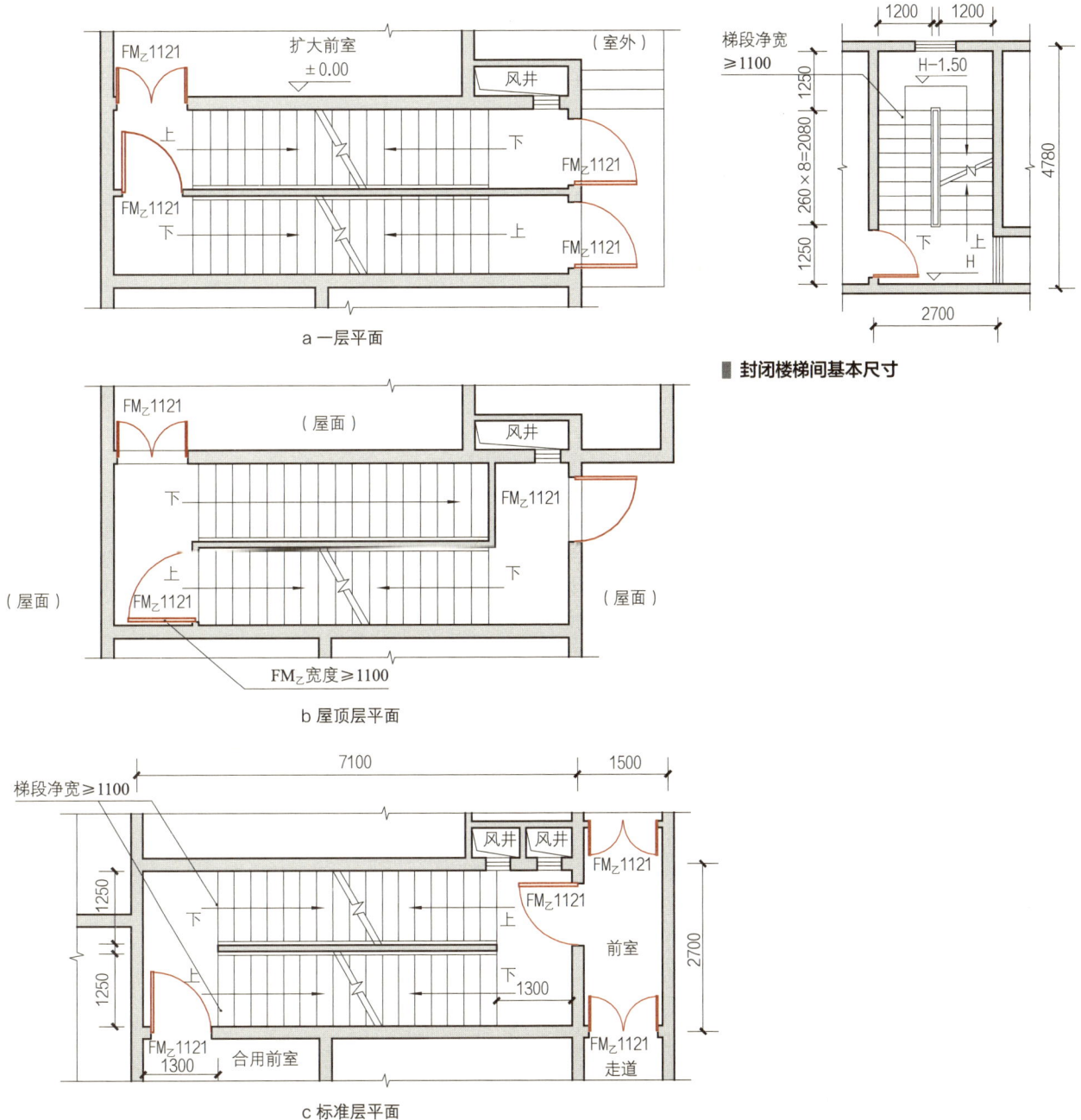

a 一层平面

■ 封闭楼梯间基本尺寸

b 屋顶层平面

c 标准层平面

■ 剪刀楼梯间基本尺寸

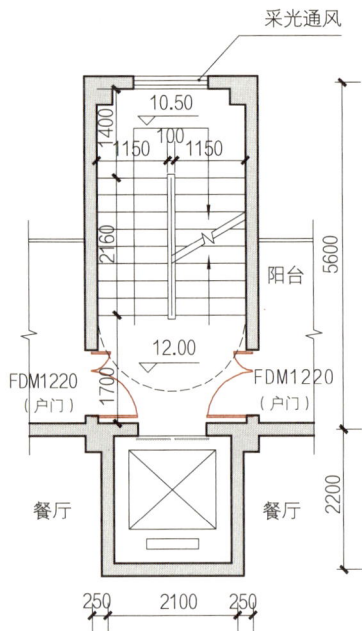

采光通风

10.50

1150 | 1150

100

阳台

12.00

FDM1220
（户门）

FDM1220
（户门）

餐厅

餐厅

250 | 2100 | 250

（楼梯间与电梯井相邻，采用封闭楼梯间）

■ H≤21m的多层住宅的楼梯和电梯布置示意

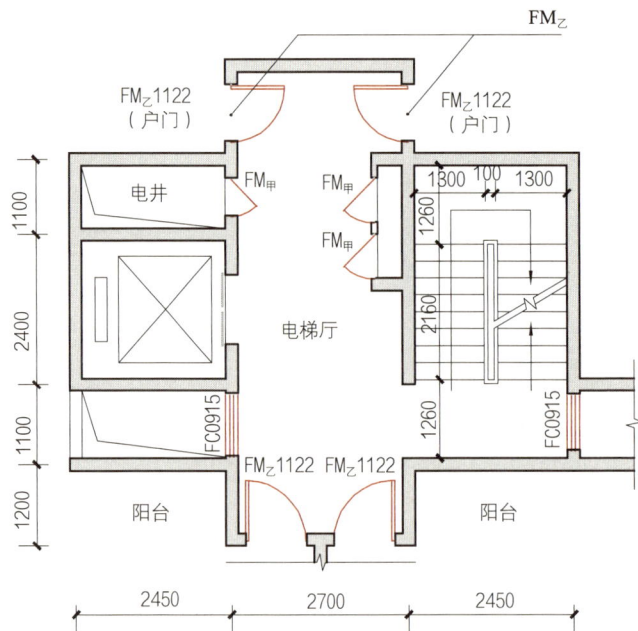

FMz

FMz1122
（户门）

FMz1122
（户门）

电井

FM甲

FM甲

1300 | 100 | 1300

FM甲

电梯厅

FC0915

FC0915

FMz1122 FMz1122

阳台

阳台

2450 | 2700 | 2450

（户门为FMz，可采用敞开楼梯间）

■ 21m<H≤33m的住宅的楼梯和电梯布置示意

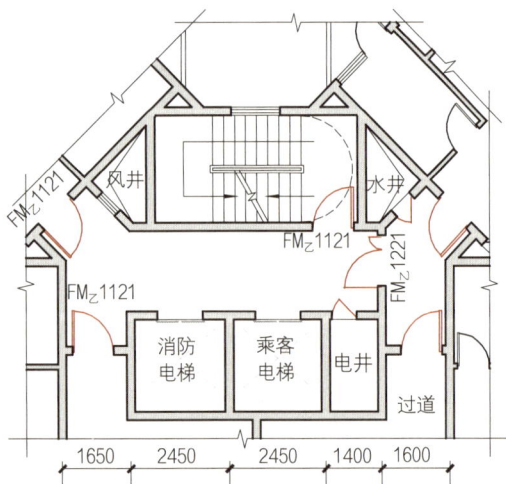

FMz1121

风井

水井

FMz1121

FMz1121

FMz1121

消防
电梯

乘客
电梯

电井

过道

1650 | 2450 | 2450 | 1400 | 1600

（开向同一前室的户门为FMz且≤3樘）

■ 33m<H≤54m的高层住宅核心筒布置例

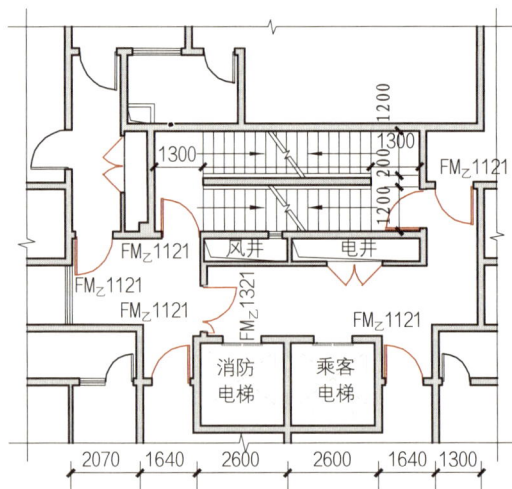

1200

1300

FMz1121

1300

1200 | 200

FMz1121

FMz1121

风井

电井

FMz1321

FMz1121

FMz1121

消防
电梯

乘客
电梯

2070 | 1640 | 2600 | 2600 | 1640 | 1300

（2个安全出口）

■ H>54m的高层住宅核心筒布置示例

4.5.6 高层住宅建筑的安全疏散

1）楼梯、电梯配置的相关规定

①电梯设置

电梯应在设有户门和公共走廊的每层设站，宜成组集中布置。候梯厅深度不应小于多台电梯中最大轿箱的深度，且宜≥1.50m。电梯不应紧邻卧室布置，当不得不紧邻兼起居的卧室布置时，应采取隔声、减震的构造措施。

②电梯台数

建筑高度＞33m的住宅建筑，每一住宅单元设置电梯不应少于2部，其中1部按消防电梯设置且能够容纳担架。每个防火分区可供使用的消防电梯应≥1部。

③剪刀楼梯间

住宅单元的疏散楼梯分散设置确有困难时，且从任意一户门至最近安全出口的距离≤10m时，可采用剪刀楼梯，但应满足条件：楼梯间为防烟楼梯间；梯段之间采用耐火极限≥1.00h的不燃烧体实体墙分隔；两楼梯间的前室不宜共用，共用时前室的使用面积应≥6.0m²；楼梯间前室或合用前室不宜与消防电梯前室合用，二合一前室的使用面积应≥6.0m²，三合一前室的使用面积应≥12.0m²，且短边应≥2.4m；楼梯间内的加压送风系统不宜合用。

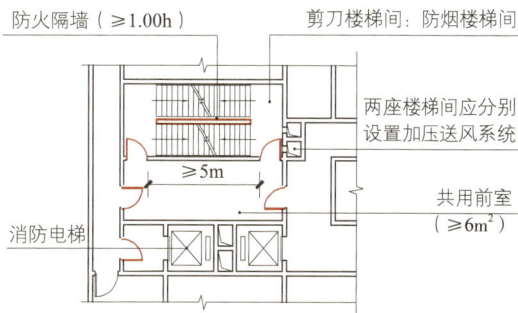

防火隔墙（≥1.00h）　剪刀楼梯间：防烟楼梯间
两座楼梯间应分别设置加压送风系统
≥5m
消防电梯
共用前室（≥6m²）

高层住宅剪刀楼梯间共用前室的平面示意

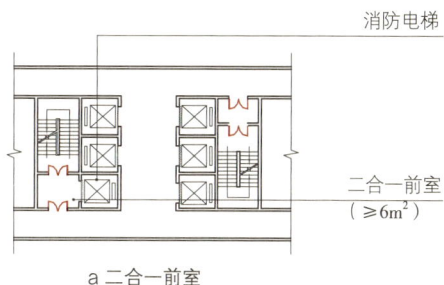

消防电梯
二合一前室（≥6m²）

a 二合一前室

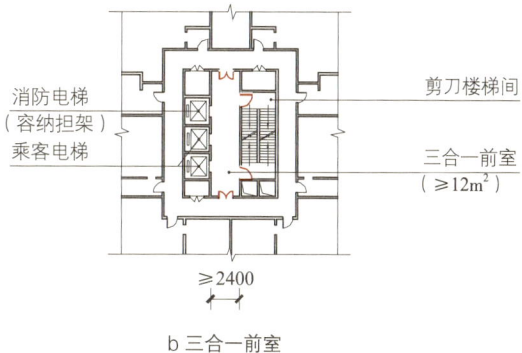

消防电梯（容纳担架）乘客电梯
剪刀楼梯间
三合一前室（≥12m²）
≥2400

b 三合一前室

高层住宅楼梯间合用前室的平面示意

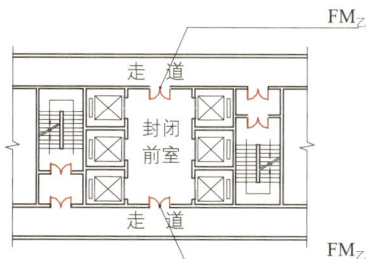

FM$_Z$
走　道
封闭前室
走　道
FM$_Z$

（超高层建筑：常将各电梯按消防电梯设置）

封闭电梯厅

高层住宅设备用房的设置要求			表4-9
设备用房	设置楼层	安全疏散	空间要求
锅炉房	首层或地下一层	直通室外或安全出口	不应布置在人员密集场所的上一层、下一层或贴邻，宜靠外墙部位设置
变配电室	首层或地下一层		
柴油发电机房	首层或地下一/二层	—	
消防控制室	首层或地下一层	直通室外	防水淹、防潮、防啮齿动物
消防水泵房	首层、地下一/二层，或埋深≤10m的地下楼层	直通室外或安全出口	防水淹

59

2）安全出口设置

①一般规定

每个住宅单元均按一个防火分区设计。安全出口应分散设置，每个防火分区的安全出口、每个单元每层的安全出口应≥2个，且2个安全出口之间的水平距离应≥5m。高层住宅扑救面范围内应设置直通室外的楼梯或出口。单元式住宅每个住宅单元的疏散楼梯，均应通过屋面连通。

②住宅单元每层设置一个安全出口的条件

a．建筑高度≤27m时，每一住宅单元任一层建筑面积≤650m²，且任一户门至安全出口的距离≤15m，每个住宅单元设置一座通向屋顶的疏散楼梯，各单元的楼梯应能通过屋顶相互连通。

b．27m<建筑高度≤54m时，每一住宅单元任一层建筑面积≤650m²，且任一户门至安全出口距离≤10m，每个住宅单元设置一座通向屋顶的疏散楼梯，单元之间的楼梯间通过屋顶连通。

3）疏散距离及特殊户内房间

①标准层疏散距离

塔式和单元式住宅：户门至最近安全出口的距离应≤10m。

通廊式住宅：当每一住宅单元设有≥2个安全出口时，户门至最近安全出口的距离：两个安全出口之间≤40m，袋形走道两侧或尽端≤20m。户内任一点至其直通疏散走道的户门的距离≤20m。跃廊式住宅户门至最近安全出口的距离应从户门算起。

②首层疏散距离

楼梯间首层应直接对外，或将对外出口设置在距离楼梯间≤15m处。消防电梯前室在首层应设直通室外的出口，或经过长度≤30m的通道通向室外。

③特殊的户内房间

建筑高度>54m的住宅建筑，每户至少应有一间房间满足：靠外墙设置，设置可开启外窗，且内、外墙体的耐火极限应≥1.00h，该房间的门宜采用FM_Z，外窗的耐火完整性宜≥1.00h。

高层住宅疏散（外）门、走道、楼梯间、安全出口门净宽（m）　　　表4-10

疏散走道		疏散楼梯间/首层疏散外门/安全出口门	楼梯间平台深度	
单面布房	双面布房		一般楼梯	剪刀楼梯
≥1.20	≥1.30	≥1.10	1.2	1.3

高层住宅的分类、耐火等级和防火分区的面积要求　　　表4-11

高层住宅		建筑分类	允许建筑高度H（m）	耐火等级	每防火分区允许最大建筑面积（m²）
地上部分		一类	54<H≤100	一级	1500
		二类	27<H≤54	≥二级	
地下部分	（半）地下室	—	宜≤3层	一级	500
	（地下）设备用房	—	宜≤3层	一级	1000
	地下车库	—	—	一级	2000

注：设有自动灭火系统的防火分区，其允许最大面积可按本表增加1.00倍，局部设置自动灭火系统时，增加建筑面积可按该局部面积的1.00倍计算（设备用房除外）。

4.5.7 高层住宅建筑安全疏散案例解析

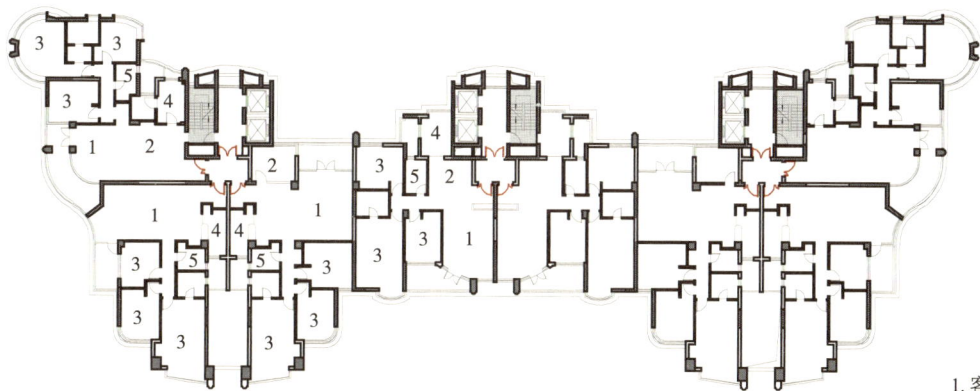

1. 客厅
2. 餐厅
3. 卧室
4. 厨房
5. 卫生间

高54.0m（18F），属二类高层单元式住宅建筑，3个单元拼接，两侧单元3套/层，中间单元2套/层。
每单元建筑面积≤650m²，各设置1个防烟楼梯间和2部电梯（均按消防电梯要求），各楼梯间均能
上至屋顶并在屋顶连通。合用前室均为11.2m²，可自然排烟。

▌ **杭州绿园小区**（*H*=54.0m，单元式）

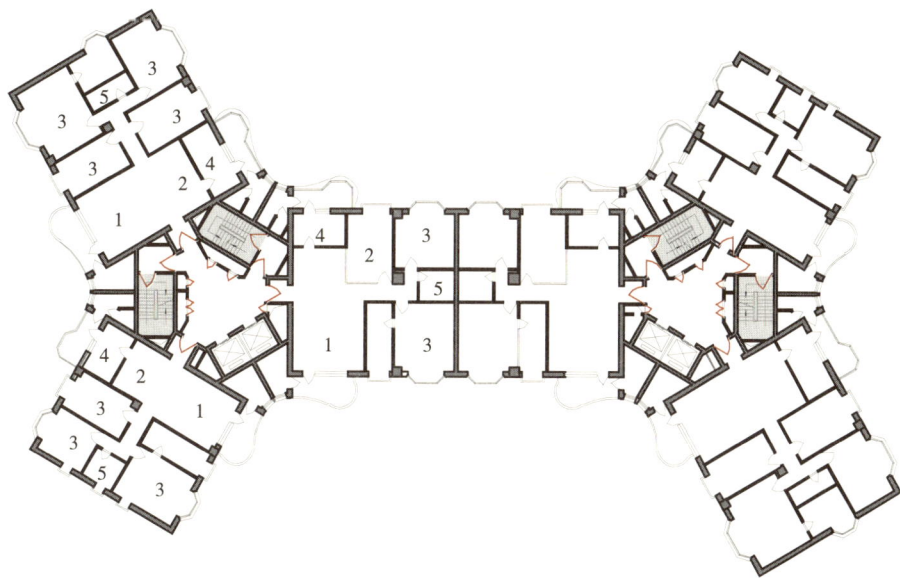

1. 客厅
2. 餐厅
3. 卧室
4. 厨房
5. 卫生间

高85.8m（30F），属一类高层单元式住宅建筑，2个单元拼接，每单元3套/层，各设置2个防烟楼梯间
和2部电梯（均按消防电梯要求）。防烟楼梯间前室面积6.4m²，消防电梯前室面积为9.2m²。疏散时先
进入合用前室，再进入防烟楼梯间。

▌ **大连星海国宝**（*H*=85.8m，单元式）

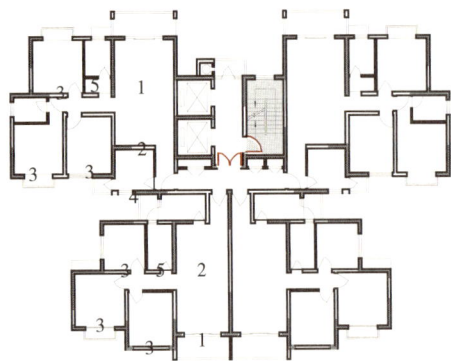

高50.9m（18F），属二类高层塔式住宅，4套/层，设置1个防烟楼梯间和2部电梯（均按消防电梯要求）。合用前室面积9.4m²，可自然排烟。

1. 客厅
2. 餐厅
3. 卧室
4. 厨房
5. 卫生间

■ **广州金沙新社区Gb**（*H*=50.9m，塔式）

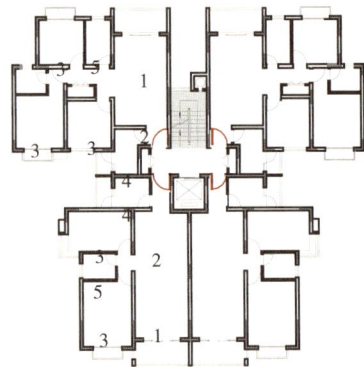

高31.3m（11F），属于二类高层塔式住宅，4套/层，设置1个楼梯间和1部客梯。户门FM乙，楼梯间为敞开楼梯间。

1. 客厅
2. 餐厅
3. 卧室
4. 厨房
5. 卫生间

■ **广州金沙新社区XGa**（*H*=31.3m，塔式）

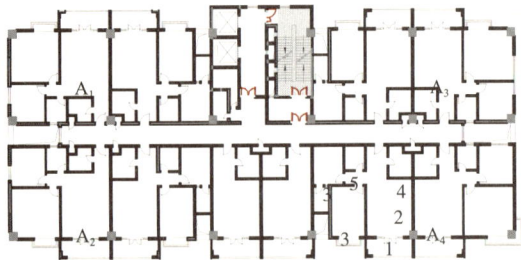

高51.9m（16F），属二类高层通廊式住宅，10套/层，设置1部剪刀梯和2部电梯（均按消防电梯要求）。合用前室面积14.7m²（可自然排烟），单独前室面积6.65m²。最远套型A₁、A₂距最近安全出口距离为14.75m，A₃、A₄套型至最近安全出口的距离为11.06m，不满足规范≤10.0m的要求。

1. 客厅
2. 餐厅
3. 卧室
4. 厨房
5. 卫生间

■ **昆明都市名典**（*H*=51.9m，通廊式）

高99.9m（33F），属一类高层塔式住宅建筑，5套/层。设置1部剪刀梯、2部电梯（均按消防电梯要求）。剪刀梯分别形成单独前室和二合一前室，其面积分别为5.4m²和17.8m²。套型A₂、A₃共用1道防火门，开向单独前室，A₁、A₄、A₅的户门为FM乙（不超过3樘），直接开向二合一前室。

1. 客厅
2. 餐厅
3. 卧室
4. 厨房
5. 卫生间

■ **深圳星河时代花园**（*H*=99.9m，塔式）

62

4.6 公共建筑的安全疏散

4.6.1 安全出口

1）安全出口数量

公共建筑内每个防火分区、一个防火分区内每个楼层，其安全出口的数量应经计算确定，且应≥2个。

2）只设置1个安全出口的情形

①除托儿所、幼儿园外，建筑面积≤200m²且人数≤50人的单层公共建筑或多层公共建筑的首层，可只设1个安全出口。

②除医疗建筑，老年人照料设施，托儿所、幼儿园的儿童用房，儿童游乐厅等儿童活动场所，歌舞娱乐放映游艺场所等外，符合表4-12规定的公共建筑，可只设1个安全出口。

③设置不少于2部疏散楼梯的一、二级耐火等级多层公共建筑，如顶层局部升高，当高出部分的层数≤2层，高出部分可只设1部楼梯，但应符合相关规定。

3）房间疏散门

公共建筑内每个房间疏散门数量应≥2个，房间可只设置1个疏散门的情形包括：

①两个安全出口之间或袋形走道两侧的房间：儿童活动场所、老年人照料设施房间面积≤50m²；医疗建筑的治疗室及病房、教学建筑的教学用房建筑面积≤75m²；其他建筑房间面积≤120m²。

②走道尽端房间：除儿童活动场所、老年人照料设施、医疗建筑、教学建筑外，应满足：建筑面积<50m²；或疏散门宽≥1.40m、建筑面积≤200m²且房间内任意一点到疏散门直线距离≤15m。

③歌舞娱乐放映游艺场所，建筑面积≤50m²，且经常停留人数≤15人的房间。

公共建筑设置1个安全出口的条件 表4-12

耐火等级	最多层数	每层最大建筑面积（m²）	人数
一、二级	3层	200	第二、第三层的人数之和≤50人
三级	3层	200	第二、第三层的人数之和≤25人
四级	2层	200	第二层人数≤15人

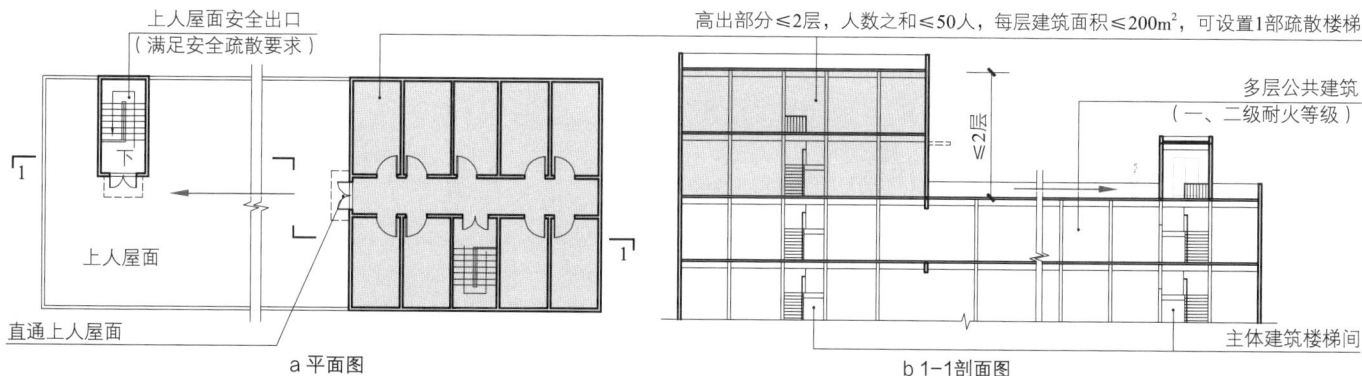

a 平面图

b 1-1剖面图

多层公共建筑顶层局部升高部分可设置1部疏散楼梯的条件
《建筑设计防火规范》图示18J811-1

63

剧场、电影院、礼堂和体育馆的观众厅或多功能厅的疏散门数量 表4-13

类型	座位数：A（人）	疏散门数量：B（个）
剧场、电影院、礼堂	当$A \leq 2000$时	$2 \leq B = A/250$
	当$A > 2000$时	$2 \leq B = 2000/250 + (A-2000)/400$
体育馆	A	$2 \leq B = A/(400 \sim 700)$

注：疏散门数量应根据座位数计算确定，且应≥2个。

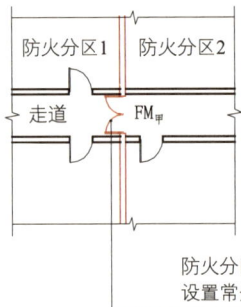

■ **疏散走道上防火分区处的防火门**

防火分区处应设置常开FM甲

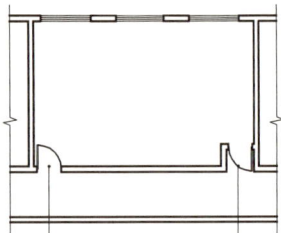

■ **房间疏散门的开启方向**

人数≤60人且每樘门的平均疏散人数≤30人的房间，其疏散门的开启方向不限，否则应外开

一、二级耐火等级公共建筑

安全出口　安全出口

FM甲

防火分区A（面积>1000m²）　防火分区B（面积≤1000m²）

防火分区A建筑面积>1000m²时，安全出口应≥2个；防火分区B建筑面积≤1000m²时，安全出口仅为1个时，可借用防火分区A进行疏散，但应满足：
① FM甲计算疏散净宽≤防火分区B所需疏散总净宽的30%；
② 各层通向安全出口总净宽（$a_1+a_2+a_3$）应大于等于该层所需疏散总净宽。

■ **一、二级耐火等级公共建筑借用相邻防火分区作为第二安全出口**

以下建筑位于两个安全出口之间或袋形走道两侧的房间，可设置1个疏散门：
① 托儿所、幼儿园、老年人照料设施，建筑面积≤50m²；
② 医疗建筑、教学建筑，建筑面积≤75m²；
③ 其他建筑或场所，建筑面积≤120m²

歌舞娱乐放映游艺场所内的厅、室当满足下列条件时，可设置1个疏散门：
建筑面积≤50m²且经常停留人数≤15人

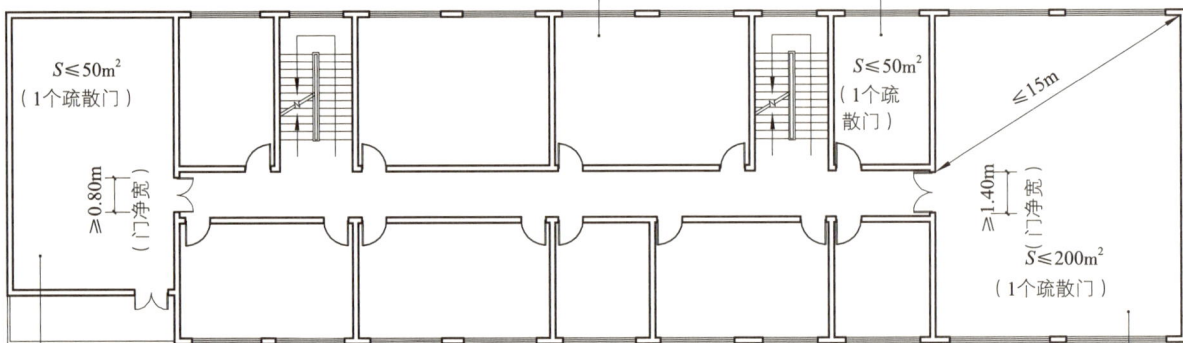

$S \leq 50m^2$（1个疏散门）

≥0.80m（门净宽）

$S \leq 50m^2$（1个疏散门）

≤15m

≥1.40m（门净宽）

$\bar{S} \leq 200m^2$（1个疏散门）

除托儿所、幼儿园、老年人建筑、医疗建筑、教学建筑外，以下位于走道尽端的房间满足下列条件之一可设置1个疏散门：
① 建筑面积≤50m²且疏散门的净宽度≥0.80m；
② 由房间内任一点至疏散门的直线距离≤15m且建筑面积≤200m²、疏散门净宽度≥1.40m

■ **公共建筑房间设置1个疏散门的条件**
《建筑设计防火规范》图示18J811-1

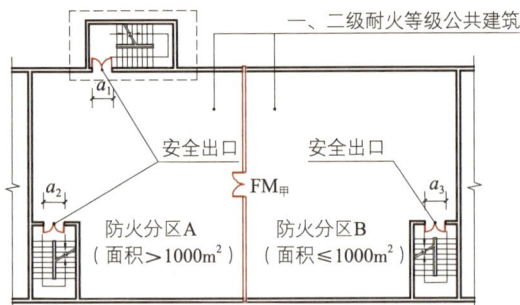

4.6.2 疏散距离

疏散距离包括直通疏散走道的房间疏散门至最近安全出口的距离、房间内任意一点至最近房间疏散门的距离。楼梯间的首层应设置直通室外的安全出口，或在首层采用扩大封闭楼梯间或防烟楼梯间。当层数≤4层且未采用扩大的封闭楼梯间或防烟楼梯间前室时，可将直通室外的门设置在离楼梯间≤15m处。

公共建筑的疏散距离（m）　　　　　　　表4-14

建筑类型			直接通向疏散走道的房间疏散门至最近安全出口的最大距离					
			位于两个安全出口之间的疏散门（a）			位于袋形走道两侧或尽端的疏散门（b）		
			耐火等级			耐火等级		
			一、二级	三级	四级	一、二级	三级	四级
托儿所、幼儿园、老年人建筑			25	20	15	20	15	10
歌舞娱乐放映游艺场所			25	20	15	9	—	—
医疗建筑	单、多层		35	30	25	20	15	10
	高层	病房部分	24	—	—	12	—	—
		其他部分	30	—	—	15	—	—
教学建筑	单、多层		35	30	25	22	20	10
	高层		30	—	—	15	—	—
高层旅馆、公寓、展览建筑			30	—	—	15	—	—
其他民用建筑	单、多层		40	35	25	22	20	15
	高层		40	—	—	20	—	—

注：① 敞开式外廊建筑的房间疏散门至最近安全出口的直线距离，可按本表规定增加5m。
② 直通疏散走道的房间疏散门至最近敞开楼梯间的直线距离，当房间位于两个楼梯间之间，应按本表减少5m；当房间位于袋形走道两侧或尽端时，应按本表减少2m。
③ 建筑内设自动喷水灭火系统时，其安全疏散距离可按本表规定增加25%。
④ 房间内任一点到该房间直接通向疏散走道的疏散门的距离，不应大于本表规定的袋形走道两侧或尽端的疏散门至安全出口的最大距离。

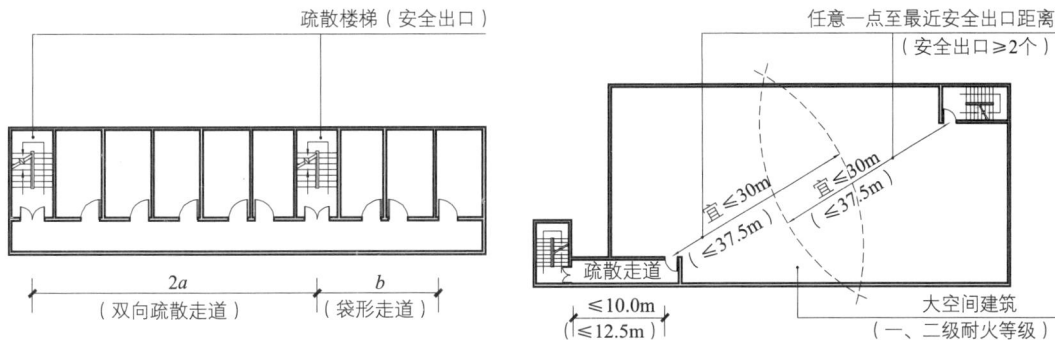

注：图中a、b值与表4-14对应。

■ **公共建筑房间门的疏散距离**

■ **大空间的疏散距离**（一、二级耐火等级建筑内）

大空间（观众厅、展览厅、多功能厅、餐厅、营业厅等）内全部设置自动喷水灭火系统时，安全疏散的最大距离可在30m（大空间内）和10m（经过疏散走道）的基础上增加25%，增加后分别为37.5m和12.5m。

4.6.3 疏散宽度

1）疏散宽度：疏散走道和疏散楼梯的净宽应≥1.10m，公共建筑内的疏散门和安全出口净宽、住宅建筑户门和安全出口的净宽均应≥0.80m。

2）疏散总人数计算：根据建筑面积与相应功能的人员密度系数的乘积，得出疏散总人数。

3）公共建筑疏散总宽度：根据需要疏散的总人数与每百人疏散需要的最小宽度的乘积，得出疏散总宽度。

示例： 某百货商业营业厅疏散计算

某耐火等级为一级的二层建筑，地上第二层防火分区建筑面积为2000m²的百货商业营业厅，计算该防火分区的安全出口疏散宽度。

①确定疏散总人数：

$$N = S \times D = 2000m^2 \times 0.6 人/m^2 = 1200人$$

式中：N——疏散总人数（人）；S——本层商店营业厅建筑面积（m²）；D——商店营业厅人员密度（人/m²，详见表4-19）。

②确定疏散总宽度：

$$W = N \times E = 1200人 \times 0.65m/100人 = 7.80m$$

注：W——安全出口总宽度（m）；N——疏散总人数（人）；E——安全出口宽度指标（m/百人，详见表4-16）。

③根据疏散总宽度，确定安全出口的数量和宽度。

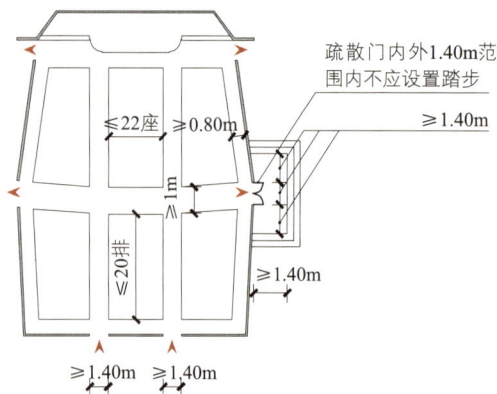

注：① 疏散走道的净宽度应按≥0.6m/百人计算，且应≥1.00m；边走道的净宽度宜≥0.80m。
② 横走道之间座位排数宜≤20排；纵走道之间的座位数：剧场、电影院、礼堂，每排宜≤22个；体育馆，每排宜≤26个；前后排座椅的排距≥0.90m时，可增加1.0倍，但应≤50个；仅一侧有纵走道时，座位数应减少一半。
③ 疏散门不应设置门槛，净宽应≥1.40m，且紧靠门口的内外各1.40m范围内不应设置踏步。
④ 有候场需要的入场门不应作为观众厅的疏散门。

■ 观众厅内的走道最小净宽、座位排布及疏散门设置

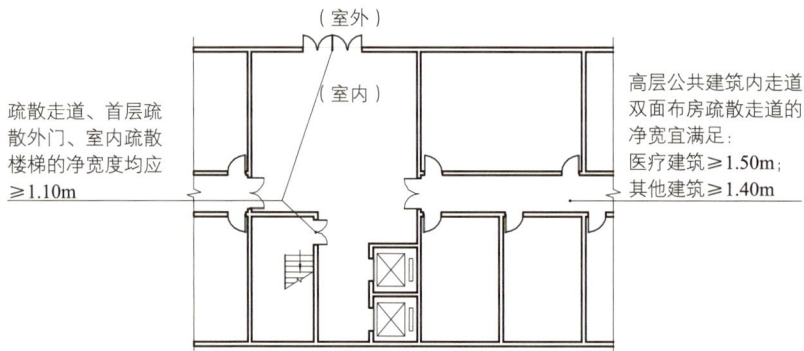

■ 公共建筑的疏散净宽

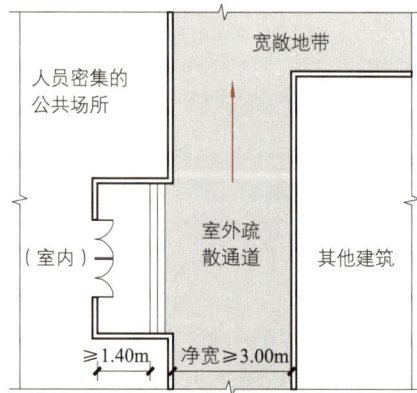

■ 人员密集的公共场所室外疏散通道要求

首层疏散外门、楼梯间首层疏散门、走道、疏散楼梯的最小净宽（m）　　表4-15

建筑类别		楼梯间的首层疏散（外）门	走道		疏散楼梯
			单面布房	双面布房	
公共建筑	高层 医疗建筑	1.30	1.40	1.50	1.30
	高层 其他建筑	1.10	1.30	1.40	1.10
	单、多层	1.10	1.10		1.10
住宅建筑		1.10	1.10		1.10

注：① 疏散楼梯净宽是指墙至扶手内侧或相邻扶手内侧之间的距离；建筑内公共疏散楼梯的两梯段及扶手间的水平间距宜≥150mm。
　　② 住宅建筑外走廊通道的最小净宽为1.20m。

公共建筑（除观演建筑及体育馆外）安全出口/房间疏散门/走道/楼梯每百人所需的最小疏散净宽（m/百人）　表4-16

建筑层数及地坪高差		建筑耐火等级		
		一、二级	三级	四级
地上楼层	1~2层	0.65	0.75	1.00
	3层	0.75	1.00	—
	≥4层	1.00	1.25	—
（半）地下楼层	埋深△H≤10m	0.75	—	—
	埋深△H>10m	1.00	—	—
	歌舞娱乐游艺放映场所及其他人员密集的房间	1.00	—	—

注：① 首层外门、楼梯的总净宽度应按疏散人数最多一层的人数计算。
　　② （半）地下人员密集的厅、室和歌舞娱乐放映游艺场所，其疏散宽度应按≥1.00m/百人计算确定。

剧场、电影院、礼堂、体育馆每百人所需的最小疏散净宽（m/百人）　　表4-17

分类		剧场、电影院、礼堂等		体育馆		
观众厅座位数（座）		≤2500	≤1200	3000～5000	5001～10000	10001～20000
耐火等级		一、二级	三级	一、二级		
疏散部位	门和走道 平坡地面	0.65	0.85	0.43	0.37	0.32
	门和走道 阶梯地面	0.75	1.00	0.50	0.43	0.37
	楼梯	0.75	1.00	0.50	0.43	0.37

歌舞娱乐放映场所及展览厅的人员密度（人/m²）　　表4-18

空间类型		人员密度
歌舞娱乐放映游艺所	录像厅	1.0
	其他场所	0.5
展览厅		0.75

注：① 有固定座位的场所，其疏散人数可按实际座位数的1.1倍计算。
　　② 歌舞娱乐放映游艺场所：录像厅的疏散人数，应根据录像厅的建筑面积按≥1.0人/m²计算；其他用途房间的疏散人数，应根据
　　　　房间的建筑面积按≥0.5人/m²计算。

商店营业厅的人员密度（人/m²）　　表4-19

楼层位置	地下第二层	地下第一层	地上第一、二层	地上第三层	地上第四层及以上各层
人员密度	0.56	0.60	0.43～0.60	0.39～0.54	0.30～0.42

注：建材商店、家具和灯饰展示建筑的人员密度，可按本表规定值的30%确定。

4.6.4 （半）地下建筑（室）安全出口

（半）地下建筑（室）每个防火分区安全出口数应经过计算，且应≥2个。相邻的两个安全出口最近边缘之间的水平距离，应≥5m。

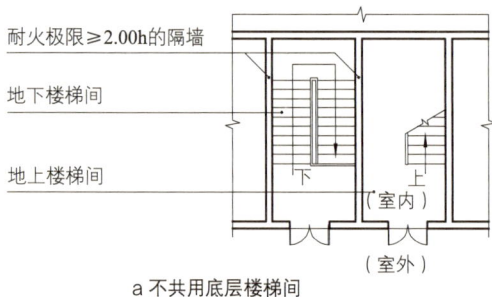

耐火极限≥2.00h的隔墙
地下楼梯间
地上楼梯间
（室内）
（室外）

a 不共用底层楼梯间

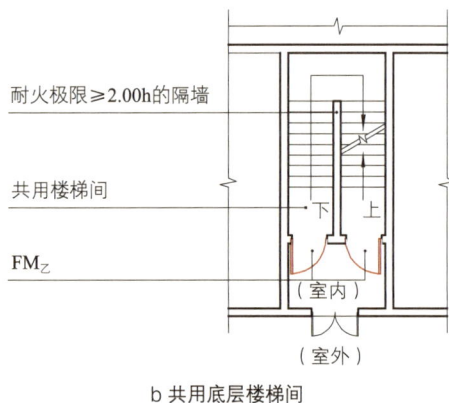

耐火极限≥2.00h的隔墙
共用楼梯间
下　上
FM_Z
（室内）
（室外）

b 共用底层楼梯间

■（半）地下部分与地上部分之间的楼梯间分隔

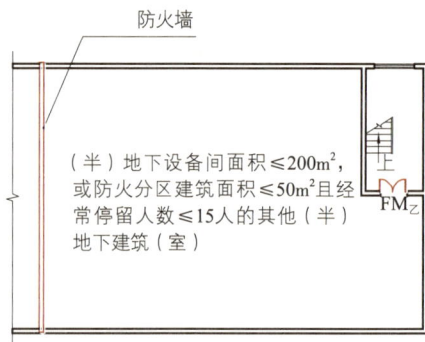

防火墙
（半）地下设备间面积≤200m²，或防火分区建筑面积≤50m²且经常停留人数≤15人的其他（半）地下建筑（室）
FM_Z

■（半）地下设备间及其他房间设置1个安全出口

直通室外金属竖向梯（第二安全出口）
安全出口（疏散楼梯）
FM_Z
FM_Z

建筑面积≤500m²、使用人数≤30人，且埋深≤10m的（半）地下建筑（室），当需要设置2个安全出口时，其中一个可利用直通室外的金属竖向梯。

■（半）地下建筑（室）利用金属竖向梯作为第二安全出口

（半）地下建筑（室）安全出口数量　　　　　　　　表4-20

空间分类	经常使用人数（人）	每个防火分区允许的建筑面积（m²）	埋深（m）	安全出口数量（个）
（半）地下建筑（室）、房间	≤30	≤500	≤10	2（其中一个可利用直通室外的金属竖向梯）
	≤15	≤50	—	1
（半）地下建筑设备间	—	≤200	—	1

注：不包括人员密集场所、歌舞娱乐放映游艺场所及规范中另有规定的建筑类型。

4.6.5 汽车库、修车库、停车场出口

人员安全出口和汽车疏散出口应分开设置。民用建筑内的汽车库，其车辆疏散出口应与其他部分的人员安全出口分开设置。

除建筑高度＞32m的高层汽车库、埋深＞10m或层数≥3层的（半）地下汽车库应采用防烟楼梯间外，其余均应采用封闭楼梯间。疏散楼梯的宽度应≥1.10m。

1）人员安全出口

除室内无车道且无人员停留的机械式汽车库外，汽车库、修车库内每个防火分区的人员安全出口应≥2个，Ⅳ类汽车库和Ⅲ、Ⅳ类的修车库可只设置1个。

汽车库室内最远工作地点至楼梯间的距离应≤45m，当设有自动灭火系统时，距离应≤60m。单层或设在建筑物首层的汽车库，室内任一点至安全出口的距离应≤60m。

2）汽车疏散出口

汽车疏散出口数量应依据汽车库分类及停车数量确定。

相邻两个汽车疏散口之间的水平距离应≥10m。汽车疏散坡道净宽应≥3m，双车道应≥5.5m。

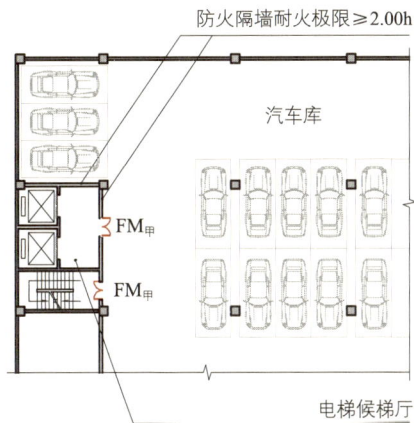

直通汽车库的电梯应设置候梯厅

汽车库、修车库、停车场的汽车疏散出口数量（个）　　　　表4-21

防火分类	停车数量/汽车出口数量	汽车库		修车库	停车场
Ⅰ类	停车数量（辆）	＞300		＞15	＞400
	出口数量（个）	宜≥3		≥2	≥2
Ⅱ类	停车数量（辆）	151~300		6~15	251~400
	出口数量（个）	≥2		≥1	≥2
Ⅲ类	停车数量（辆）	101~150（地上）	51~100	3~5	101~250
	出口数量（个）	≥2（或1个双车道）	1个双车道	≥1	≥2
Ⅳ类	停车数量（辆）	≤50		≤2	51~100 / ≤50
	出口数量（个）	≥1		≥1	≥2 / ≥1

4.6.6 体育建筑及观演建筑防火设计要点

1）体育建筑防火设计要点

①总平面布局

a. 出入口和内部道路

总出入口布置应明显，宜≥2处，且以不同方向通向城市道路。观众疏散道路应避免集中人流与车流的相互干扰。

体育（场）馆的安全出口应均匀布置，独立的看台安全出口应≥2个。观众出入口处留有疏散通道和集散场地。体育场的安全疏散可利用首层屋面的平台，作为容纳大量疏散人员的第一安全地带，再通过室外大踏步下到地面。

观众疏散道路、观众出入口的有效宽度宜按≥0.15m/百人的室外安全疏散指标。集散场地应≥0.2m²/人，可充分利用道路、空地、屋顶、平台等。

体育场的每个安全出口的平均疏散人数宜≤1000～2000人。体育馆的每个安全出口的平均疏散人数宜≤400～700人（注：规模较小的设施宜采用接近下限值，规模较大的设施宜采用接近上限值）。

运动场地的对外出入口应≥2处，满足人员出入方便、疏散安全和器材运输的要求。

b. 消防车道

应合理组织外部交通路线，做到分区明确，短捷合理。周围的消防车道应环通，内部道路应满足消防车通行要求，净宽和净高应≥4m。因条件限制，可采取下列措施之一满足消防扑救：消防车在平台下部空间靠近建筑主体、消防车直接开入建筑内部、消防车到达平台上部接近建筑主体、平台上部设置消火栓。

②看台的安全出口及疏散走道

a. 观众席纵走道之间的连续座位数目，室内每排宜≤26个，室外每排宜≤40个。当仅一侧有纵走道时，座位数目应减半。

b. 体育（场）馆疏散走道的布局，应与观众席各分区容量相适应，且与安全出口联系顺畅。经过观众席中纵横走道通向安全出口的设计人流股数，与安全出口设计的通行股数，应符合"来去相等"的原则。在观众席位中不设横走道的情况下，通向安全出口的纵走道设计总宽度应与安全出口的设计总宽度相等。

c. 容量>6000人或每个安全出口设计的通行人流股数>4股时，宜在观众席位中设置横走道。

d. 一、二级耐火等级的体育（场）馆，其疏散宽度指标及疏散时间按表4-23计算。

e. 每个安全出口和疏散走道的有效宽度应符合计算要求，且满足：

安全出口宽度≥1.1m，出口宽度应为人流股数的倍数；≤4股人流时，按0.55m/股设计，>4股人流时，按0.5m/股设计。

主要纵横过道≥1.1m（走道两边有观众席）；次要纵横过道≥0.9m（走道一边有观众席）；活动看台疏散设计与固定看台同等对待。

建筑内人员的行走速度（m/s） 表4-22

状态	方向	男人	女人	儿童或老年人
紧急状态	水平行走	1.35	0.98	0.65
	由上向下	1.06	0.77	0.40
正常状态	水平行走	1.04	0.75	0.50
	由上向下	0.40	0.30	0.20

注：①特殊人群如儿童、老年人、病人等，其行走速度会慢得多。
②建筑中生成的火灾烟气的刺激性较大，或建筑物内缺乏足够的应急照明及疏散指示标志等，人员的行走速度将会降低。

一、二级耐火等级的体育（场）馆的疏散宽度指标及疏散时间　　　　　　　　　　　表4-23

疏散部位	宽度指标（m/百人） 观众座位数（个）	室内看台			室外看台		
		3000~5000	5001~10000	10001~20000	20001~40000	40001~60000	≥60001
门、走道	平坡地面	0.43	0.37	0.32	0.21	0.18	0.16
	阶梯地面	0.50	0.43	0.37	0.25	0.22	0.19
楼梯		0.50	0.43	0.37	0.25	0.22	0.19
疏散时间（min）		≤3	≤3.5	≤4	≤6	≤7	≤8

注：表中较大座位数档次按规定指标计算出来的总宽度，不应小于相邻较小座位数档次按其最多座位数计算出来的疏散总宽度。

2）剧场建筑、电影院建筑防火设计要点

剧场建筑、电影院建筑防火设计要点　　　　　　　　　　　　　　　　　　　　　表4-24

设计内容		剧场建筑	电影院建筑
总平面		1）总平面布局应分区明确，人车分流，并提供消防车道、扑救场地和回车场。 2）基地应至少有一面邻接城市道路，道路通行宽度应大于等于剧场安全出口宽度的总和，并满足： ① ≤800座，应≥8m； ② 801~1200座，应≥12m； ③ ≥1201座，应≥15m。 3）主要出入口前应按≥0.20m²/座留出集散空地，室外疏散及集散广场不得兼作停车场。 4）甲等和乙等的大型、特大型剧场应设消防控制室，位置宜靠近舞台，面积应≥12m²，并有对外的单独出入口	1）基地至少应有一面直接邻接城市道路，应有≥2个不同方向通向城市道路的出口。沿城市道路方向的长度应≥基地周长的1/6，与基地邻接的城市道路的宽度宜≥电影院安全出口宽度总和。城市道路宽度满足： ① 与小型电影院连接，宜≥8m； ② 与中型电影院连接，宜≥12m； ③ 与大型电影院连接，宜≥20m； ④ 与特大型电影院连接，宜≥25m。 2）主要出入口前应按≥0.20m²/座留出集散空地，室外疏散及集散广场不得兼作停车场。大型及特大型电影院的集散空地宜分散设置，深度应≥10m
防火分区及分隔		1）附建于剧场主体建筑的演员宿舍、餐厅、厨房等必须形成独立的防火分区，并单独设置疏散通道及出入口。剧场建筑与其他建筑合建或毗连时，应形成独立的防火分区，以防火墙分隔且不得开门窗洞；设门时应为FM甲，上下楼板耐火极限应≥1.50h。 2）舞台应划分为独立的防火分区。甲等和乙等的大型、特大型剧场舞台台口应设防火幕；超过800座的特等、甲等剧场及高层民用建筑中超过800座的剧场舞台台口宜设防火幕。舞台主台通向各处洞口均应设FM甲，或设置水幕。 3）舞台与后台部分的隔墙及舞台下部台仓的周围墙体耐火极限应≥2.50h；疏散通道的隔墙耐火极限应≥1.00h	1）电影院建设置在综合建筑内时，应形成独立的防火分区，并有单独的疏散通道及出入口。 2）放映机房应采用耐火极限≥2.00h的隔墙、≥1.50h的楼板与其他部位隔开，并应设置火灾自动报警和排烟措施
安全出口及疏散通道		1）观众厅出口应满足： ① 出口应均匀布置，主要出口不宜靠近舞台。 ② 楼座与池座应分别布置出口，楼座不应穿越池座疏散。楼座独立的安全出口应≥2个，<50座时可设1个出口。当楼座与池座疏散无交叉且不影响池座安全疏散时，楼座可经池座疏散。 2）后台直通向室外的出口应≥2个。 3）乐池和台仓出口应≥2个。 4）疏散通道穿行前厅及休息厅时，设置在前厅、休息厅的小卖部及存衣处不得影响疏散的畅通	1）应分区明确，组织短捷合理的交通路线，均匀布置安全出口，进出场人流应避免交叉和逆流。有候场需要的门厅，其内供入场使用的主楼梯不应作为疏散楼梯。 2）观众厅的疏散门应≥2个，门的净宽度应≥0.80m，采用向疏散方向开启的FM甲。 3）观众厅内疏散走道宽度除应符合计算外，还应满足： ① 中间纵向走道净宽应≥1.00m。 ② 边走道净宽应≥0.80m。 ③ 横向走道的通行净宽（除排距尺寸以外）应≥1.00m。 4）观众厅外的疏散穿越休息厅或门厅时，厅内分隔的空间及设施布置不应影响疏散的通畅，且保证2m净高内无障碍。 5）放映机房应有1个外开门通至疏散通道，其楼梯和出入口不得与观众厅的楼梯和出入口合用
疏散时间	疏散出观众厅的时间	一、二级耐火等级≤2min；三级耐火等级≤1.5min	
	疏散出建筑的时间	一、二级耐火等级≤5min；三级耐火等级≤3min	

4.6.7 公共建筑安全疏散案例解析

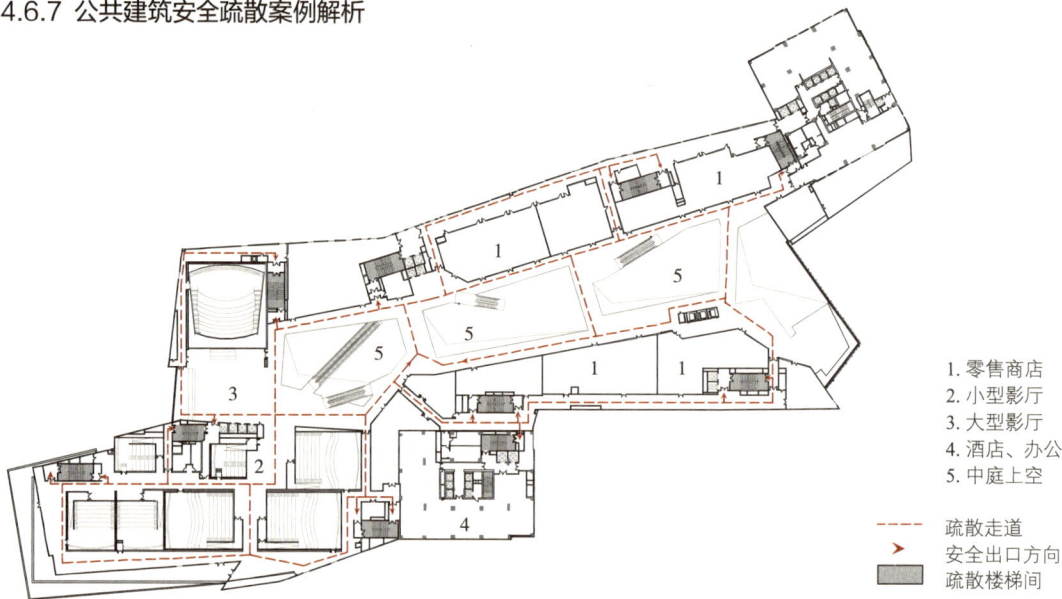

1. 零售商店
2. 小型影厅
3. 大型影厅
4. 酒店、办公
5. 中庭上空

- - - 疏散走道
➤ 安全出口方向
▨ 疏散楼梯间

商业综合体裙房部分共5层，安全疏散围绕中庭展开，形成多个环状疏散走道，观演部分与商业部分相互连通，独立分区。

▌重庆协信星光时代广场

（五层平面）

重庆市设计院有限公司

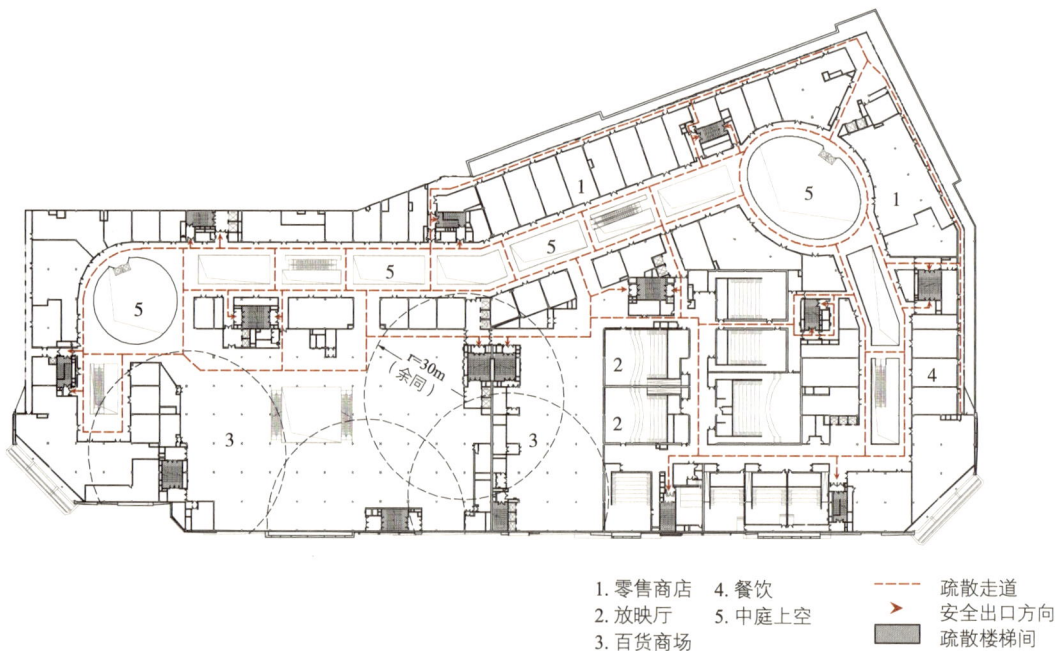

商业综合体裙房部分共4层，安全疏散围绕线形中庭展开，形成若干环状的疏散走道。各个功能单元既独立成区，又相互联系。同时，疏散楼梯间尽量靠外墙布置，具有良好的自然采光和通风。

▌泰州万达广场（三层平面）

1. 零售商店	4. 餐饮
2. 放映厅	5. 中庭上空
3. 百货商场	

- - - 疏散走道
➤ 安全出口方向
▨ 疏散楼梯间

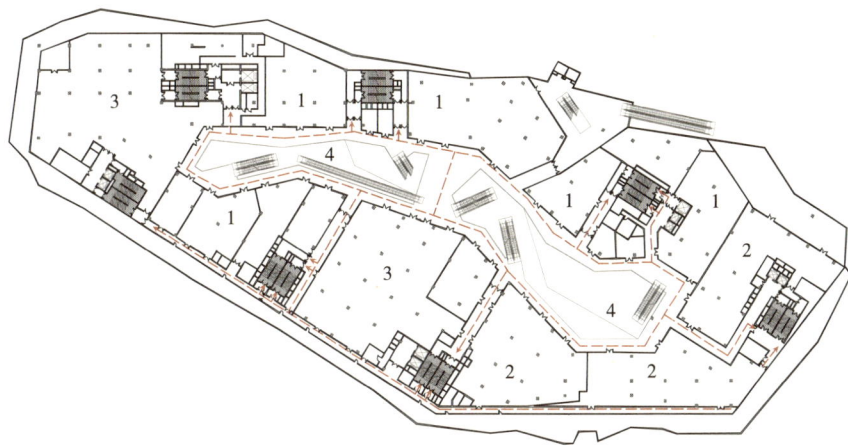

1. 零售
2. 餐饮
3. 百货
4. 中庭上空

- - - 疏散走道
➤ 安全出口方向
▨ 疏散楼梯间

商业部分共4层，疏散楼梯沿着建筑外侧布置，具有良好的自然通风和采光。建筑内部主要公共走道围绕着中庭展开，形成环状的疏散走道。

福州五四北泰禾广场
（三层平面）

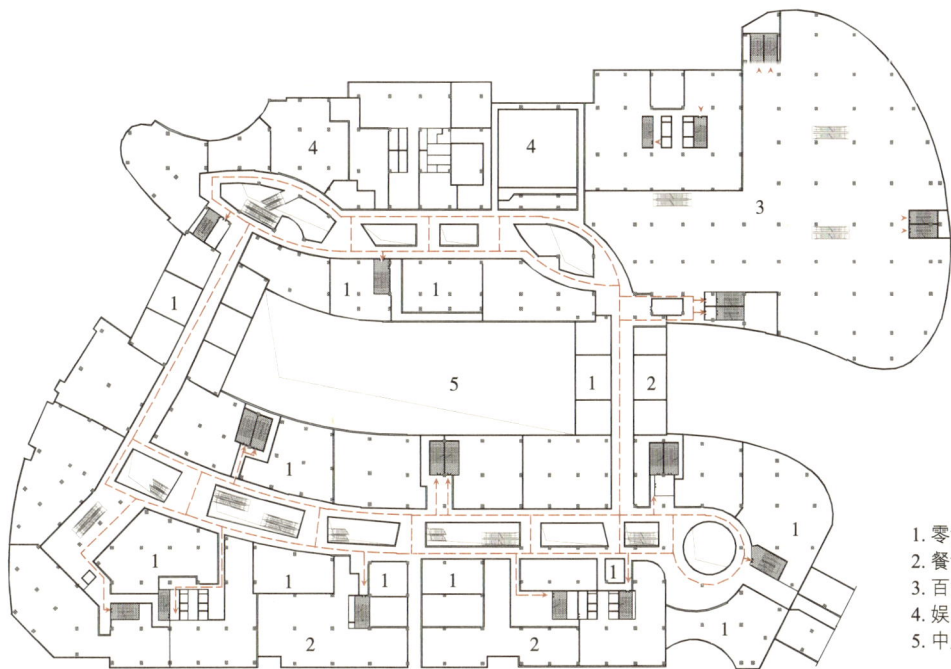

1. 零售
2. 餐饮
3. 百货
4. 娱乐、服务
5. 中庭上空

- - - 疏散走道
➤ 安全出口方向
▨ 疏散楼梯间

商业部分共4层，其中两侧商业通过中央的天街进行联系，安全疏散围绕大型中庭以及两侧的线形中庭展开，形成多个环状的疏散走道。同时，各大空间商场内部具有自己独立的疏散出口。

重庆龙湖时代天街
（三层平面）

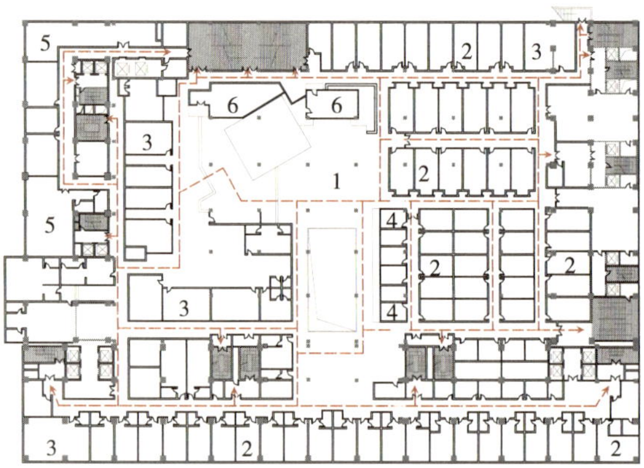

1. 休息等候区　4. 单人间
2. 标准间　5. 活动室
3. 豪华套间　6. 前台服务

- - - 疏散走道
➤ 安全出口方向
▬ 疏散楼梯间

地下1层，地上8层，属于一类高层建筑。内部的疏散走道为环形与线形相结合。建筑内部的功能房间密集，形成多个环形疏散走道。

沈阳清水湾商务酒店（三层平面）

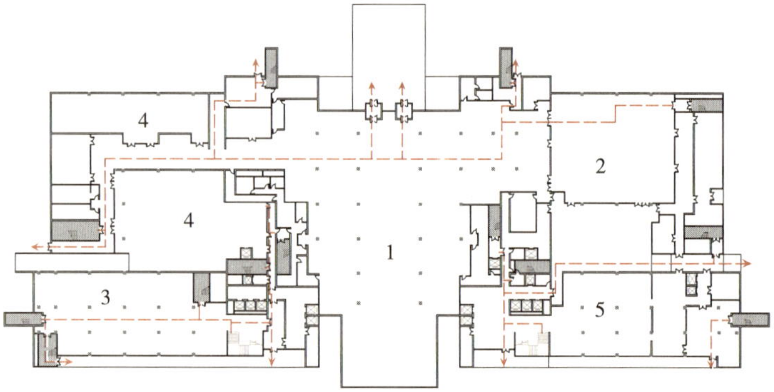

1. 酒店大堂　4. 零售店
2. 多功能厅　5. 展览大厅
3. 餐厅

- - - 疏散走道
➤ 安全出口方向
▬ 疏散楼梯间

一层平面设有多个大型空间，每个空间均设置独立的安全出口，大部分疏散楼梯间靠外墙布置，有利于疏散和扑救。

黄山昱城皇冠假日酒店（一层平面）

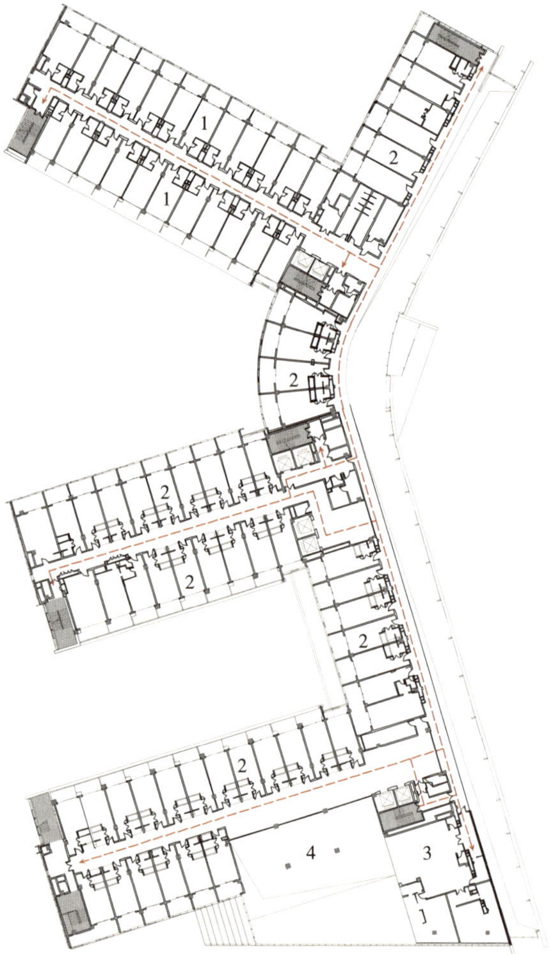

1. 公寓
2. 客房
3. 会议室
4. 大堂上空

- - - 疏散走道
➤ 安全出口方向
▬ 疏散楼梯间

建筑由8层的服务式公寓和7层的商务酒店组成，属于二类高层建筑。客房层疏散走道呈线形，疏散楼梯间均位于各单元走道尽端，有利于防火分区划分和双向疏散，以及形成分枝状的布局模式。

南京苏宁电器总部B区（二层平面）

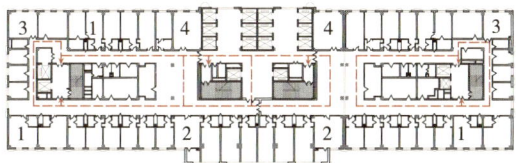

共24层，高99.5m，属于一类高层建筑。平面围绕中央及两侧交通核，通过双廊组织病房、护士服务站，并处于双廊之间，各功能房间外向布置。

1. 普通病房
2. 特殊监护室
3. 办公管理
4. 药物储藏
- - - 疏散走道
➤ 安全出口方向
▬ 疏散楼梯间

■ **哈尔滨医科大学附四院门诊外科楼**
（十二、十三、十五层平面）

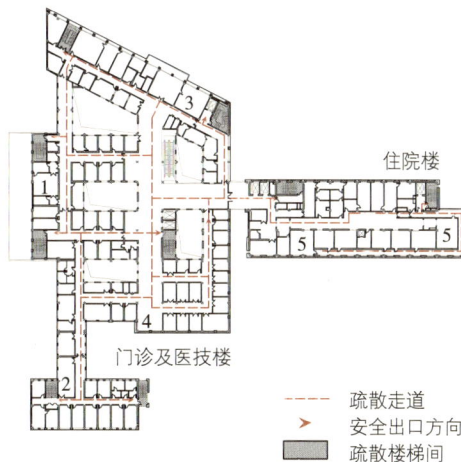

住院楼

门诊及医技楼

1. 药物储藏
2. 儿科诊所
3. 妇科诊所
4. 外科诊所
5. 放疗诊室

由门诊及医技楼（3层）、住院楼（10层）组成，两部分功能空间通过FM甲进行分区和联系。门诊及医技楼通过多个内廊、环道组织各个科室。住院楼通过单内廊组织空间，满足双向疏散。

- - - 疏散走道
➤ 安全出口方向
▬ 疏散楼梯间

■ **北川羌族自治县人民医院**
（三层平面）

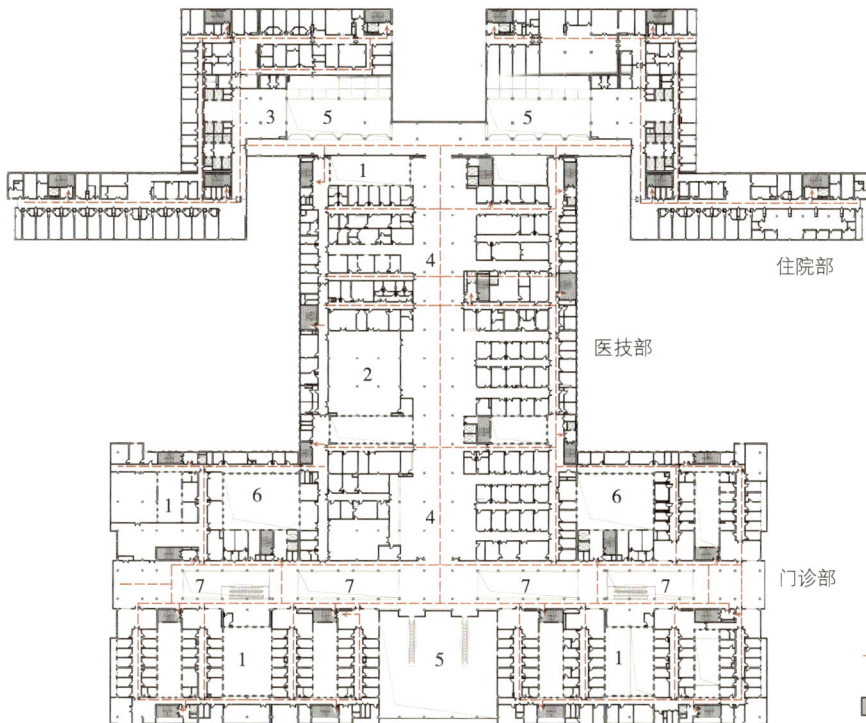

住院部

医技部

门诊部

1. 一层屋顶
2. 中心实验室
3. 病房等候区
4. 就诊等候区
5. 大厅上空
6. 庭院上空
7. 线形中庭上空

- - - 疏散走道
➤ 安全出口方向
▬ 疏散楼梯间

由北区的住院部（10层）、中区的医技部和南区的门诊部（3层）组成。北区、南区通过中央医技部的候诊区及两侧的服务走道进行联系。住院部由诊疗及病房组成，各自划分防火分区，并结合单廊或双廊设置安全疏散，分区之间通过FM甲相联系。门诊部通过线形中庭的双廊及两侧服务走廊联系各个科室，各科室结合一层屋顶、大厅及中庭、庭院相互独立设置。住院部属于一类高层建筑，疏散楼梯均采用防烟楼梯间，尽量靠外墙设置。医技部和门诊部共3层，属于裙房，楼梯间均为封闭楼梯间，未靠外墙设置的楼梯间为防烟楼梯间。

■ **山西临汾新医院**
（二层平面）

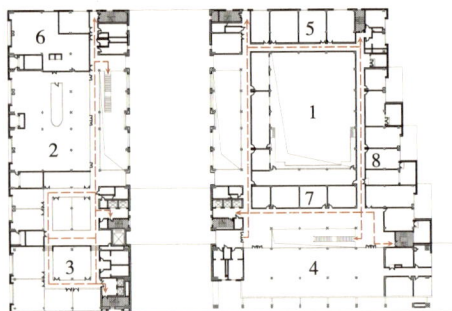

疏散走道
安全出口方向
疏散楼梯间

1. 主新闻发布厅上空　　5. 办公室
2. 通讯社　　　　　　　6. 厨房及备餐间
3. 收费卡服务中心　　　7. 采访室
4. 新闻发布大厅　　　　8. 办公室

a 二层平面图

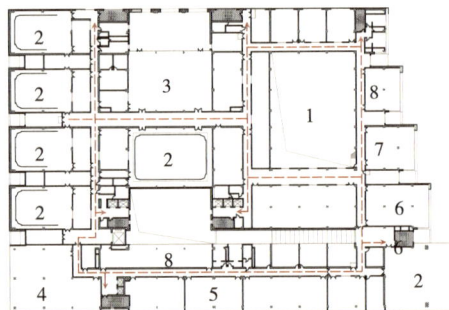

疏散走道
安全出口方向
疏散楼梯间

1. 主新闻发布厅上空　　5. 信息中心
2. 演播室　　　　　　　6. 公用信号编辑室
3. 新闻发布小厅　　　　7. 媒体资料库
4. 集成测试实验室　　　8. 机房

b 三层平面图

地下1层，地上4层，属于多层建筑。二层平面的空间分为东、西两大部分，西侧为环形与线形相结合的疏散走道，东侧围绕核心媒体空间所形成的环状疏散走道，串联起周围各空间。疏散楼梯间靠近中庭与外墙布置，具有良好的自然采光和通风条件。三层平面空间主要为线形的疏散通道，连通各办公会议与新闻媒体用房，疏散走道相互结合形成环状。

■ **深圳大运会国际广播电视新闻中心**

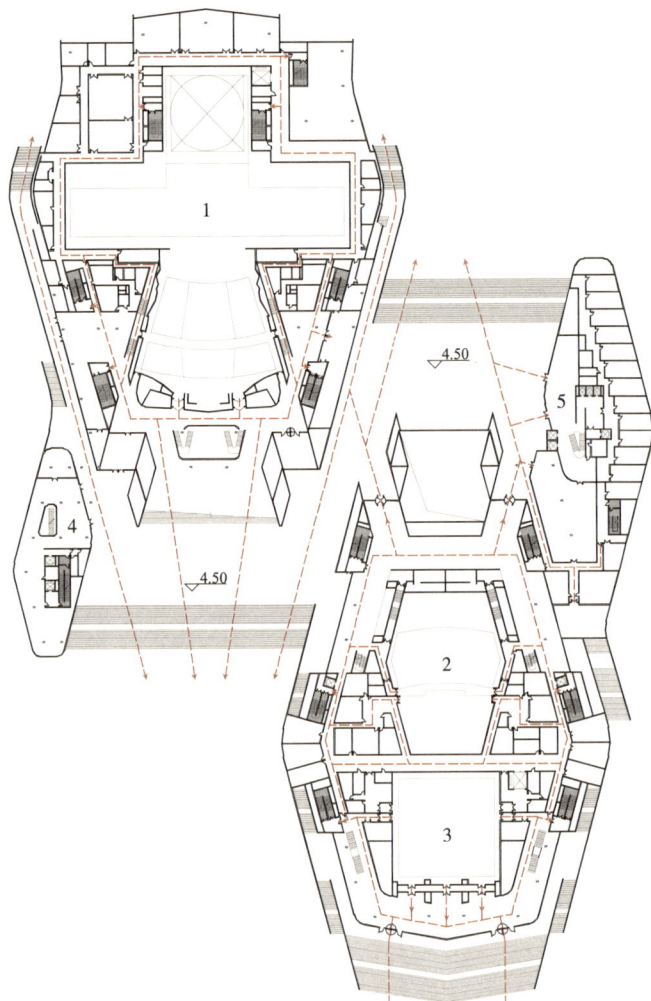

疏散走道
安全出口方向
疏散楼梯间

1. 大剧场（1600座）
2. 音乐厅（1200座）
3. 多功能厅（460座）
4. 表演艺术交流中心
5. 接待培训中心

地下1层，地上4层，建筑高度39.5m。剧场部分主要结合门厅、等候厅、走道等公共空间形成疏散通道，后勤设备部分布置环形疏散通道，室内楼梯间与室外大台阶和直跑楼梯共同作为有效的疏散通道。建筑由1、4功能区和2、3、5功能区两个体量构成，通过4.50m标高平面分别在南北向设置主要出入口。两个体量内部分别设置环形走道，不同功能区自成一体又相互联系，室内楼梯可疏散至4.50m标高的公共室外平台，并通过大台阶和直跑楼梯疏散至室外。

■ **青岛大剧院**（一层平面，4.50m标高）

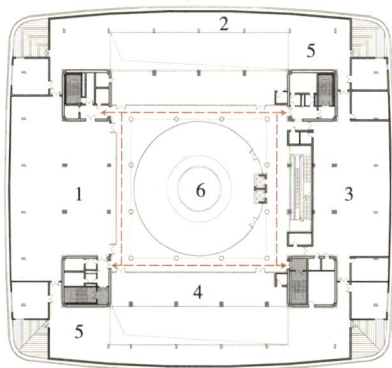

----- 疏散走道　　　　1. 文学类阅览厅　　4. 杂志阅览室
➤ 安全出口方向　　2. 报刊阅览室　　　5. 藏书库
■ 疏散楼梯间　　　3. 医学类阅览厅　　6. 展示大厅

地下1层，地上4层，属于多层建筑。三层平面内部的环形走道围绕着中庭布置，串联起各阅览室和藏书空间，疏散楼梯间位于走道尽端，安全疏散简洁明确。

■ **南京金陵图书馆**（三层平面）

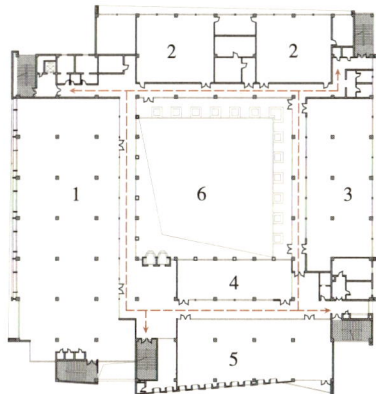

1. 西医类阅览厅　3. 中医类阅览厅　5. 电子阅览室
2. 藏书库　　　　4. 周刊阅览室　　6. 庭院上空

----- 疏散走道
➤ 安全出口方向
■ 疏散楼梯间

地下1层，地上6层，属于多层建筑。内部环形疏散走道围绕中庭布置，疏散楼梯间位于走廊端部，功能分区明确，便于疏散时发现安全出口。

■ **泸州市医学院城北校区图书馆**（一层平面）

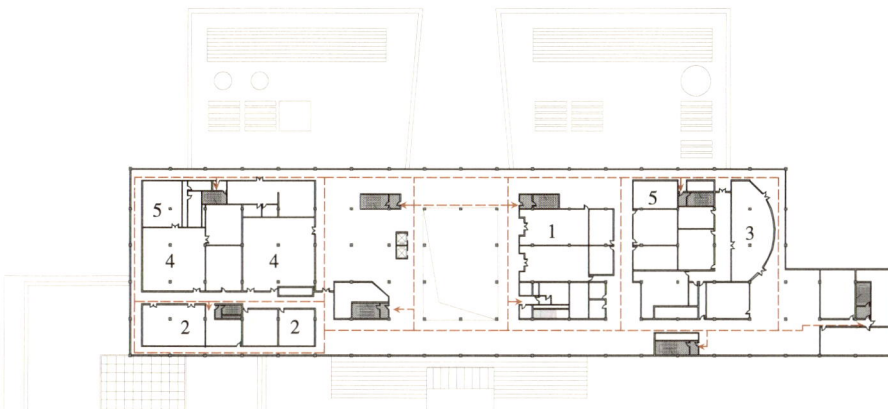

----- 疏散走道　　　1. 小型演播厅　4. 大型演播厅
➤ 安全出口方向　2. 小型会议室　5. 办公室
■ 疏散楼梯间　　3. 展厅

地下1层，地上8层，属于一类高层建筑。建筑由四个部分组成：档案库、成就厅、规划展览馆、可持续设计中心。各空间由内廊和外廊共同串联起来，中央及两侧均设置疏散楼梯间，形成多个环形疏散通道。

■ **苏州工业园区档案管理中心大厦**（七层平面）

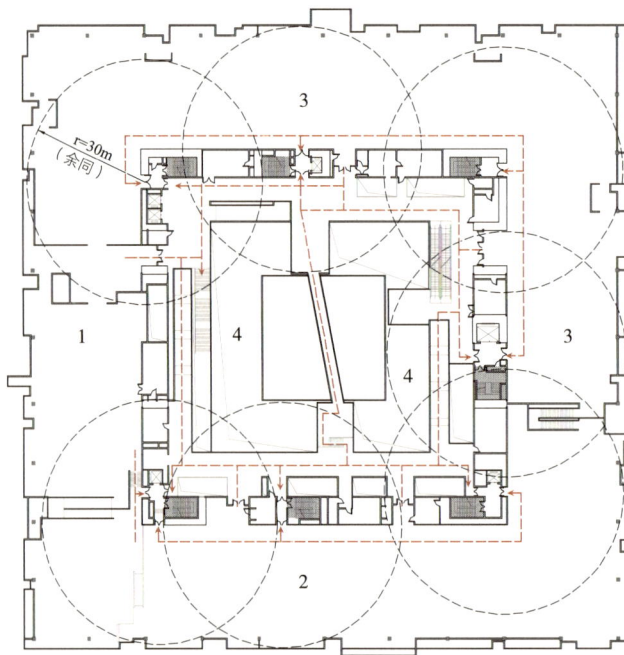

地下1层，地上5层，属于多层
建筑。四周的各个展览空间通
过中央的环形走道联系在一
起，每个展览空间均设置独立
的安全出口。

■ **广东省博物馆**（四层平面）

1. 展览前厅
2. 书画、木雕艺术馆
3. 临时展览库房
4. 中庭上空

- - - 疏散走道
➤ 安全出口方向
▨ 疏散楼梯间

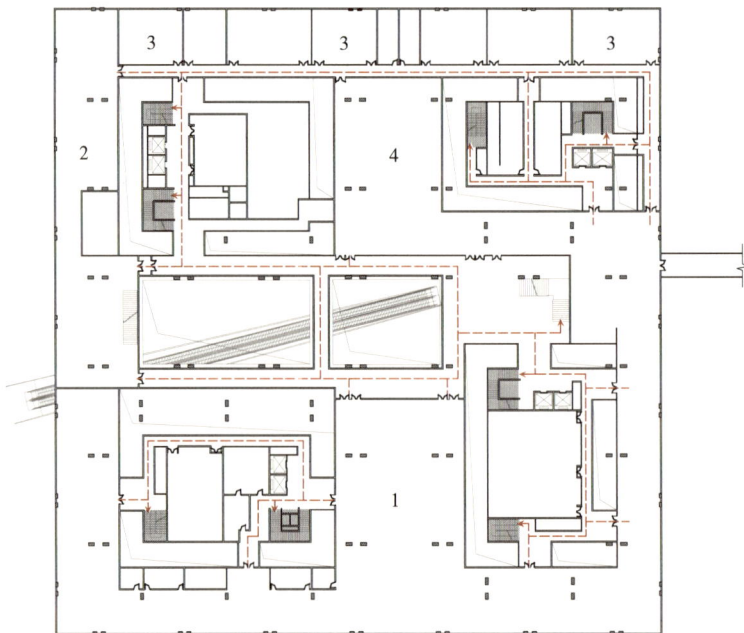

地下1层，地上7层，属于二类
高层建筑，内部有多处上下贯
通的中庭空间，疏散楼梯间靠
近通高的中庭布置，各个功能
单元邻近中庭设置安全出口，
均可保证双向疏散。

■ **香港知专设计学院**（七层平面）

1. 本科生公共教学区
2. 展览大厅
3. 班级专业教室
4. 研究所公共教学区

- - - 疏散走道
➤ 安全出口方向
▨ 疏散楼梯间

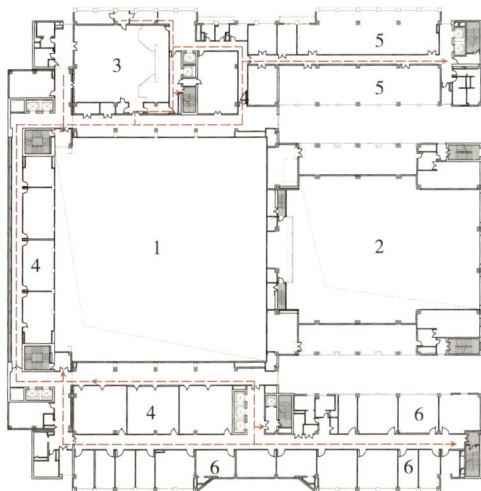

1. 大审判庭上空　4. 准备室
2. 小审判庭上空　5. 活动室
3. 多功能厅　　　6. 办公室

------　疏散走道
➤　　　安全出口方向
▨　　　疏散楼梯间

地下1层，地上8层，属于二类高层建筑。四层平面通过内外走廊连接各功能空间，形成线形与环形的疏散通道，疏散楼梯间位于走道的端头和转折处，均靠近外墙布置。

■ **北京市高级人民法院**（四层平面）

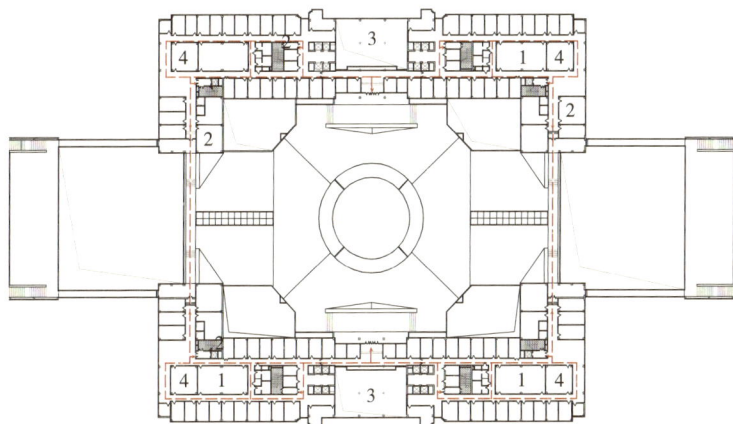

1. 大会议室　3. 门厅上空
2. 办公室　　4. 小会议室

------　疏散走道
➤　　　安全出口方向
▨　　　疏散楼梯间

地下2层，地上12层，属于一类高层建筑。主要建筑体量分为南、北两部分，疏散走道均为内廊式，且在二层平面形成环形走道，将南北两楼相联系。

■ **西安市新行政中心**（二层平面）

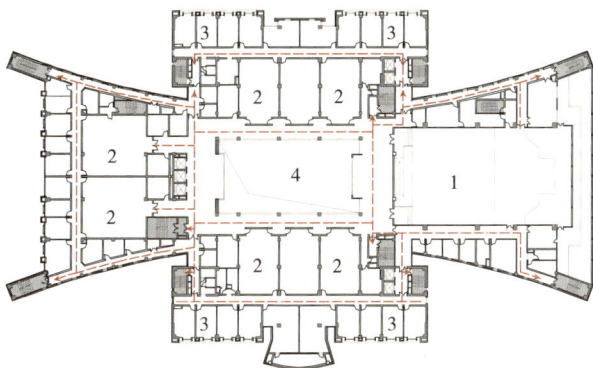

1. 大审判庭　3. 办公管理
2. 小审判庭　4. 中庭上空

------　疏散走道
➤　　　安全出口方向
▨　　　疏散楼梯间

地下1层，地上12层，属于一类高层建筑。疏散走道为内外廊结合式，围绕中庭的疏散走道呈环形，与周围审判庭的疏散流线相结合，构成多个环形疏散通道。疏散楼梯间大多位于走道尽端，满足双向疏散的要求。

■ **合肥市中级人民法院综合审判技术楼**（三层平面）

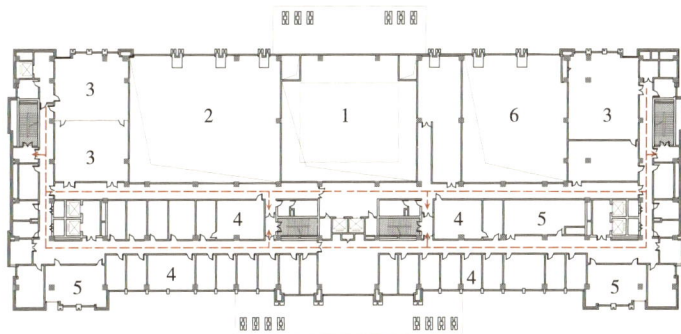

1. 门厅上空　　　4. 办公室
2. 大型法庭上空　5. 会议室
3. 中型法庭　　　6. 立案大厅上空

------　疏散走道
➤　　　安全出口方向
▨　　　疏散楼梯间

地下1层，地上16层，属于一类高层建筑。交通核心位于中央，疏散走道呈线形，为双廊形式，走道中部及尽端设置疏散楼梯间。

■ **唐山市中级人民法院综合审判楼**（二层平面）

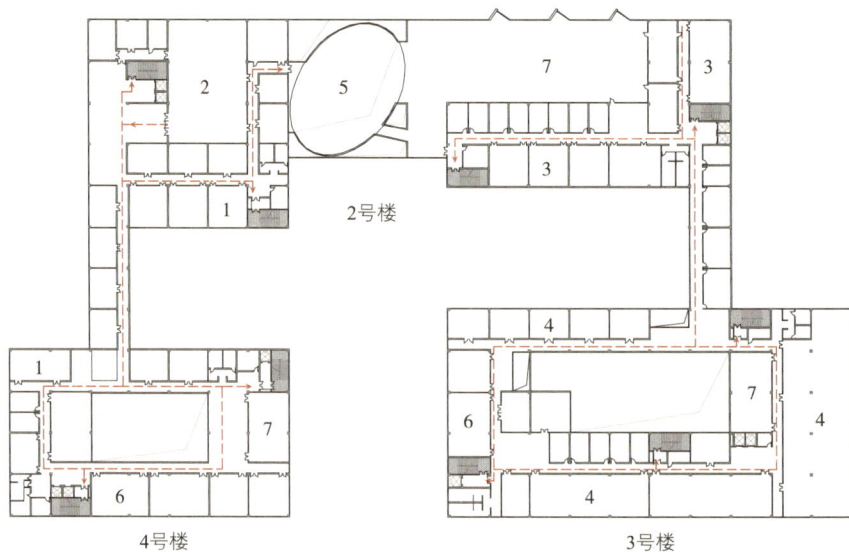

建筑体量分为三部分：2号楼为7层的数据中心及培训大楼，属于一类高层建筑；3号楼为7层的IBM办公大楼，属于二类高层建筑；4号楼为8层的培训中心，属于一类高层建筑。其中，3号、4号楼内部为环形疏散走道，2号楼平面为线形的走道串联起各功能用房，并通过东西两侧辅楼联系3号、4号楼，各建筑疏散楼梯间靠外墙与内庭院布置，可保证自然采光与通风，满足双向疏散的要求。

■ **重庆西永软件园**
（三层平面）
重庆市设计院有限公司

4号楼　　　　　　　3号楼

1. 数据中心办公室　5. 庭院上空　　　　 ----- 疏散走道
2. 大型会议室　　　6. 培训中心教室　　 ➤ 安全出口方向
3. 小型会议室　　　7. 屋顶平台　　　　 ▉ 疏散楼梯间
4. IBM办公区域

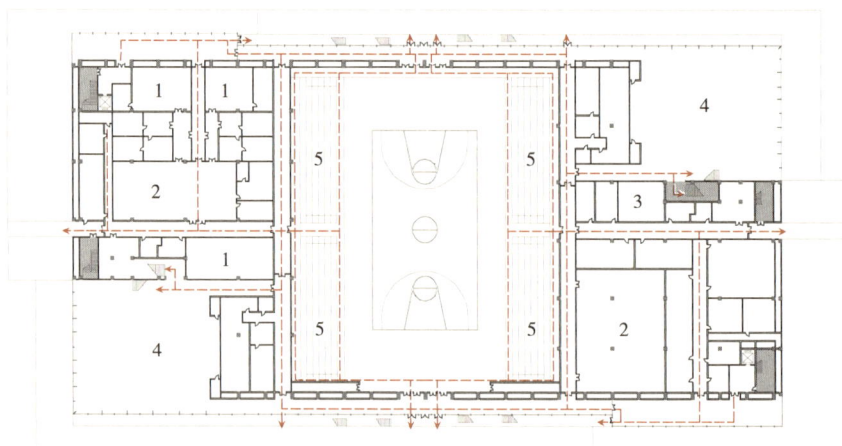

篮球馆共2层，以中央的篮球场为核心，东西两侧看台均有明确的线形疏散走道，南北两面为主要出入口。同时，体育场两侧的后勤部分也有其独立的疏散通道和出入口。

■ **天津大学体育馆**
（一层平面）

1. 小型训练室　　　4. 入口大堂　　　　 ----- 疏散走道
2. 大型训练室　　　5. 观众席　　　　　 ➤ 安全出口方向
3. 后勤管理　　　　　　　　　　　　　 ▉ 疏散楼梯间

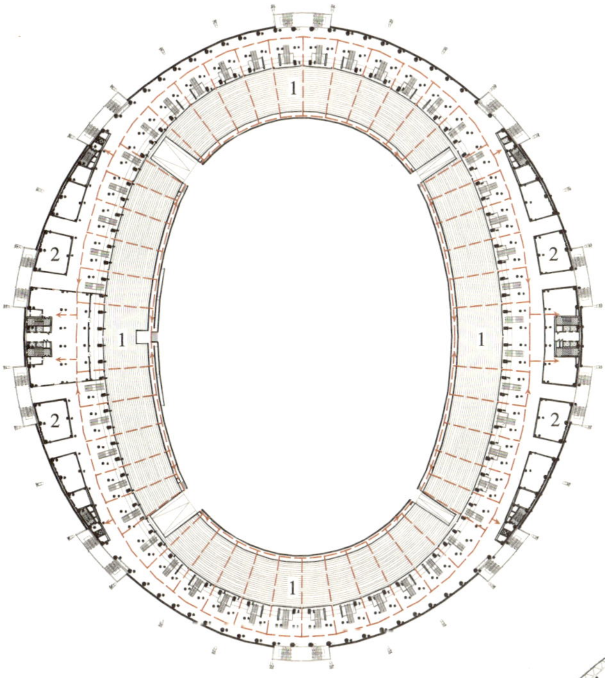

a 三层平面

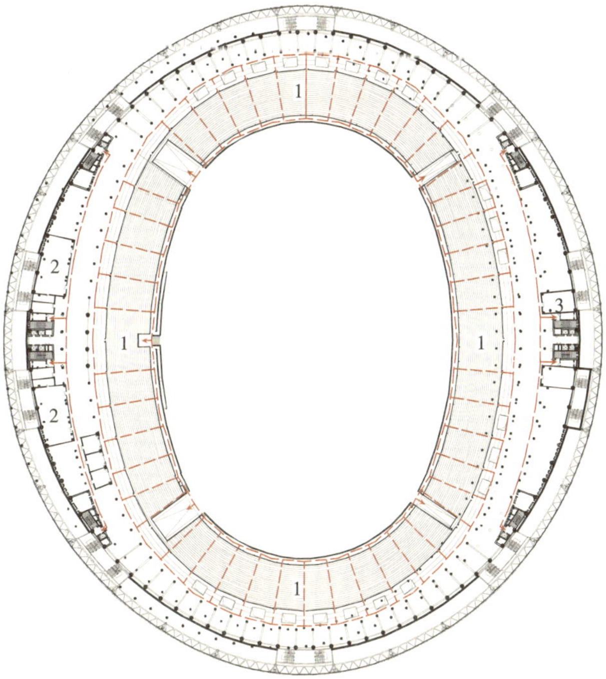

b 四层平面

1. 观众席
2. 服务
3. 管理

疏散走道
安全出口方向
疏散楼梯间

体育中心为6层的大型体育建筑，疏散通道围绕观众席形成多个环形走道，设有联系内外环道的楼梯或踏步。建筑外围设置直接联系上下层的室外楼梯，均匀分布在疏散走道外侧。

山西体育中心

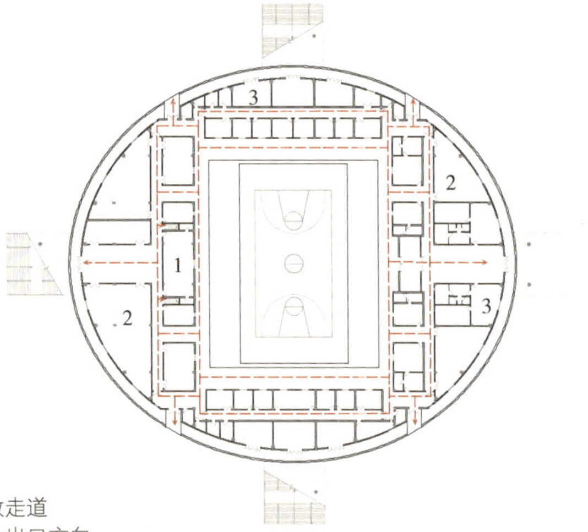

1. 包厢
2. 零售
3. 管理

---- 疏散走道
➤ 安全出口方向
▭ 疏散楼梯间

a 一层平面图

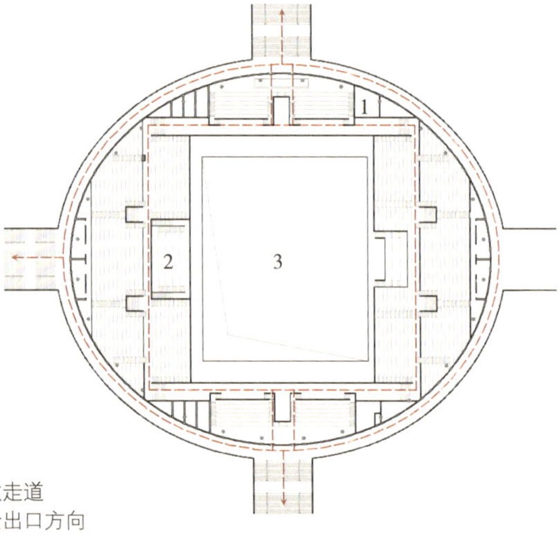

1. 服务
2. 观众席
3. 球场上空

---- 疏散走道
➤ 安全出口方向
▭ 疏散楼梯间

b 二层平面图

共2层，首层篮球场的疏散走道沿着观众席呈环形布置，通过南北向的安全出口与外部环形道路相联系。二层看台通过各疏散通道进行疏散，还可以通过四个大台阶直接疏散至室外地面。

重庆石柱县体育中心

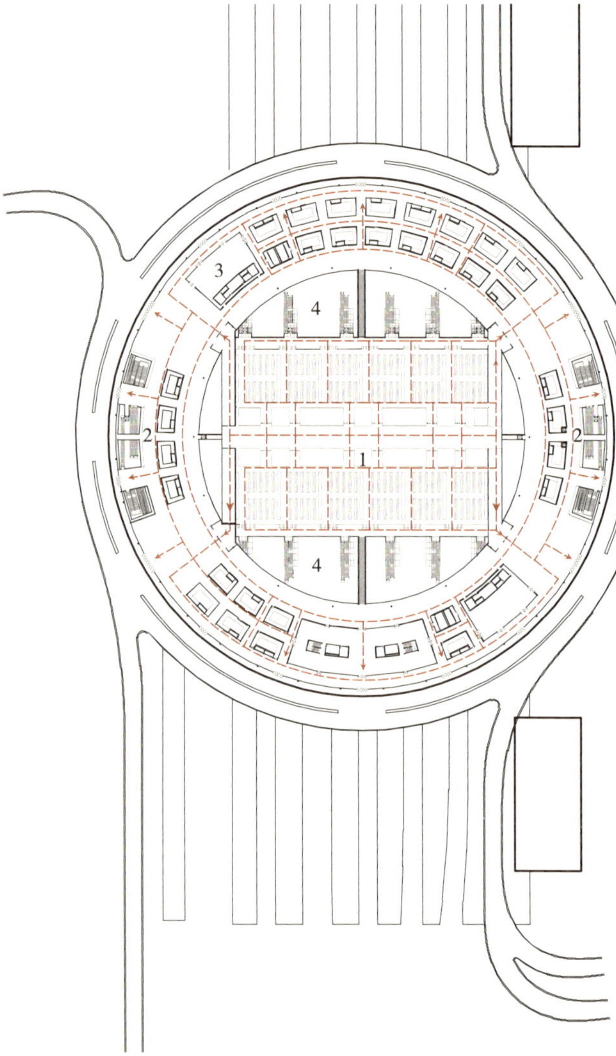

1. 候车大厅
2. 精品商店
3. 售票厅
4. 站台层上空

---- 疏散走道
➤ 安全出口方向
▭ 疏散楼梯间

出发层主要分为服务区与候车区，服务区通过环形的交通空间串联在一起，各个方位都有直接对外的安全出口；候车区设置线形的交通疏散走道，通过若干部自动扶梯与站台层联系。

上海南站（出发层平面）

4.7 老年人照料设施及医疗建筑的避难间

4.7.1 老年人照料设施的避难间

3层以上、总建筑面积＞3000m²时，应在≥2处的疏散楼梯间相邻部位设置1个避难间；当设置与疏散楼梯或安全出口直接连通的开敞式外廊、与疏散走道直接连通且符合避难要求的室外平台等时，可不设置。避难间内可供避难的净面积应≥12m²，可利用疏散楼梯间的前室或消防电梯的前室。

4.7.2 医疗建筑的避难间

高层病房楼应在2层及以上的病房楼层和洁净手术部设置避难间。楼地面距室外设计地面高度＞24m的洁净手术部及重症监护区，每个防火分区应至少设置1间避难间；每避难间服务的护理单元应≤2个，其净面积应≥25.0m²/每护理单元。

4.7.3 避难间的基本要求

1）兼作其他用途时应保证避难安全，且不得减少可供避难的净面积（满足设计避难人数）。

2）应靠近疏散楼梯间，并采用耐火极限≥2.00h的防火隔墙和FM甲与其他部位分隔，不贴邻火灾危险大的场所。不应敷设或穿过输送可燃液体、可燃或助燃气体的管道。

3）应设置消防软管卷盘、灭火器、消防专线电话和应急广播；入口处设标示避难间的灯光指示标识。

4）应设置直接对外的可开启窗口或独立的机械防烟设施，外窗采用FC$_Z$。

① 疏散楼梯相邻部位设置避难间
② 楼梯间前室作为避难间
③ 公共就餐、休息室等作为避难间
④ 消防电梯前室作为避难间
⑤ 门直接开向楼梯间或前室
⑥ 合用前室不宜兼作避难间

利用平时使用的公共就餐室或休息室等，从该房间要能避免经过走道等火灾时的非安全区进入疏散楼梯间或楼梯间的前室

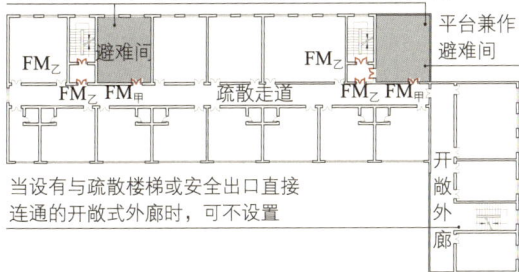

a 平面示意

净面积≥12m²，与疏散走道直接连通，符合避难要求
当设有与疏散楼梯或安全出口直接连通的开敞式外廊时，可不设置

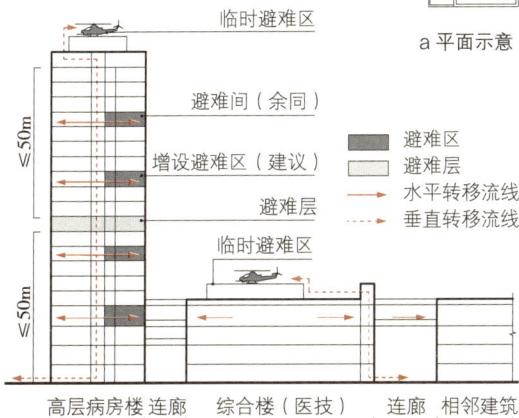

b 局部平面

老年人照料设施避难间设置位置示意
《建筑设计防火规范》图示18J811-1

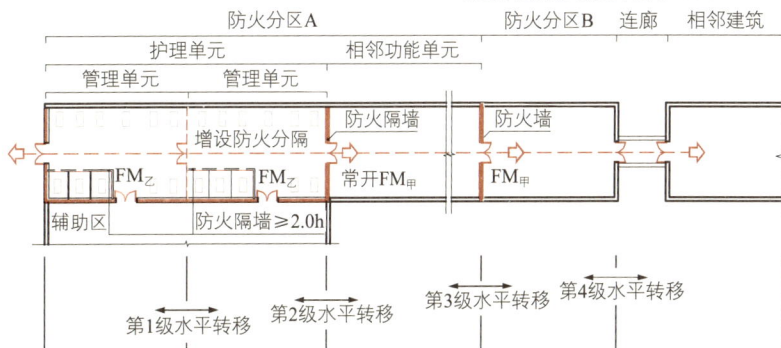

避难区
避难层
水平转移流线
垂直转移流线

临时避难区
避难间（余同）
增设避难区（建议）
避难层
临时避难区

高层病房楼 连廊 综合楼（医技） 连廊 相邻建筑

■ **高层病房楼的疏散系统**

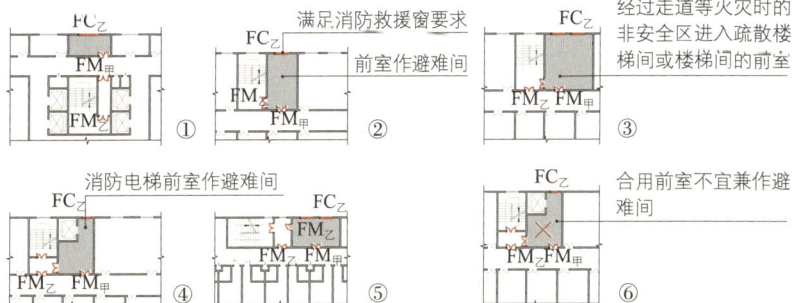

防火分区A 防火分区B 连廊 相邻建筑
护理单元 相邻功能单元
管理单元 管理单元
增设防火分隔 防火隔墙 防火墙
FM$_Z$ FM$_Z$ 常开FM甲 FM甲
辅助区 防火隔墙≥2.0h

第1级水平转移 第2级水平转移 第3级水平转移 第4级水平转移

■ **高层病房楼的多层级水平转移模式**

4.8 超高层建筑安全疏散及避难

4.8.1 避难层

建筑高度＞100m的民用建筑应设置避难层，并符合：第一个避难层的楼地面至消防车登高操作场地地面的高度应≤50m，两个避难层之间的高度宜≤50m。通向避难层的防烟楼梯应在避难层分隔、同层错位或上下层断开；楼梯间和出入口处应设明显的标示避难层和楼层位置的灯光指示标识。避难区的净面积应满足该避难层与上一避难层之间所有楼层的全部使用人数避难的要求，宜按4.00人/m²计算。

除设备用房外，避难层不作其他用途。设置在避难层内的可燃液体管道、可燃（助燃）气体管道应集中布置，设备管道区应采用耐火极限≥3.00h的防火隔墙与避难区及其他公共区分隔。管道井和设备间应采用耐火极限≥2.00h的防火隔墙与避难区及其他公共区分隔。设备管道区、管道井和设备间与避难区或疏散走道连通时，应设置防火隔间（门应为FM甲）。避难层应设置消防电梯出口、消火栓、消防软管卷盘、灭火器、消防专线电话和应急广播。避难区应采取防止火灾烟气进入或积聚的措施，并应设置可开启外窗，并应至少有一边水平投影位于同一侧的消防车登高操作场地范围内。

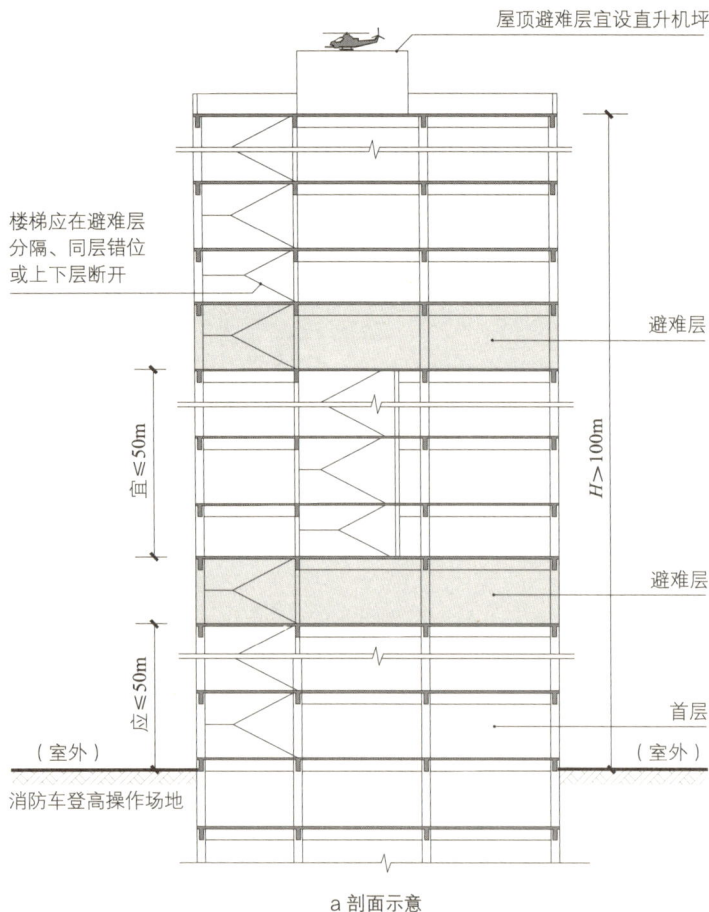

屋顶避难层宜设直升机坪

楼梯应在避难层分隔、同层错位或上下层断开

避难层

宜≤50m

应≤50m

H＞100m

避难层

首层

（室外）

（室外）

消防车登高操作场地

a 剖面示意

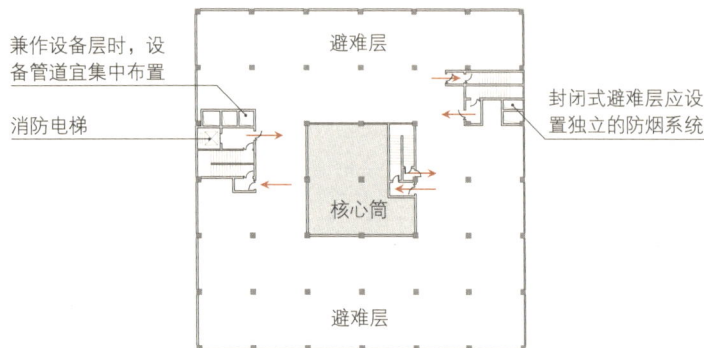

■ 避难层示意

兼作设备层时，设备管道宜集中布置

消防电梯

避难层

封闭式避难层应设置独立的防烟系统

核心筒

避难层

b 平面示意1

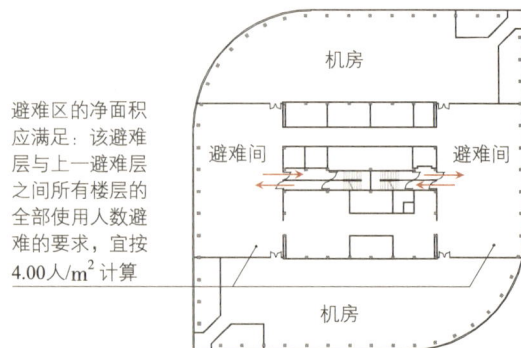

机房

避难区的净面积应满足：该避难层与上一避难层之间所有楼层的全部使用人数避难的要求，宜按4.00人/m²计算

避难间

避难间

机房

c 平面示意2

a 15层、30层平面图

夹丝玻璃隔断

15层、30层避难区

b 避难层局部放大图

避难层

88F

酒店
部分

51F

办公
部分

30F

办公
部分

15F

办公
部分

1F
地下

c 剖面图

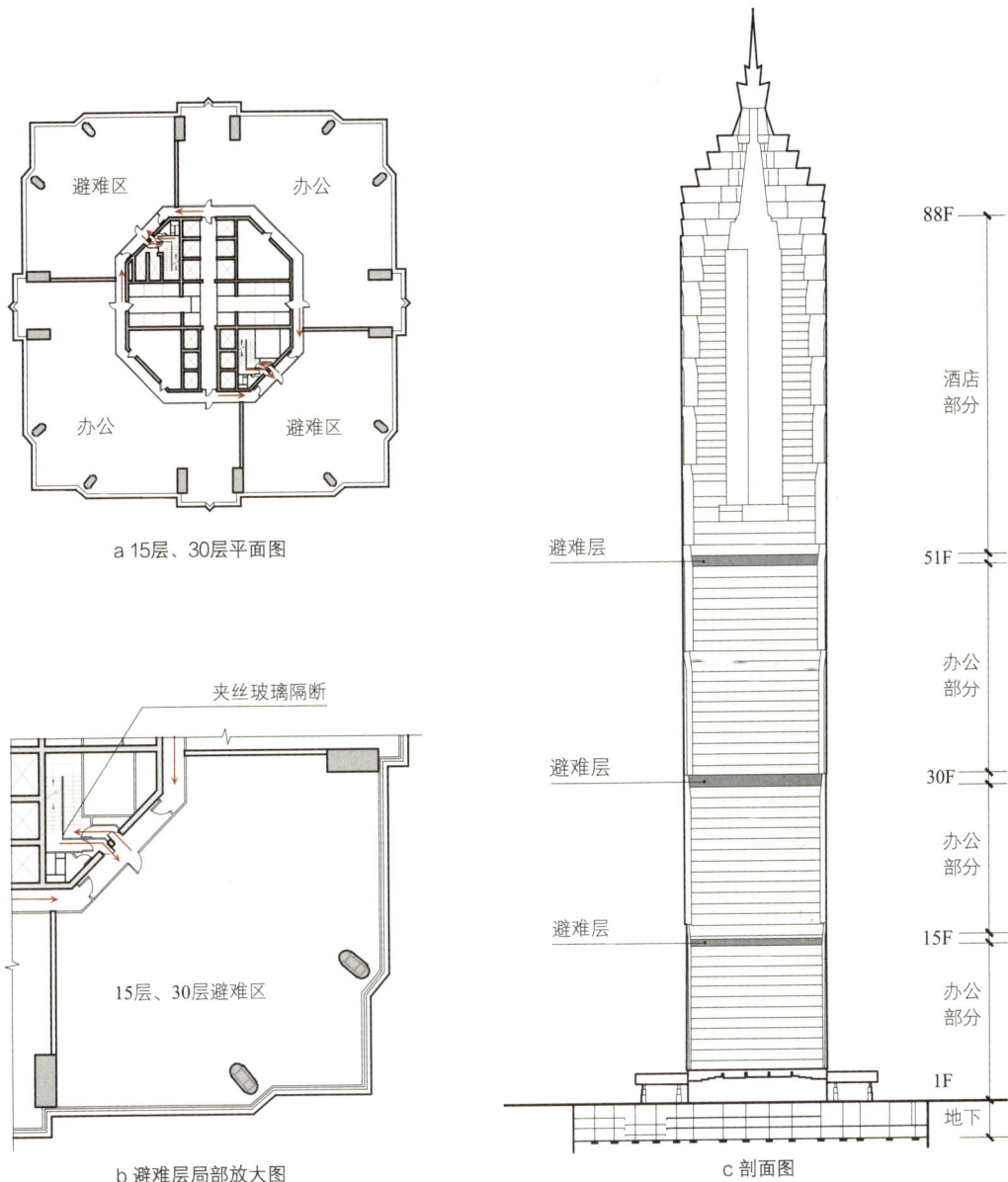

高层塔楼包括办公部分和酒店部分，办公部分人员共计7000人，避难间面积按5.00人/m²（之间规范标准）计算，共需1400m²；避难间分别设置于第15层、第30层，每层2个，共4个，每个避难间面积为350m²。大厦的第51层为设备层和楼电梯转换层，可以暂时避难，未纳入1400m²之内，相当于增加了避难层的面积。强制引入避难层措施：必须经由避难间方能继续向下疏散，到达避难层前可透过楼梯间的夹丝防火玻璃隔断，清楚地看到楼梯间内下行的疏散情形。

■ **上海金茂大厦的避难层设计**

4.8.2 屋顶避难层及直升机停机坪

超高层建筑屋顶宜设置避难层，可设计为开敞式或封闭式，并结合设备层考虑；裙房屋顶宜作为开敞避难层。

建筑高度＞250m的工业与民用建筑，应在建筑屋顶设置直升机停机坪，其尺寸和面积应满足直升机安全起降和救助的要求，并满足：

1）与屋面上凸出物的最小水平距离应≥5.00m；

2）建筑通向停机坪的出口应≥2个，每个出口宽度宜≥0.80m；

3）附近适当位置应设置消火栓；

4）四周应设置航空障碍灯和应急照明装置。

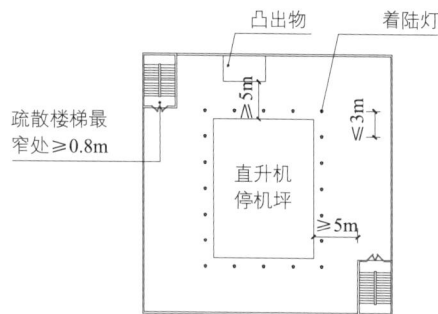

a 一般规定

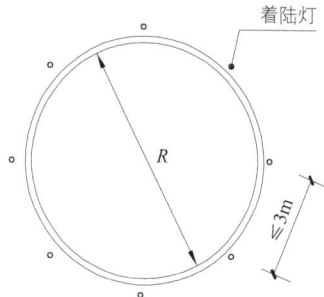

b 圆形停机坪

注：① 长方形停机坪：长=2倍直升机长度，宽=1.5倍直升机长度；
② 圆形停机坪直径R=1.5或2倍螺旋桨直径。

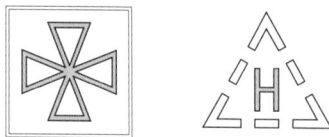

c 停机坪标志

■ 屋顶直升机坪示意

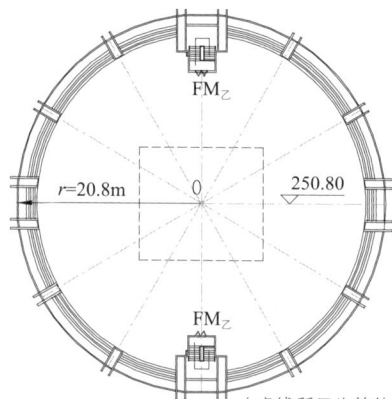

（虚线所示为筒体范围）

■ 重庆国际大厦直升机停机坪
重庆市设计院有限公司

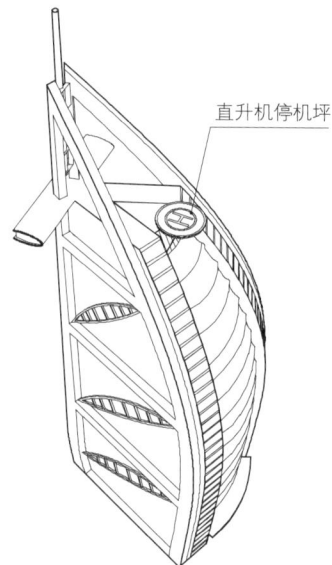

■ 迪拜帆船酒店直升机停机坪

（超）高层公共建筑安全疏散类型　　　　　　　表4-25

类型	简图示意	实例		
中心核		 北京财富中心	 台北华裕大厦	 澳大利亚布里斯班河滨中心
双侧核		 美国芝加哥第一联邦银行大厦	 新加坡华侨银行	 日本神户港博饭店
单侧核		 上海久事大厦	 深圳发展中心大厦	 沙特吉达国家商业银行
分散核		 日本大阪第一劝业银行大楼	 德国慕尼黑海波大楼	 香港汇丰银行大厦
贯通核		 韩国首尔大韩生命保险公司办公楼	 日本东京阳光大厦	 广州嘉裕大厦
放射式		 广州花园宾馆	 日本东京新大谷饭店新楼	 日本东京帝国旅馆

a 岛式组合：
神户人民医院

b 半岛式组合：
杭州邵逸夫医院

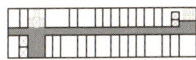

c 单廊式：
沈阳辽宁肿瘤医院

d 复廊式：
北京中日友好医院

■ 高层医院建筑安全疏散实例

4.8.3 超高层建筑安全疏散案例解析

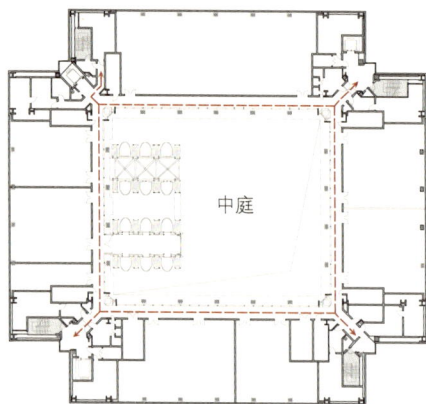

层数：41层，地下3层
建成时间：2006年
标准层平面中央为通高中庭空间，四周为环形走道，疏散楼梯间位于建筑四角，形成双向疏散。

■ **北京电视中心标准层平面**

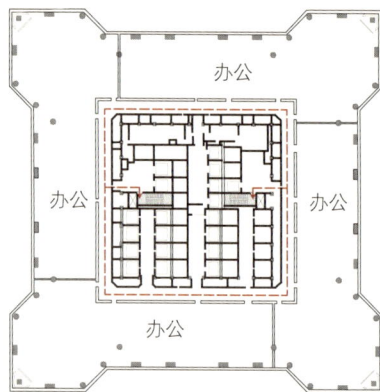

层数：73层，地下3层，楼顶屋2层
建成时间：1993年
标准层平面划分为4个办公区域，核心筒中央布置2部疏散楼梯，外围形成环形走道，满足双向疏散要求。

■ **横滨标志塔48层平面**

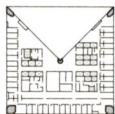

26~31层平面

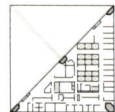

38~44层平面

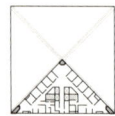

51~66层平面

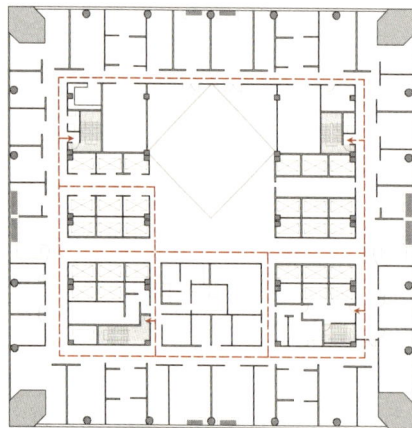

16层平面

层数：70层，地下3层
建成时间：1990年
标准层形成"日"字形走道，满足疏散要求；上部体量缩进的楼层部分，同样满足双向疏散要求。

■ **香港中国银行大厦平面**

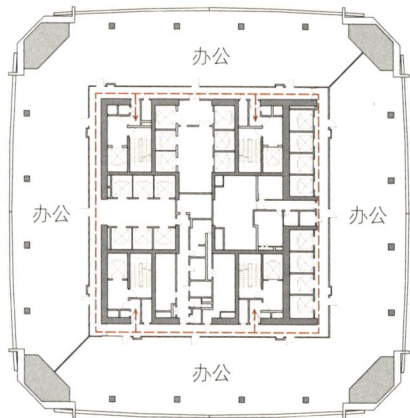

层数：117层；地下3层，局部4层
建成时间：在建
核心筒四角布置4部疏散楼梯，外围形成环形走道，充分满足标准层的疏散要求。

■ **天津117大厦标准层平面**

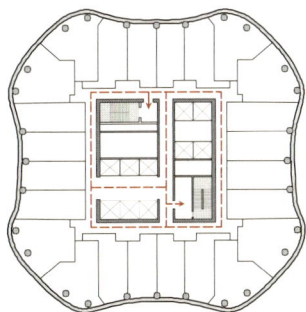

a 酒店标准层平面示意

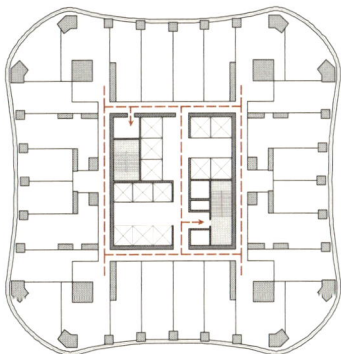

b 公寓标准层平面示意

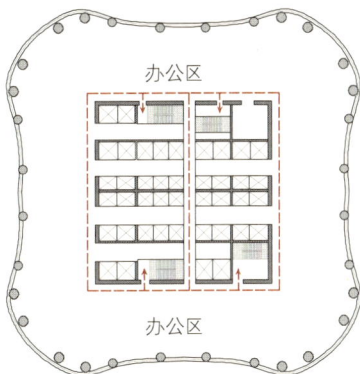

办公区

办公区

c 办公标准层平面示意

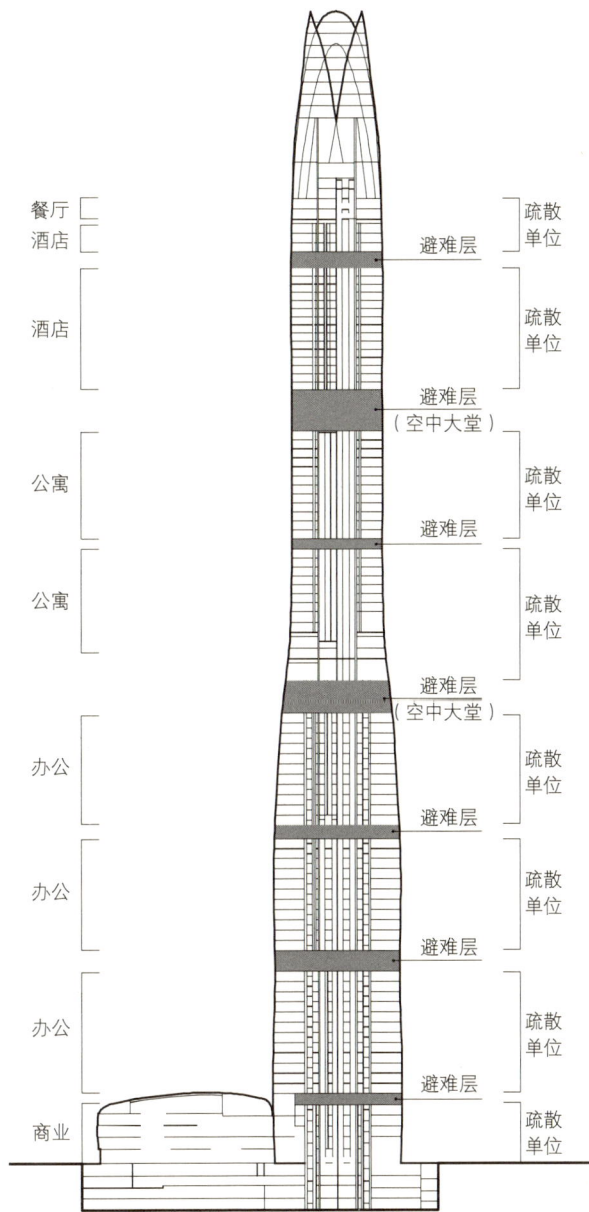

餐厅

酒店

酒店

公寓

公寓

办公

办公

办公

商业

避难层 ── 疏散单位

疏散单位

避难层（空中大堂）── 疏散单位

避难层 ── 疏散单位

避难层（空中大堂）── 疏散单位

避难层 ── 疏散单位

避难层 ── 疏散单位

避难层 ── 疏散单位

d 剖面示意

层数：96层，地下4层
建成时间：2019年
竖向分段上，办公、公寓与酒店之间设有结合空中大堂的避难层，每段之间按要求设置避难层。平面布局上，办公区及公寓平面形成
"日"字形疏散走道，酒店平面形成环形走道，具有完备的疏散系统。

▌天津周大福金融中心

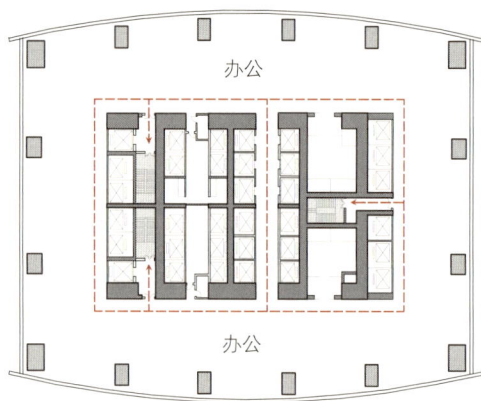

a 办公标准层平面示意

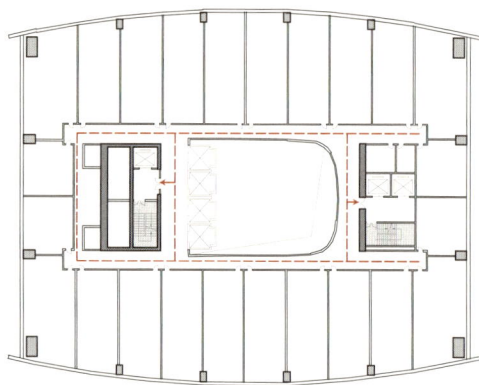

b 酒店标准层平面示意

层数：100层，地下4层
建成时间：2011年

办公部分标准层平面中心核内布置3部疏散楼梯，外围环道和电梯厅形成"日"字形疏散走道，充分满足双向疏散要求；酒店部分标准层中央核心筒消退，2部疏散楼梯及电梯分布两侧，内部形成中庭，两端形成袋形走道，局部空间不能满足双向疏散的要求。

▌**深圳京基100**

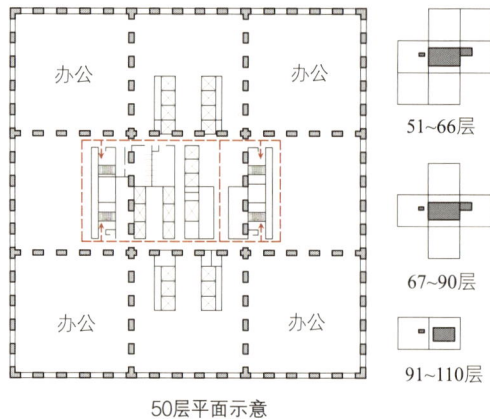

51~66层

67~90层

91~110层

50层平面示意

层数：110层，地下3层
建成时间：1973年
采用由钢框架构成的束筒结构体系，平面逐渐上收，围绕中心核体设置走道与安全出口。

▌**芝加哥威利斯大厦（原西尔斯大厦）平面**

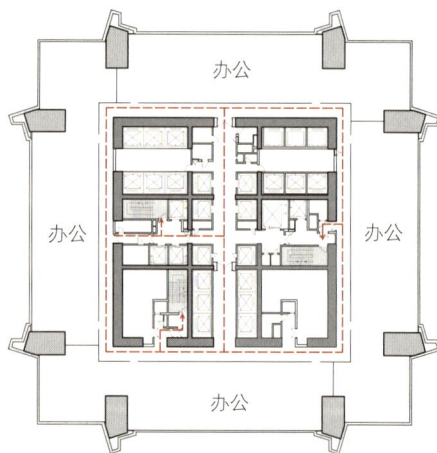

层数：118层，地下5层
建成时间：2014年
标准层平面形成"日"字形疏散走道，在中心核内布置3部疏散楼梯，充分满足双向疏散要求。

▌**深圳平安国际金融中心标准层平面**

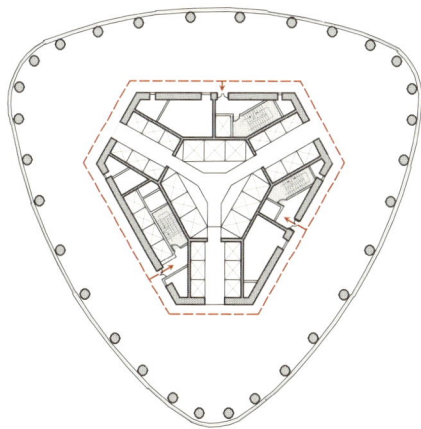

a 办公标准层平面示意

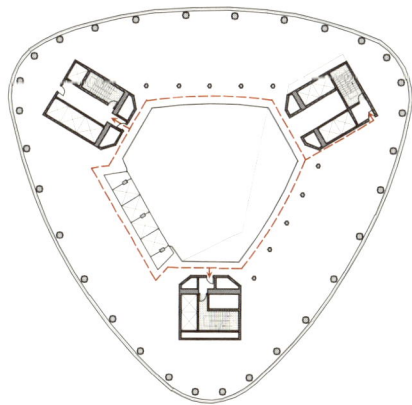

b 酒店标准层平面示意

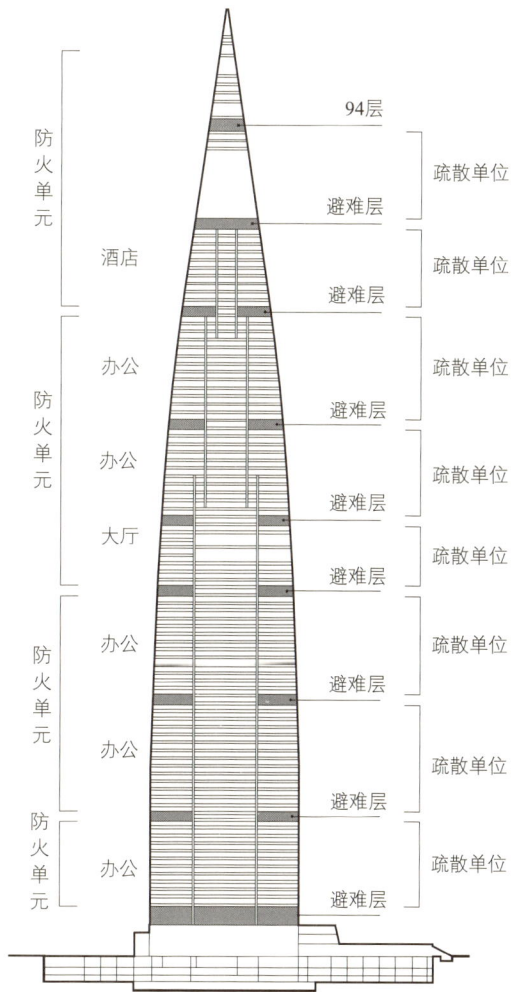

a 剖面示意

b 平面示意

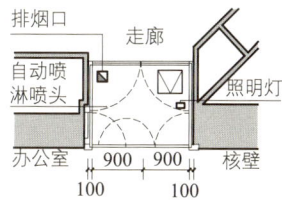

c "烟气阀"部位

层数：103层，地下4层

建成时间：2009年

核心筒处于平面中央，四周形成的环形走道满足双向疏散要求；上部的酒店层平面，核心筒演变成三个小型筒体，原核心筒处形成中庭，同样满足双向疏散要求。

■ **广州国际金融中心平面**

　华南理工大学建筑设计研究院有限公司

层数：101层，地下3层

建成时间：2008年

交通核布置在平面中央，外围形成环形走道，在进入中央核的四个出入口设置"烟气阀"，可将烟气排出（我国现行规范规定只能采取正压送风的防烟方式），保障疏散安全。

■ **上海环球金融中心**

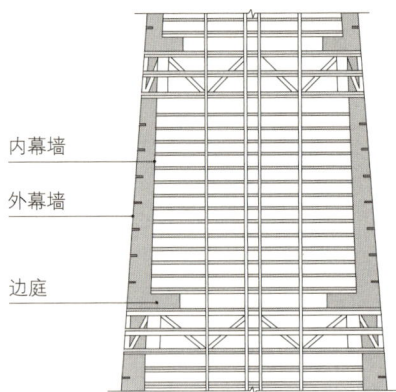

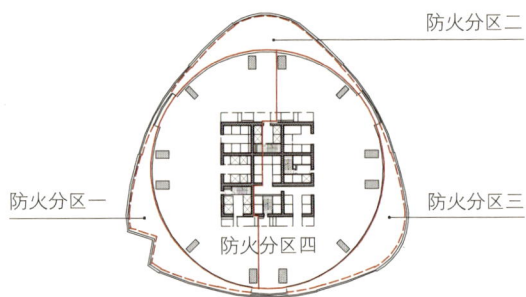

■ 上海中心大厦边庭空间防火分隔示意

a 局部剖面示意

b 边庭空间防火分区示意

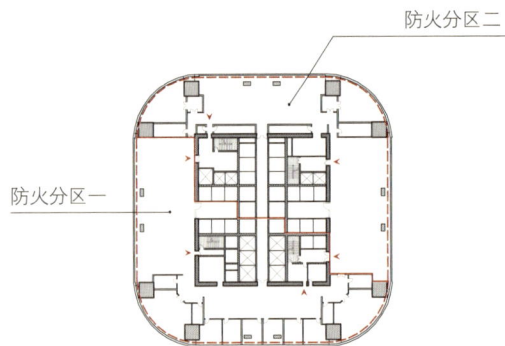

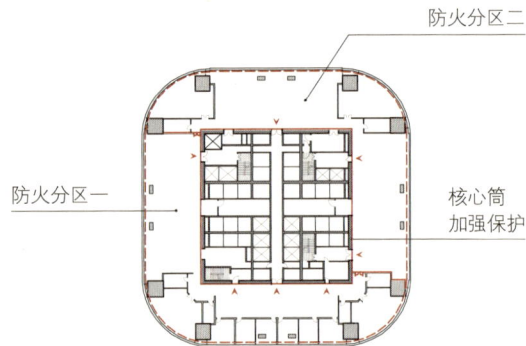

■ "中国尊"平面防火分区优化调整示意（三十五层平面）

a 优化前

b 优化后

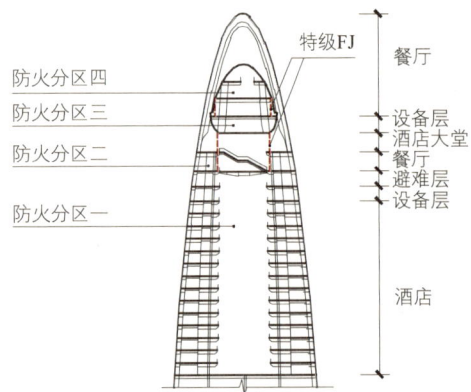

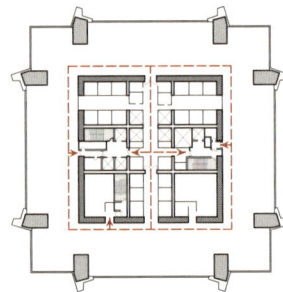

■ 深圳平安国际金融中心顶部空间防火分隔及标准层疏散示意

a 顶部空间防火分隔

b 标准层平面

5

结构构造
与装修设计

5 结构构造与装修设计

结构构造与装修设计应依据相关规范，确定建筑的耐火等级、燃烧性能和耐火极限，结合结构方案选取相应材料及构造做法，确保主体结构的耐火能力，确保其他构件以及内外装修和保温层的耐火能力，避减火灾发生和阻止火势蔓延，为防火安全提供保障，为人员安全疏散和火灾扑救创造条件，并为灾后修复使用提供有利条件。

5.1 主体结构的耐火要求

1) 钢筋混凝土结构

承重墙/柱：耐火极限的大小主要由断面尺寸决定。

承重梁/板：耐火极限主要取决于保护层的厚度，可用抹灰加厚保护层或以防火涂料涂覆保护。

预应力梁/板：受力好、耐火差、高温变形快。

非预应力梁/板：受力差、耐火好。

整体现浇楼板：受力好、耐火好，保护层厚15~20mm可达一级耐火等级。

2) 钢结构

钢材的力学性能会随温度升高而降低。钢结构通常在550℃左右时就会发生较大的形变而失去承载能力，无保护层钢结构的耐火极限仅为0.25h。

提高钢结构耐火极限的方法包括：混凝土或砖等包覆；钢丝挂网抹灰；喷涂石棉、蛭石、膨胀珍珠岩等灰浆；喷涂防火涂料；采用空心柱充液方式，柱内盛满防冻、防腐溶液循环流动，火灾时带走热量以保持耐火稳定性（如美国堪萨斯银行大厦、匹兹堡钢铁公司大厦）。

5.2 建筑构件的耐火要求

建筑构件的耐火极限和燃烧性能与建筑构件所采用的构件性质、构件尺寸、保护层厚度以及构件的构造做法、支撑情况密切相关，提高与增强的方法包括：

（1）适当增加构件截面尺寸或涂覆防火涂料；

（2）对钢筋混凝土构件增加保护层厚度；

（3）构件表面做耐火保护层；

（4）钢梁、钢屋架下做耐火吊顶；

（5）合理的耐火构造设计。

民用建筑的耐火等级要求　　　　　　　　　　　　　　　　　　　表5-1

民用建筑类型		耐火等级最低要求
一类高层建筑、二层和二层半式/多层式民用机场航站楼、A类广播电影电视建筑、四级生物安全实验室、（半）地下建筑（室）		一级
二类高层建筑、一层/一层半式民用机场航站楼、总建筑面积>1500m²的单、多层人员密集场所、B类广播电影电视建筑、一级普通消防站/二级普通消防站/特勤消防站/战勤保障消防站、设置洁净手术部的建筑/三级生物安全实验室、灾时避难的建筑、电动汽车充电站建筑、变电站		二级
裙房		高层建筑主体的耐火等级
城市和镇中心区内的民用建筑、老年人照料设施/教学建筑/医疗建筑		三级
汽车库	Ⅰ类汽车库（修车库）、甲/乙类物品运输车的汽车库（修车库）、其他高层汽车库、（半）地下汽车库	一级
	Ⅱ类汽车库（修车库）	二级
地铁工程	地下出入口通道、地上控制中心建筑、地上主变电站	一级
	地上车站建筑	三级
城市交通隧道工程	消防救援出入口	一级
	地面重要设备用房、运营管理中心及其他地面附属用房	三级

一般民用建筑、木结构建筑、汽车库/修车库相应构件的燃烧性能和耐火极限（h）　表5-2

构件名称		耐火等级或类型									
		一般民用建筑				木结构建筑			汽车库/修车库		
		一级	二级	三级	四级	I级	II级	III级	一级	二级	三级
墙	防火墙	3.00	3.00	3.00	3.00	3.00	3.00	3.00	3.00	3.00	3.00
	承重墙	3.00	2.50	2.00	0.50	2.00	1.00	0.50	3.00	2.50	2.00
	非承重外墙	1.00	1.00	0.50	—	1.00	0.75	—	1.00	1.00	0.50
	楼梯间和前室的墙、电梯井的墙、住宅建筑单元之间的墙和分户墙	2.00	2.00	1.50	0.50	2.00	1.00	0.50	2.00	2.00	2.00
	疏散走道两侧的隔墙	1.00	1.00	0.50	0.25	1.00	0.75	0.25	—	—	—
	房间隔墙	0.75	0.50	0.50	0.25	0.75	0.50	0.25	1.00	1.00	0.50
柱		3.00	2.50	2.00	0.50	2.50	1.00	1.00	3.00	2.50	2.00
梁		2.00	1.50	1.00	0.50	2.00	1.00	1.00	2.00	1.50	1.00
楼板		1.50*	1.00	0.50	—	1.50	0.75	—	1.50	1.00	0.50
屋顶承重构件		1.50	1.00	0.50	—	1.00	0.50	—	1.50	1.00	0.50
疏散楼梯（坡道）		1.50	1.00	0.50	—	1.50	0.50	—	1.50	1.00	1.00
吊顶（包括吊顶格栅）		0.25	0.25	0.15	—	0.25	0.15	—	0.25	0.25	0.15

（标*处：建筑高度＞100m的民用建筑楼板的耐火极限≥2.00h）　　□ 不燃性　　■ 难燃性　　■ 可燃性

注：① 一般民用建筑：以木柱承重且墙体采用不燃烧材料的建筑，耐火等级应按四级确定。
② 木结构建筑：当同一座II级、III级木结构建筑存在不同高度的屋顶时，较低部分的屋面不应采用可燃性屋面，且II级木结构建筑中较低部分的屋面采用难燃性屋顶时，屋面耐火极限应≥0.75h，屋顶承重构件的燃烧性能和耐火极限应与梁相同。轻型木屋顶除防水层、保温层及屋面板外，其余部分均应视为屋顶承重构件且不应采用可燃性构件，耐火极限应≥0.50h。4层的II级木结构建筑，承重墙、承重柱、楼梯间和前室的墙、电梯井的墙、住宅建筑单元之间的墙和分户墙、疏散楼梯的耐火极限应按本表规定分别提高0.50h，楼板耐火极限应≥1.00h。除房间隔墙和吊顶外，I级木结构建筑构件不应使用轻型木结构构件。

住宅建筑构件的燃烧性能和耐火极限（h）　　表5-3

构件名称		耐火等级			
		一级	二级	三级	四级
墙	防火墙	3.00	3.00	3.00	3.00
	承重外墙	3.00	2.50	2.00	0.50
	非承重外墙	1.00	1.00	0.50	0.25
	楼梯间的墙、电梯井的墙、住宅单元之间的墙、住宅分户墙、住宅内承重墙	2.00	2.00	1.50	0.50
	疏散走道两侧的隔墙	1.00	1.00	1.00	0.50
柱		3.00	2.50	2.00	0.50
梁		2.00	1.50	1.00	0.50
楼板		1.50	1.00	0.50	0.50
屋顶承重构件		1.50	1.00	0.25	0.25
疏散楼梯		1.50	1.00	1.00	0.25

□ 不燃性　　■ 难燃性

注：① 住宅建筑的耐火等级应划分为一、二、三、四级，其构件的燃烧性能和耐火极限不应小于本表的规定。
② 表中的外墙是指除外保温层外的主体结构。

建筑构件的耐火构造设计   表5-4

部位	耐火构造设置部位及具体要求	图示
防火墙	1）防火墙应直接设置在建筑的基础或具有相应耐火性能的框架、梁等承重结构上，并应从楼地面基层隔断至结构梁、楼板或屋面板的底面。 2）建筑屋顶承重结构和屋面板的耐火极限<0.50h时，防火墙高出屋面高度应≥0.5m。 3）建筑外墙为难燃性或可燃性墙体时，防火墙凸出墙的外表面应≥0.4m，且防火墙两侧外墙均应为宽度≥2.0m的不燃性墙体，其耐火极限不应低于外墙的耐火极限。 4）建筑外墙为不燃性墙体时，防火墙可不凸出墙的外表面，紧靠防火墙两侧的门窗、洞口之间最近边缘的水平距离应≥2.0m。 5）建筑内的防火墙不宜设置在转角处，确需设置时，内转角两侧墙上的门窗、洞口之间最近边缘的水平距离应≥4.0m。 6）防火墙上不应开设门窗、洞口，确需开设时，应设置不可开启或火灾时能自动关闭的FM甲、FC甲。 7）可燃气体和液体管道严禁穿过防火墙。防火墙内不应设置排气道，其他管道不宜穿过防火墙。 8）防火墙一侧的建筑结构或构件及物体受火作用发生破坏或倒塌不作用到防火墙时，应仍能阻止火灾蔓延至防火墙的另一侧。防火墙与建筑外墙、屋顶相交处，防火墙上的门、窗等开口，应采取防止火灾蔓延至防火墙另一侧的措施。 9）民用建筑防火墙的耐火极限应≥3.00h。	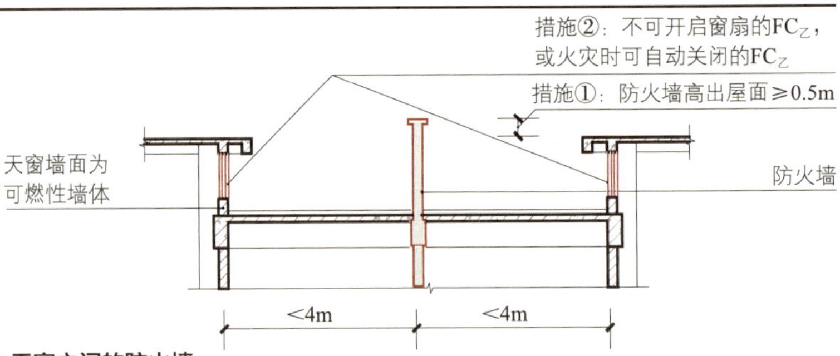 措施②：不可开启窗扇的FC乙，或火灾时可自动关闭的FC乙 措施①：防火墙高出屋面≥0.5m 天窗墙面为可燃性墙体 防火墙 <4m　<4m **■ 天窗之间的防火墙** 《建筑设计防火规范》图示18J811-1 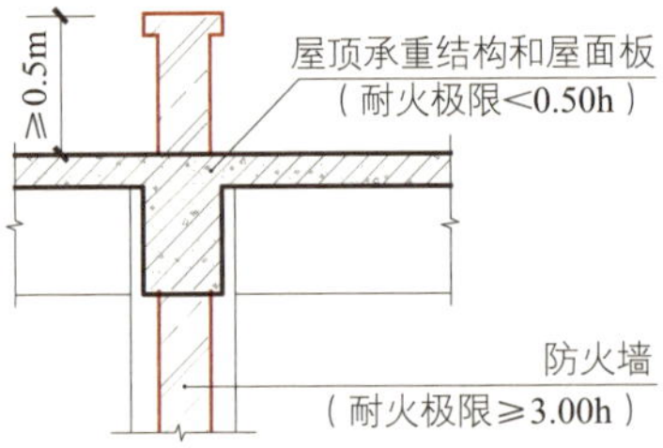 ≥0.5m 屋顶承重结构和屋面板（耐火极限<0.50h） 防火墙（耐火极限≥3.00h） **■ 防火墙高出屋面** 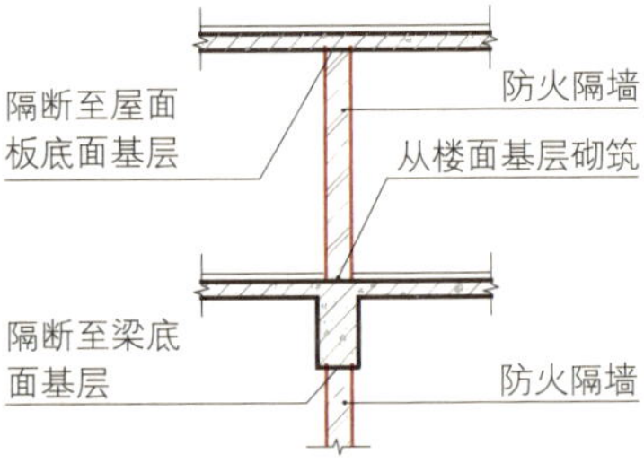 防火隔墙 隔断至屋面板底面基层 从楼面基层砌筑 防火隔墙 隔断至梁面基层 防火隔墙 **■ 防火隔墙砌筑**
防火隔墙	1）应从楼地面基层隔断至梁、楼板或屋面板的底面基层，其门窗等开口应采用防止火灾蔓延至另一侧的措施。 2）建筑内下列部位应采用耐火极限≥2.00h的防火隔墙与其他部位分隔： ①住宅分户墙和单元之间的墙； ②医院及养老院的病房楼内相邻护理单元之间，剧场、电影院、礼堂与其他区域之间，剧场后台的辅助用房； ③（除居住建筑中的套内自用厨房可不分隔外）建筑内的厨房； ④住宅建筑中的汽车库和锅炉房； ⑤附属在建筑内的设备用房、附属库房； ⑥医疗建筑内的手术室或手术部、产房、重症监护室、贵重精密医疗装备用房、储藏间、实验室、胶片室等；建筑中的儿童活动场所、老年人照料设施。 3）剧场等建筑的舞台与观众厅之间的隔墙应采用耐火极限≥3.00h的防火隔墙；舞台上部与观众厅闷顶之间的隔墙可采用耐火极限≥1.50h的防火隔墙；舞台下部的灯光操作室和可燃物储藏室应采用耐火极限≥2.00h的防火隔墙；电影放映室、卷片室应采用耐火极限≥1.50h的防火隔墙与其他部位分隔。 4）防火隔墙耐火极限在2.00～3.00h时，其上的防火门应为FM甲、防火窗应为FC乙；当耐火极限≥3.00h时，应为FM甲、FC甲。	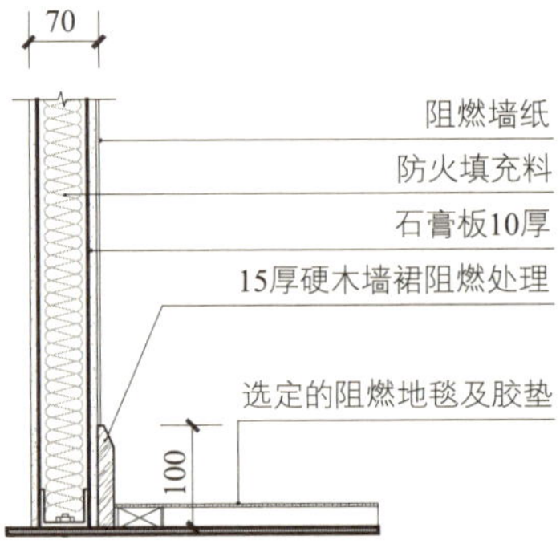 70 阻燃墙纸 防火墙充料 石膏板10厚 15厚硬木墙裙阻燃处理 选定的阻燃地毯及胶垫 100 a 底部剖面 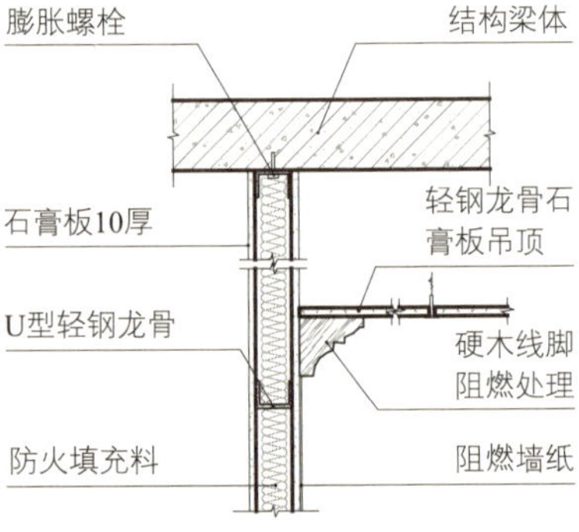 膨胀螺栓 结构梁体 石膏板10厚 轻钢龙骨石膏板吊顶 U型轻钢龙骨 硬木线脚阻燃处理 防火填充料 阻燃墙纸 b 顶部剖面 **■ 防火隔墙构造**

部位	耐火构造设置部位及具体要求	图示
防火门（窗）	1）甲、乙、丙级防火门（窗）耐火极限应分别≥1.50h、1.00h和0.50h。 2）防火门（窗）应符合下列规定： ① 一般应采用常闭防火门并设置"保持防火门关闭"等标识。 ② 在经常有人通行处宜采用常开防火门，常开防火门应能在火灾时自行关闭，并应具有信号反馈的功能。 ③ 变形缝附近的防火门应设置在楼层较多一侧，开启时不应跨越变形缝。 ④ 双扇防火门应具有按顺序自行关闭的功能，能在内外两侧手动开启。 ⑤ 防火门关闭后应具有烟密闭的性能。宿舍居室/旅馆建筑客房（应能自动关闭）、老年人照料设施的老年人居室开向公共建筑走廊/封闭式外走廊的疏散门，应在关闭后具有烟密闭的性能。 3）设置在防火（隔）墙上的FC应为不可开启的窗扇，或具有火灾时能自行关闭的功能。 4）甲、乙和丙级防火门（窗）的一般适用部位： ① 甲级：防火分区、设备用房、中庭四周、防火墙上、电梯间/疏散楼梯内与汽车库连通处、≥3.00h防火隔墙上的门（窗）；室内开向避难走道前室的门、避难层（间）的疏散门。 ② 乙级：疏散门（建筑高度＞100m，应为FM甲）、开向前室的户门、前室开向避难走道的门、2.00～3.00h防火墙上的门（窗）、歌舞娱乐放映游艺场所的疏散门（开向走道的窗）、避难层（间）对应外墙上的窗。 ③ 丙级：竖向井壁上的检查门（埋深＞10m或建筑高度＞100m，应为FM甲，住宅建筑的合用前室、竖井在楼层处无水平及竖向防火分隔的检修门应为FM乙）。	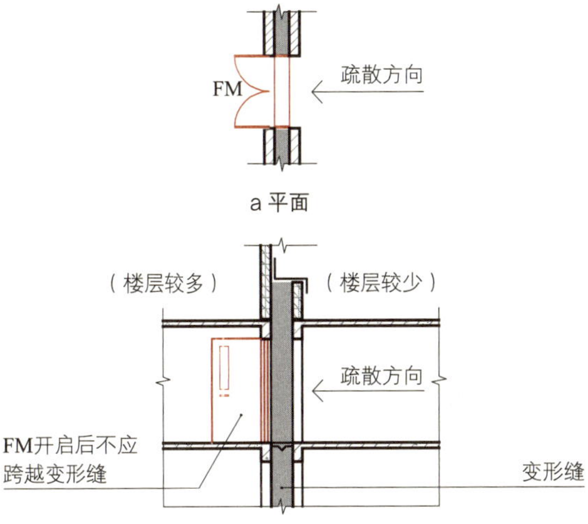 a 平面 （楼层较多）（楼层较少） FM 疏散方向 FM开启后不应跨越变形缝 变形缝 b 剖面 ■ 变形缝处防火门的设置
防火卷帘	1）防火分隔部位设置防火卷帘时，应符合： ① 除中庭外，当防火分隔部位的宽度≤30m时，防火卷帘的宽度应≤10m；当防火分隔部位的宽度＞30m时，防火卷帘的宽度应≤该部位宽度的1/3，且应≤20m。 ② 耐火极限应大于等于防火分隔部位的耐火极限。 ③ 与楼板、梁、墙、柱之间的空隙应采用防火材料封堵。 ④ 应在火灾时不需要电源等外部动力源而仅依靠自重自行关闭；关闭后应具有烟密闭性功能；同一分界处的多樘防火卷帘应具有同步降落封闭开口的功能。 2）建筑内的下列部位应采用耐火极限≥2.00h的防火隔墙与其他部位分隔，墙上的门、窗应采用FM乙、FC乙，确有困难时可采用防火卷帘： ① 民用建筑内的附属库房，剧场后台的辅助用房。 ② （除居住建筑中的套内自用厨房可不分隔外）建筑内的厨房。 ③ 附设在住宅建筑内的机动车库。	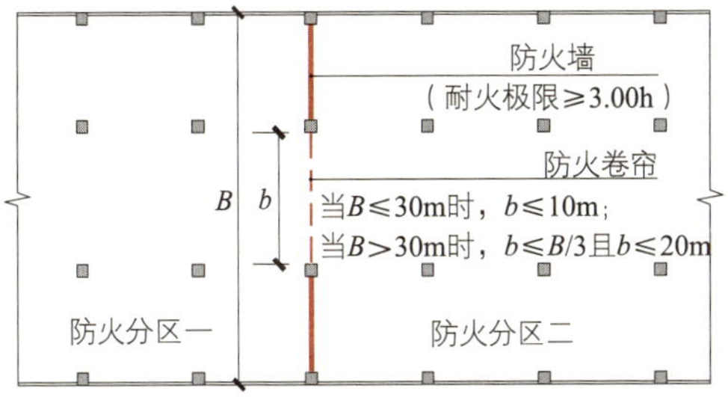 防火墙 （耐火极限≥3.00h） 防火卷帘 当B≤30m时，b≤10m； 当B＞30m时，b≤B/3且b≤20m 防火分区一　防火分区二 ■ 防火卷帘结合防火墙划分防火分区
竖井/管线防火及封堵	1）电梯井应独立设置，不应敷设或穿过可燃气体或甲、乙、丙类液体管道及与电梯无关的电缆、电线等。电梯层门的耐火极限应≥2.00h。 2）电气竖井、管道井、排烟或通风道、垃圾井等竖井，应分别独立设置。井壁耐火极限应≥1.00h。 3）垃圾道宜靠外墙设置，其排气口应直接开向室外，垃圾斗应采用不燃材料制作，并能自行关闭。 4）除通风/送风/排烟管道井、必须通风的燃气管道井及其他竖井外，一般竖井应在每层楼板处采用不低于楼板耐火极限性能的材料构成防火分隔。 5）管线穿过防火（隔）墙、竖向井壁、变形缝和楼板处的孔隙，应采取不低于防火分隔耐火极限的防火封堵措施。 6）通风和空气调节系统的管道、防烟排烟的管道，应采取防止火灾通过管道蔓延至其他防火分隔区域的措施。	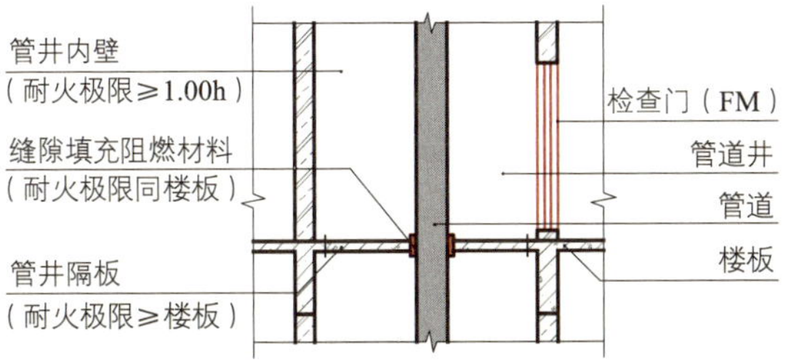 管井内壁 （耐火极限≥1.00h） 检查门（FM） 缝隙填充阻燃材料 （耐火极限同楼板） 管道井 管道 管井隔板 （耐火极限≥楼板） 楼板 ■ 管道井耐火构造设计

部位	耐火构造具体要求	图示
建筑外（幕）墙	1）建筑外墙上、下层开口之间应采取防止火灾沿外墙开口蔓延至建筑其他楼层内的措施。水平或竖向实体分隔结构的耐火性能应大于等于建筑外墙的耐火性能。可设置高度≥1.2m的实体墙，或挑出宽度≥1.0m、长度大于等于防火挑檐宽度的防火挑檐。 2）当室内设置自动喷水灭火系统时，上、下层开口之间的实体墙高度应≥0.8m。 3）当上、下层开口之间设置实体墙确有困难时，可设置防火玻璃墙（高层建筑的防火玻璃墙的耐火完整性应≥1.00h，多层建筑的防火玻璃墙的耐火完整性应≥0.50h），外窗的耐火完整性不应低于防火玻璃墙的耐火完整性要求。 4）住宅建筑分户墙，住宅单元之间的墙体，防火隔墙与外墙、楼板、屋顶相交处，应采取防火封堵措施。外墙上相邻户间开口之间的墙体宽度应≥1.0m；当<1.0m时，应在开口之间设置凸出外墙宽度≥0.6m的隔板。 5）建筑幕墙应在每层楼板外沿处采取防止火灾通过幕墙空腔等构造竖向蔓延的措施。 6）实体墙、防火挑檐和楼板的耐火极限和燃烧性能，均不应低于相应的耐火等级建筑外墙的要求。 7）建筑的外部装修和户外广告牌的设置，应满足防止火灾通过建筑外立面蔓延的要求，不应妨碍建筑的消防救援或火灾时的排烟与排热，不应遮挡或减小消防救援口。	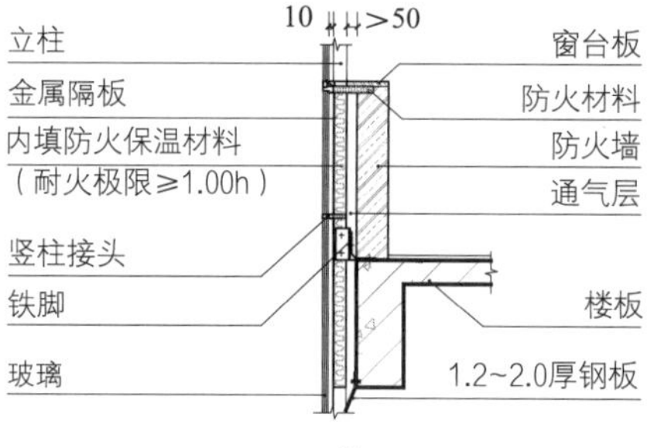 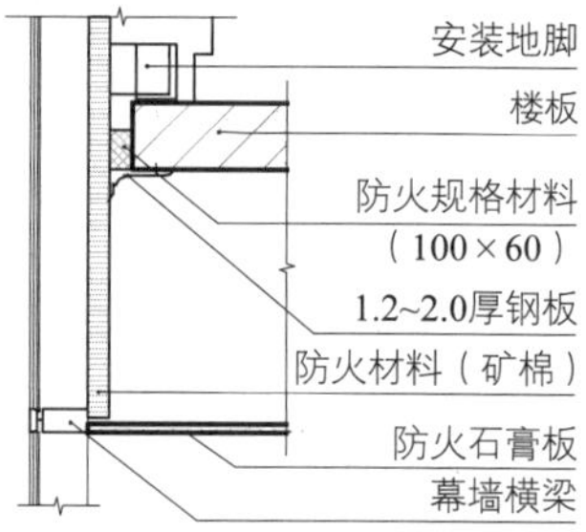 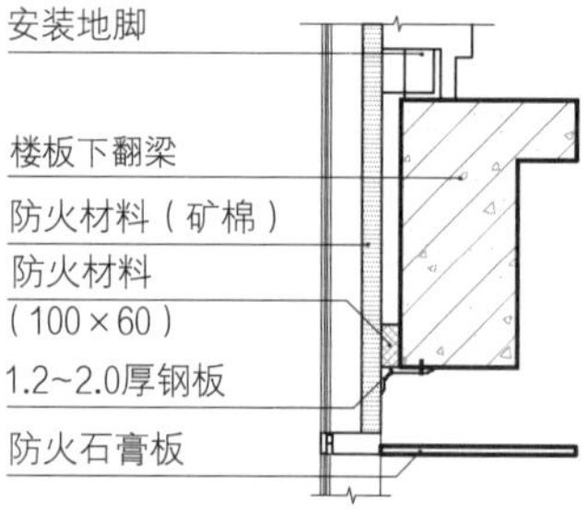 **玻璃幕墙耐火构造** 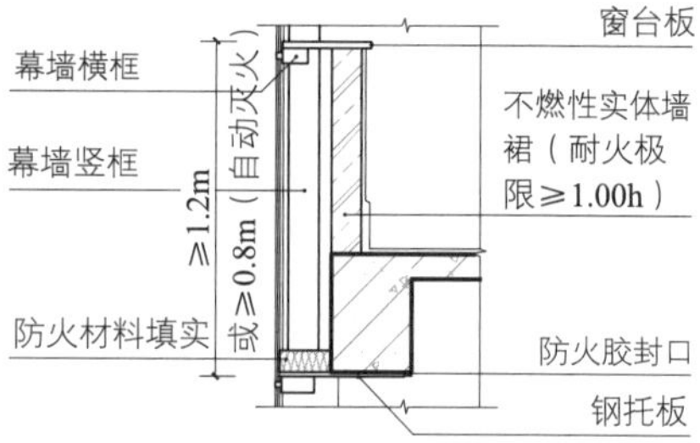 **玻璃幕墙墙裙耐火构造**
变形缝/建筑缝隙	1）变形缝是防火分隔的薄弱环节，其填充材料和构造基层应采用不燃材料。 2）电线、电缆、可燃气体和甲、乙、丙类液体的管道不宜穿过变形缝，确需穿过时，应在穿过处加设不燃套管或采取其他防变形措施，并采用防火材料封堵。 3）防烟与排烟、通风和空气调节系统中的管道、电气线路及其他管道，在穿越防火（隔）墙、楼板和变形缝处的孔隙时，应采用防火材料封堵。风管穿过防火（隔）墙、楼板和变形缝时，应设置防火阀等防火分隔措施，防止烟气和火势经管道蔓延至不同防火分隔区域。	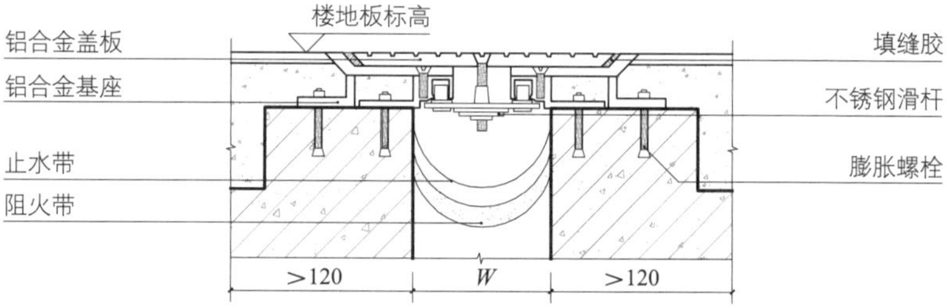
天桥/连廊	1）天桥、跨越房屋的栈桥、输送可燃物品的栈桥，均应采用不燃材料。 2）输送有火灾、爆炸危险性物质的栈桥不应兼作疏散通道。 3）连接两座建筑物的天桥、连廊，应采取防止火灾在两座建筑间蔓延的措施，尽量采用不燃材料。	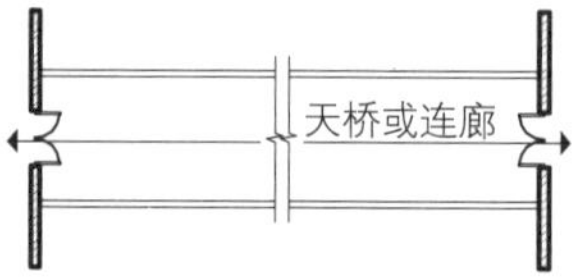 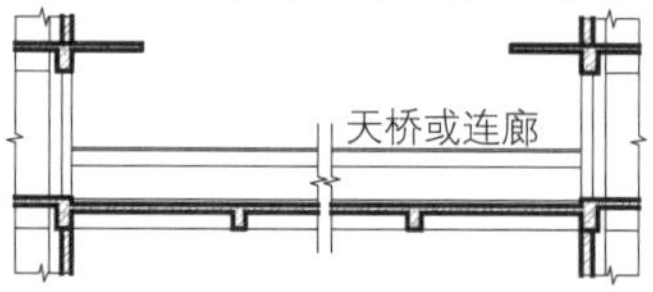 仅供通行的天桥、连廊采用不燃材料且通向该桥廊的出口符合安全疏散时，该出口可作为安全出口。 通过天桥、连廊或下部建筑物连接的相邻两座建筑，防火间距按两座独立建筑确定。 a 平面 b 剖面 **天桥耐火构造**

5.3 节点耐火构造设计

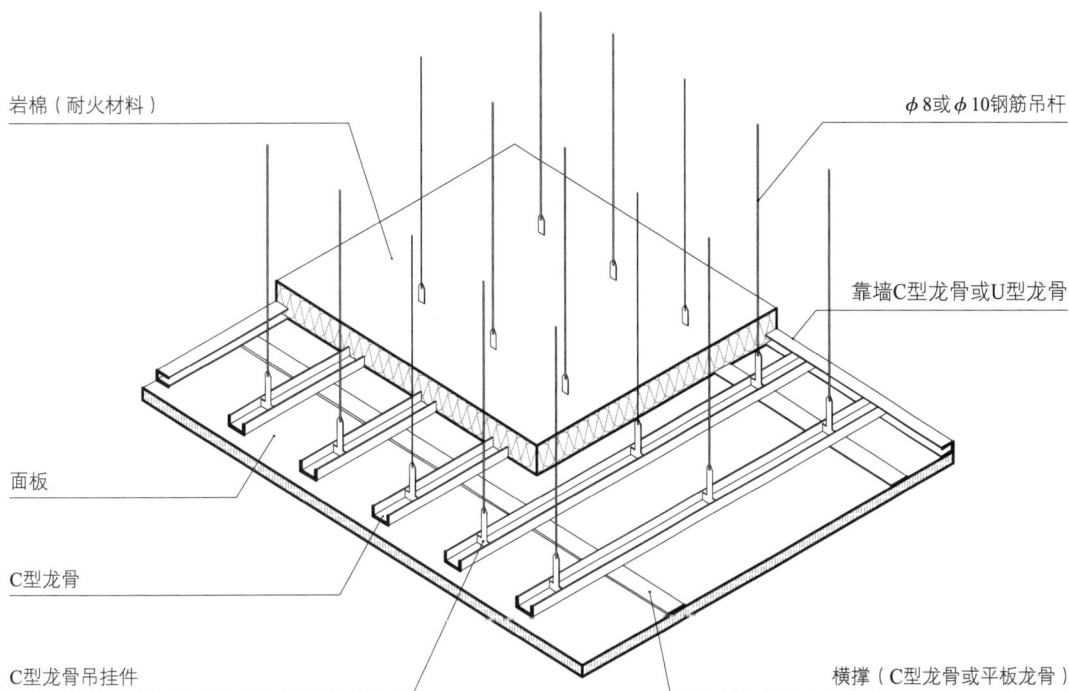

岩棉（耐火材料）

φ8或φ10钢筋吊杆

靠墙C型龙骨或U型龙骨

面板

C型龙骨

C型龙骨吊挂件

横撑（C型龙骨或平板龙骨）

▌ **防火吊顶构造**（单层龙骨）

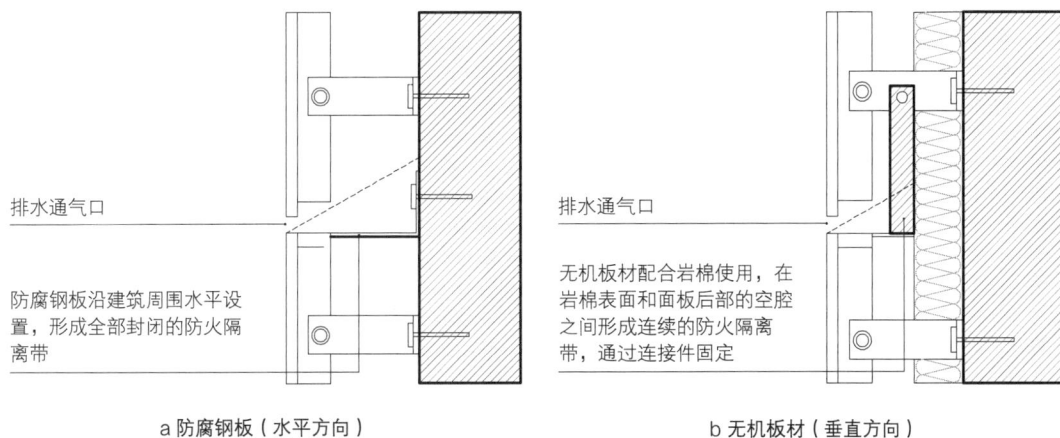

排水通气口

排水通气口

防腐钢板沿建筑周围水平设置，形成全部封闭的防火隔离带

无机板材配合岩棉使用，在岩棉表面和面板后部的空腔之间形成连续的防火隔离带，通过连接件固定

a 防腐钢板（水平方向）

b 无机板材（垂直方向）

▌ **通风幕墙防火隔离带构造**

a 窜烟　　　　　　　　b 窜火　　　　　　　　c 卷火

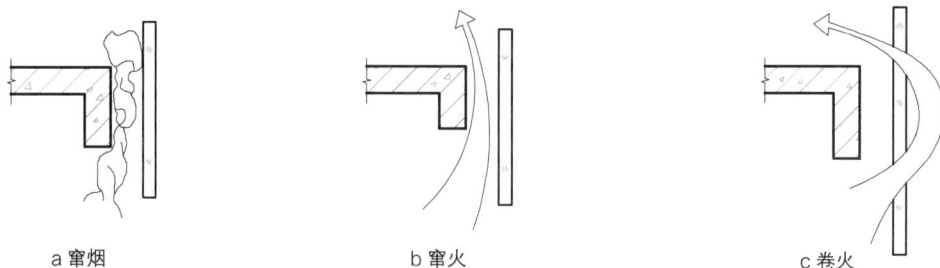

▌ 建筑幕墙烟火蔓延机理

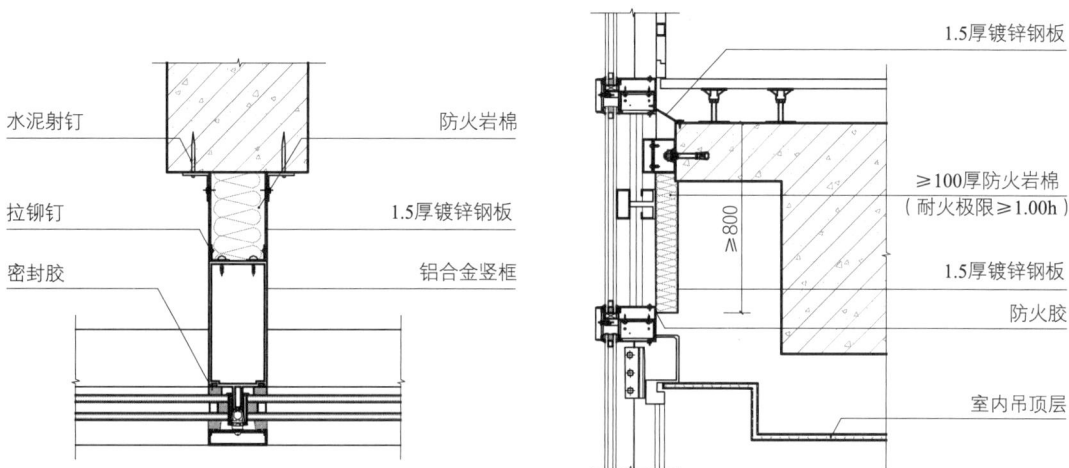

水泥射钉　　　　　　　　　　　　防火岩棉

拉铆钉　　　　　　　　　　　　1.5厚镀锌钢板

密封胶　　　　　　　　　　　　铝合金竖框

▌ 玻璃幕墙相邻房间的防火封堵

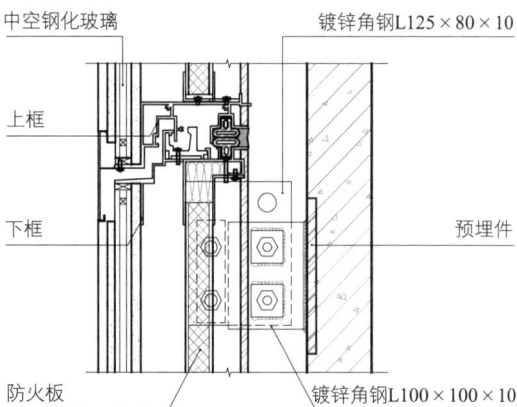

1.5厚镀锌钢板

≥100厚防火岩棉
（耐火极限≥1.00h）

1.5厚镀锌钢板

防火胶

室内吊顶层

≥800

▌ 防火墙裙＜800mm 双层玻璃幕墙层间防火构造

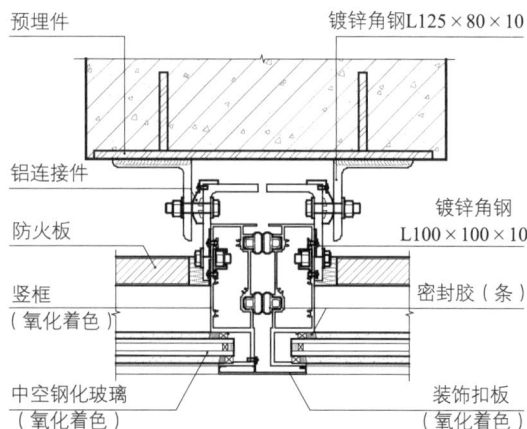

中空钢化玻璃　　　　　　镀锌角钢L125×80×10

上框

下框　　　　　　　　　　　　预埋件

防火板　　　　　　　镀锌角钢L100×100×10

▌ 玻璃幕墙垂直节点（固定部分）

预埋件　　　　　　　　镀锌角钢L125×80×10

铝连接件

防火板　　　　　　　　　镀锌角钢
　　　　　　　　　　　L100×100×10

竖框　　　　　　　　　　　　密封胶（条）
（氧化着色）

中空钢化玻璃　　　　　　　装饰扣板
（氧化着色）　　　　　　　（氧化着色）

▌ 玻璃幕墙水平节点（固定部分）

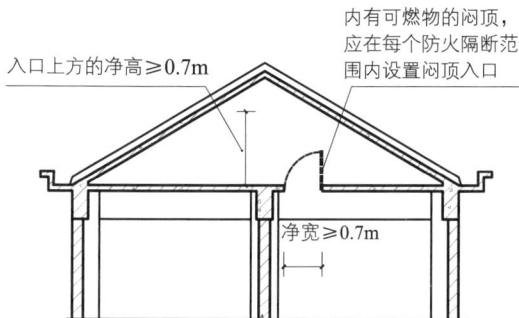

入口上方的净高≥0.7m

内有可燃物的闷顶,应在每个防火隔断范围内设置闷顶入口

净宽≥0.7m

■ **闷顶空间入口要求**
《建筑设计防火规范》图示18J811-1

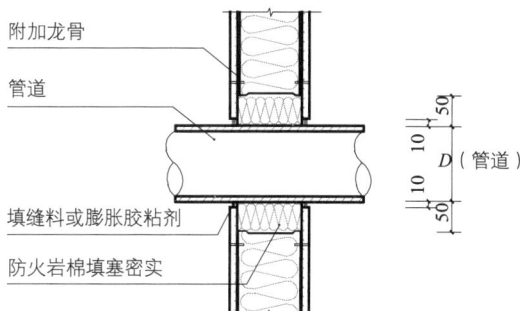

附加龙骨

管道

填缝料或膨胀胶粘剂

防火岩棉填塞密实

50
10
D(管道)
10
50

■ **管道穿墙洞口耐火构造**

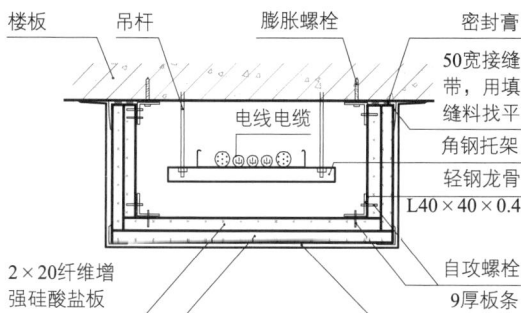

楼板　吊杆　膨胀螺栓　密封膏

50宽接缝带,用填缝料找平

电线电缆

角钢托架

轻钢龙骨

L40×40×0.4

2×20纤维增强硅酸盐板

自攻螺栓

9厚板条

■ **电缆防火三面包覆**(耐火极限2h)

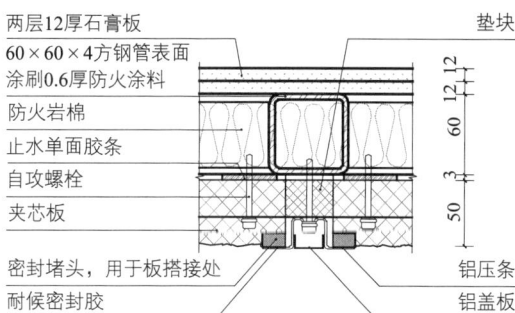

两层12厚石膏板

60×60×4方钢管表面涂刷0.6厚防火涂料

防火岩棉

止水单面胶条

自攻螺栓

夹芯板

密封堵头,用于板搭接处

耐候密封胶

垫块

12 12
60 12 12
60
3
50

铝压条

铝盖板

■ **金属夹芯板复合外墙耐火构造**(纵向接缝)

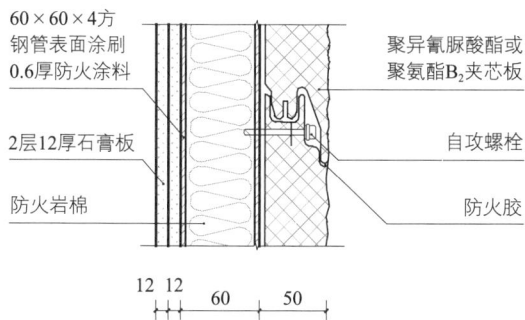

60×60×4方钢管表面涂刷0.6厚防火涂料

2层12厚石膏板

防火岩棉

聚异氰脲酸酯或聚氨酯B₂夹芯板

自攻螺栓

防火胶

12 12　60　50

a 聚异氰脲酸酯或聚氨酯夹芯板(耐火极限1h)

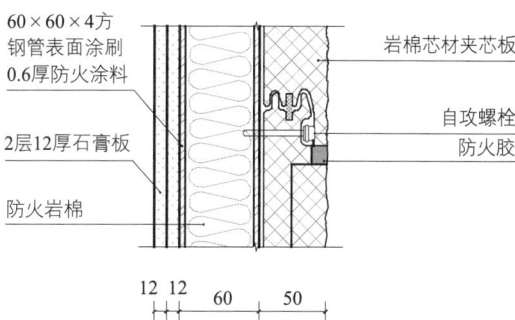

60×60×4方钢管表面涂刷0.6厚防火涂料

2层12厚石膏板

防火岩棉

岩棉芯材夹芯板

自攻螺栓

防火胶

12 12　60　50

b 岩棉夹芯板(耐火极限1h)

■ **金属夹芯板复合外墙耐火构造**(水平)

a 防火墙处的防火阀

防火墙材料
不燃性材料密封（水泥砂浆）
长度≥2m不燃性材料保温
吊架
楼板
防火阀
风管
穿墙管δ≥2
200
固定圈L40×40×4
吊顶
检查口

b 变形缝处的防火阀

支吊架
挡板δ=2
固定圈 L40×40×4
防火阀
50
50
穿墙管 δ≥2
200
200
柔性不燃性材料
预埋件 L40×40×4

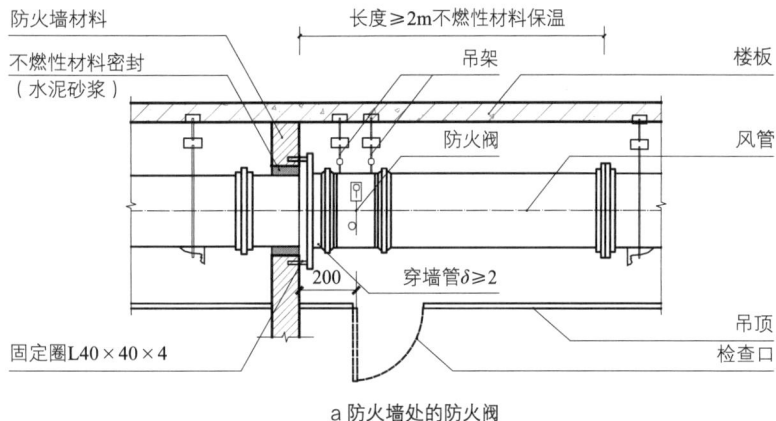

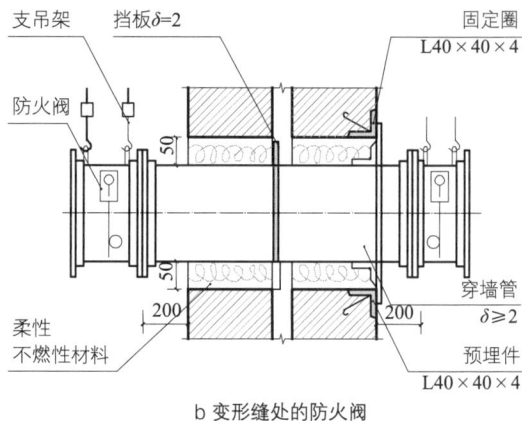

■ 防火阀耐火构造

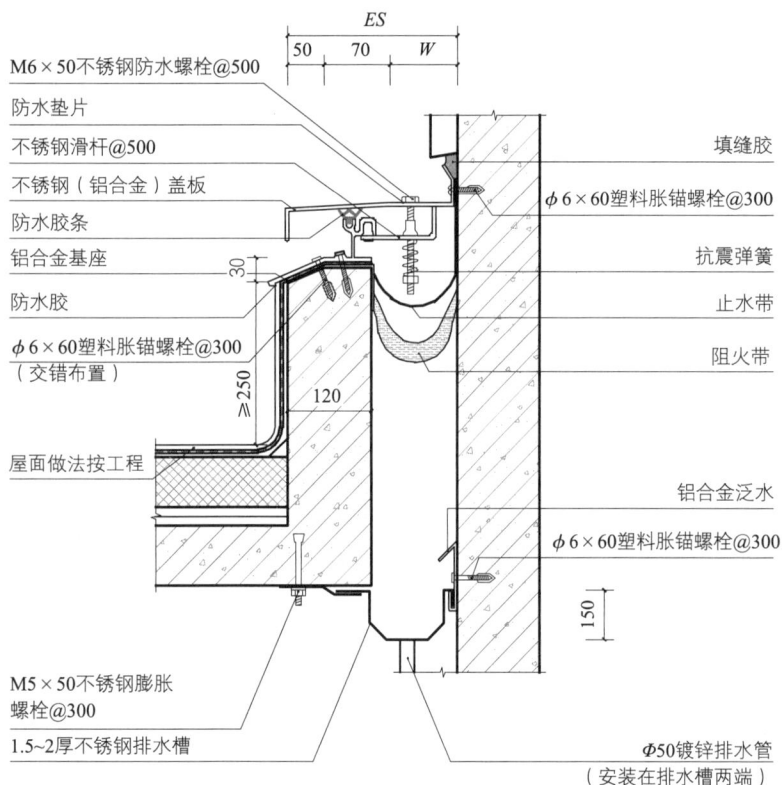

金属盖板型屋面抗震变形缝（转角型）

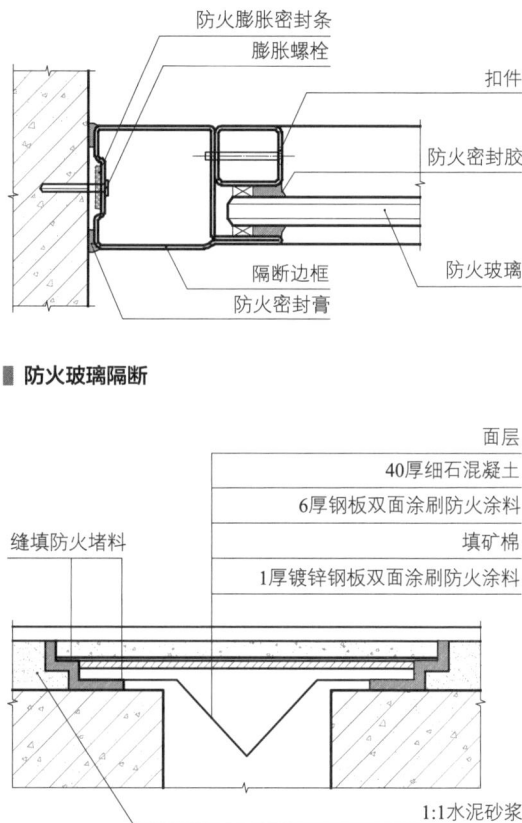

ES
50 70 W

M6×50不锈钢防水螺栓@500
防水垫片
不锈钢滑杆@500
不锈钢（铝合金）盖板
防水胶条
铝合金基座
30
防水胶
φ6×60塑料胀锚螺栓@300（交错布置）
≥250
120
屋面做法按工程
M5×50不锈钢膨胀螺栓@300
1.5~2厚不锈钢排水槽

填缝胶
φ6×60塑料胀锚螺栓@300
抗震弹簧
止水带
阻火带
铝合金泛水
φ6×60塑料胀锚螺栓@300
150
Φ50镀锌排水管（安装在排水槽两端）

■ 金属盖板型屋面抗震变形缝（转角型）

■ 防火玻璃隔断

防火膨胀密封条
膨胀螺栓
扣件
防火密封胶
防火玻璃
隔断边框
防火密封膏

■ 防火玻璃隔断

楼地面变形缝

面层
40厚细石混凝土
6厚钢板双面涂刷防火涂料
填矿棉
1厚镀锌钢板双面涂刷防火涂料
缝填防火堵料
1:1水泥砂浆

■ 楼地面变形缝

5.4 钢结构耐火构造设计

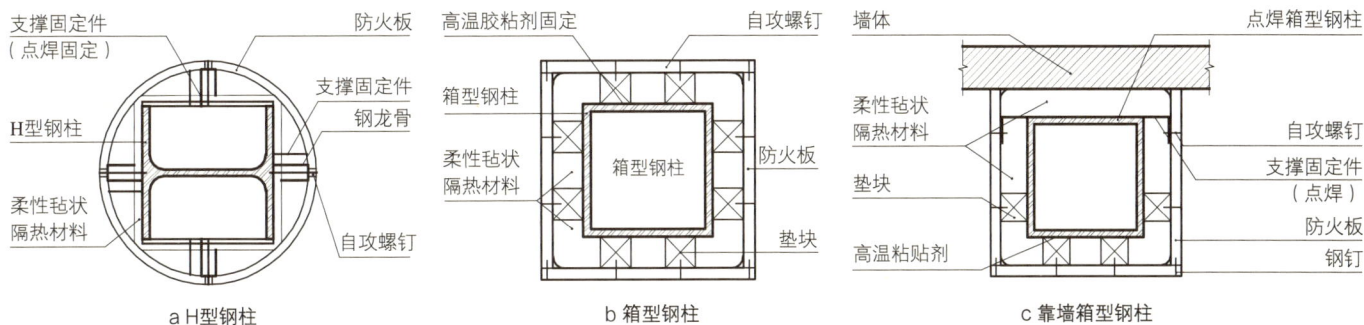

a H型钢柱

b 箱型钢柱

c 靠墙箱型钢柱

钢柱采用柔性毡和防火板的复合耐火构造

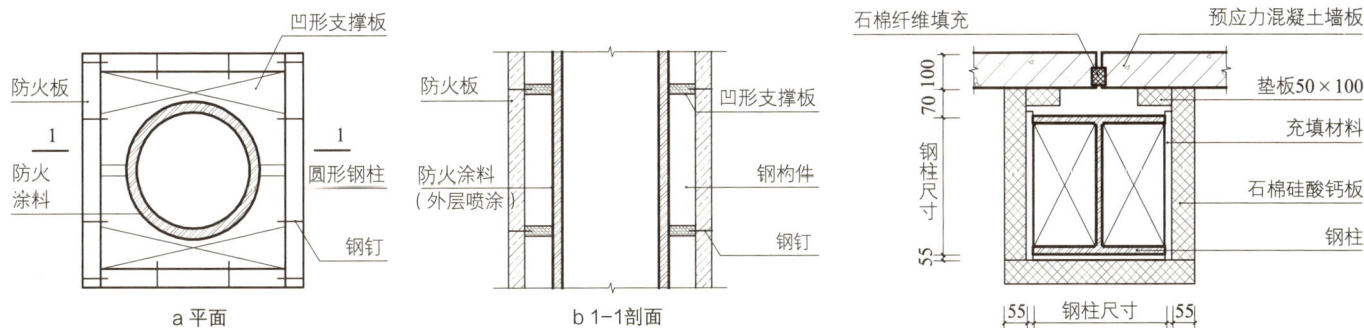

a 平面

b 1-1剖面

钢柱采用防火涂料和防火板的复合耐火构造

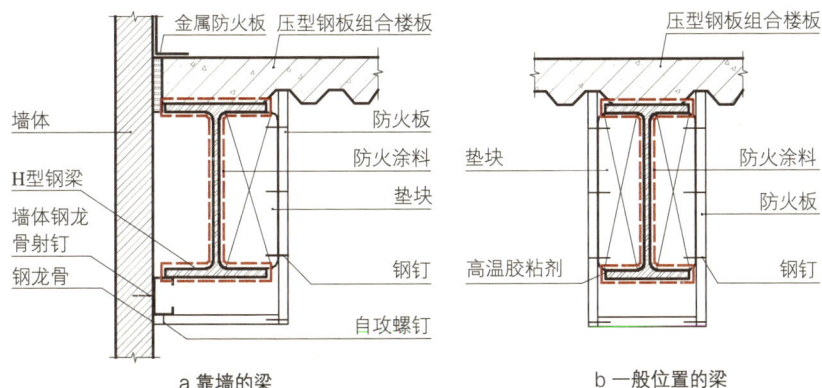

钢柱组合耐火构造

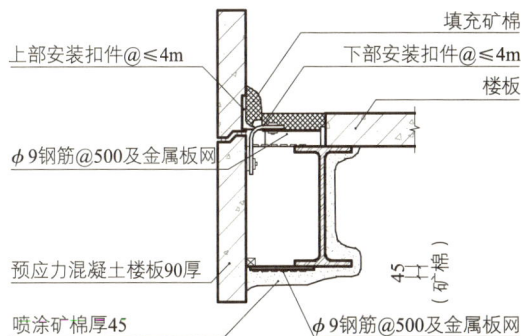

a 靠墙的梁

b 一般位置的梁

钢梁采用防火涂料和防火板的复合耐火构造

钢梁组合耐火构造

钢结构的防火保护，可采用下列措施之一或其中几种的复（组）合方式：①喷涂（抹涂）防火涂料；②包覆防火板；③包覆柔性毡状隔热材料；④外包混凝土、金属网抹砂浆或砌筑砌体。

■ 外包混凝土防火保护构造

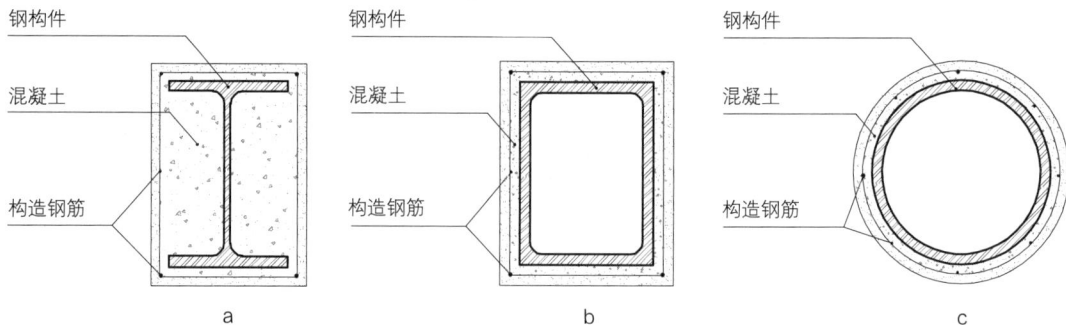

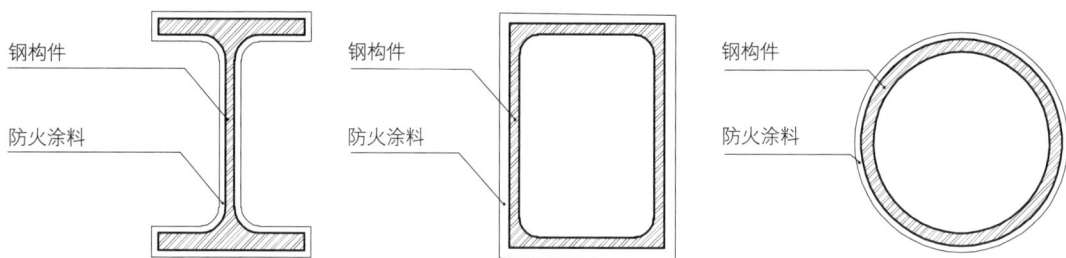

钢构件　混凝土　构造钢筋

a　　　b　　　c

■ 防火涂料（非膨胀型）保护构造

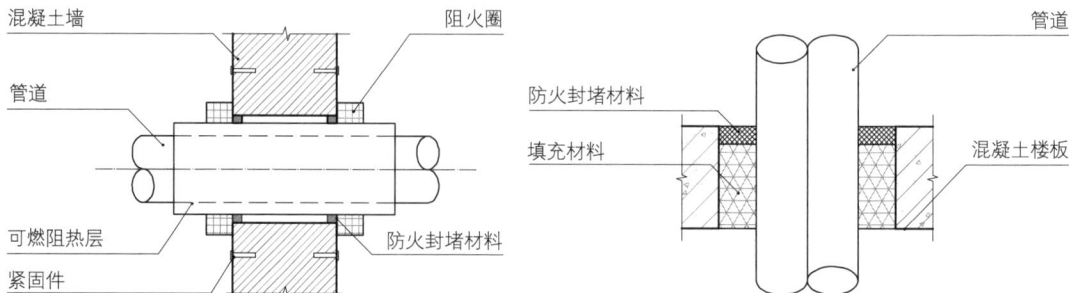

钢构件　防火涂料

a 不加镀锌铁丝网

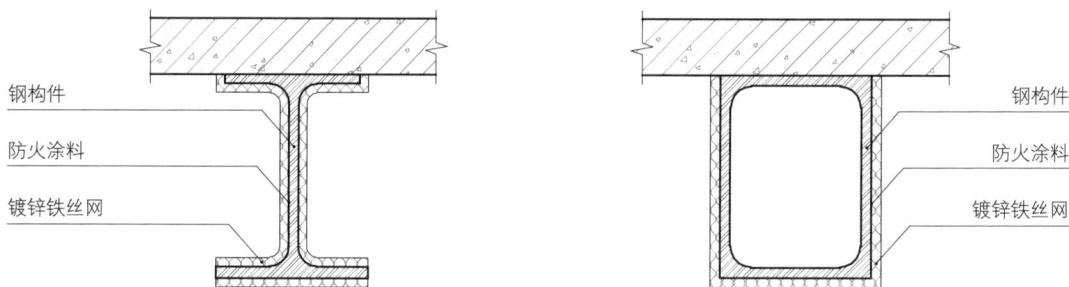

钢构件　防火涂料　镀锌铁丝网

b 加镀锌铁丝网

■ 管道防火封堵示意

混凝土墙　阻火圈　管道　可燃阻热层　紧固件　防火封堵材料

a 可燃隔热层管道贯穿墙体的防火封堵示意

管道　防火封堵材料　填充材料　混凝土楼板

b 管道贯穿楼板的防火封堵示意

ALC外墙板

高效保温材料

S50防火板

钩头螺栓

钢梁

30厚聚苯板

混凝土楼板

自攻螺钉

内衬板

50 50

10~20

10~20 50

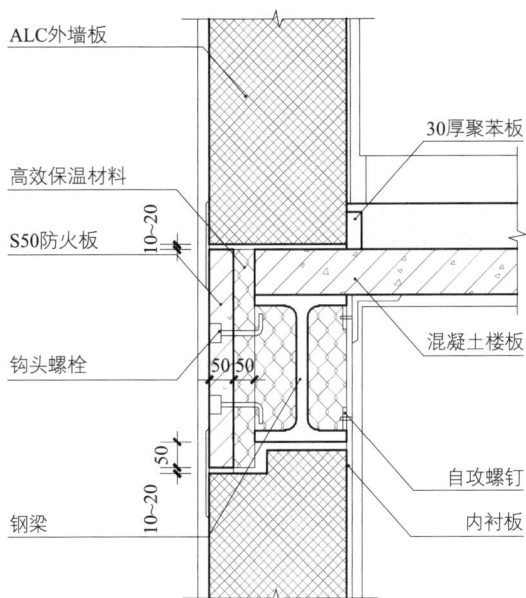

a 钢框架结构半嵌AAC外墙节点

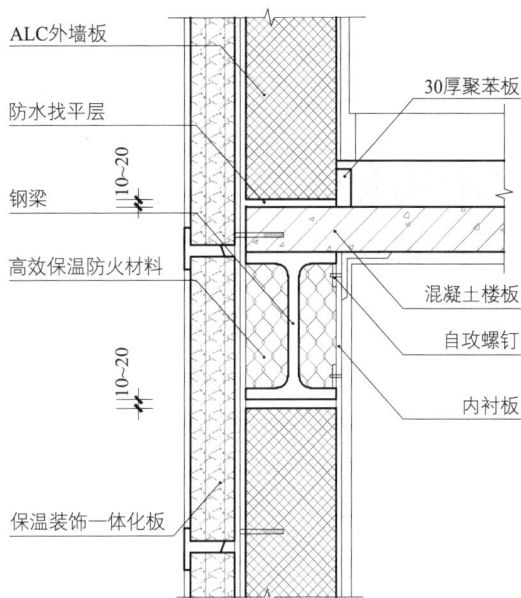

ALC外墙板

防水找平层

钢梁

高效保温防火材料

保温装饰一体化板

30厚聚苯板

混凝土楼板

自攻螺钉

内衬板

10~20

10~20

b AAC一体化外墙构造做法

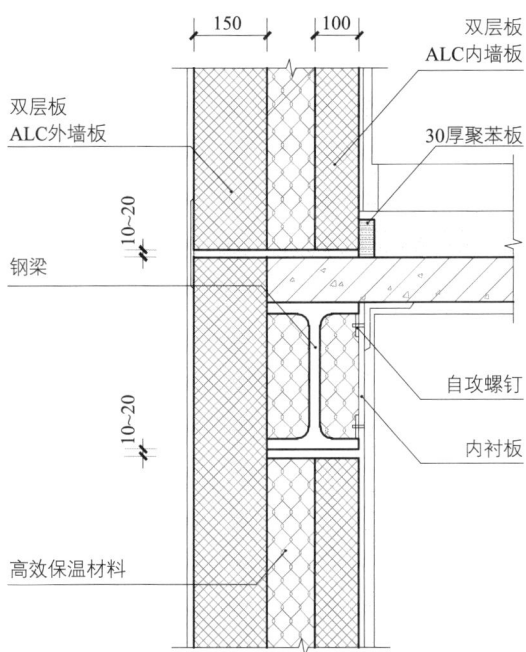

双层板
ALC内墙板

双层板
ALC外墙板

钢梁

30厚聚苯板

自攻螺钉

内衬板

高效保温材料

150 100

10~20

10~20

c AAC双层板外墙构造做法

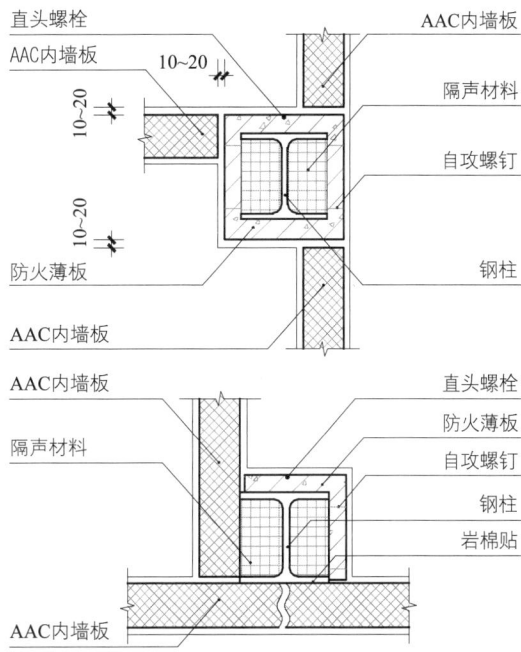

直头螺栓

AAC内墙板

防火薄板

AAC内墙板

AAC内墙板

隔声材料

AAC内墙板

隔声材料

直头螺栓

AAC内墙板

防火薄板

自攻螺钉

钢柱

防火薄板

自攻螺钉

钢柱

岩棉贴

10~20

10~20

10~20

d 钢柱与内外墙板的连接方法

■ **装配式钢结构建筑外墙
耐火构造**

105

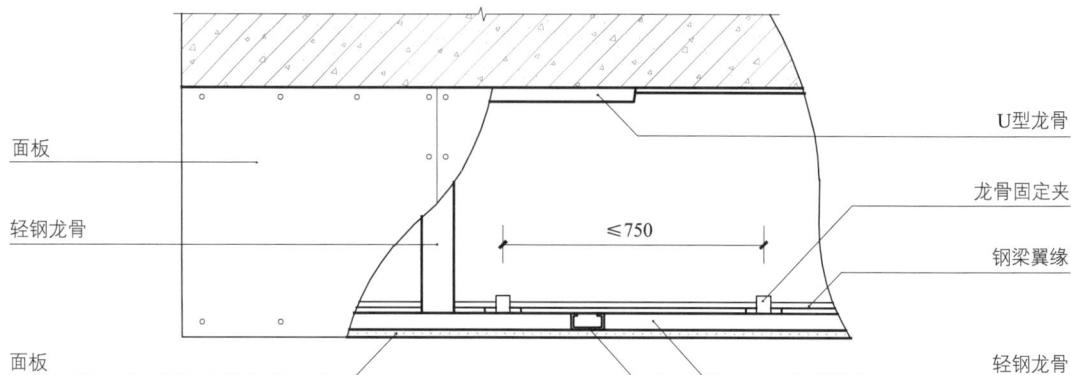

面板

轻钢龙骨

面板

U型龙骨

龙骨固定夹

钢梁翼缘

轻钢龙骨

≤750

轻钢龙骨板材包覆钢梁耐火构造层次

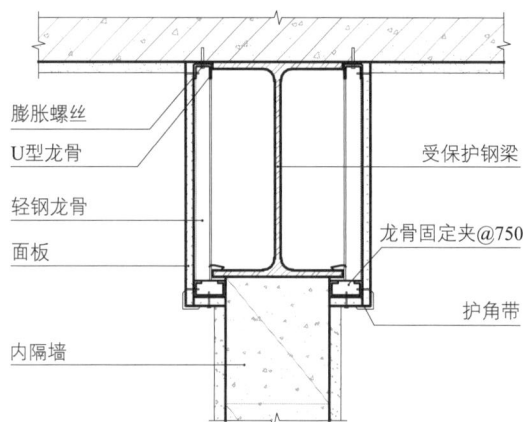

膨胀螺丝
U型龙骨
轻钢龙骨
面板
内隔墙

受保护钢梁
龙骨固定夹@750
护角带

a 两面包覆

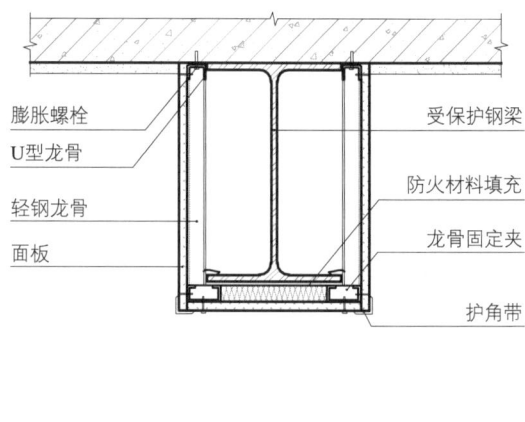

膨胀螺栓
U型龙骨
轻钢龙骨
面板

受保护钢梁
防火材料填充
龙骨固定夹
护角带

b 三面包覆

轻钢龙骨板材包覆钢梁耐火构造（剖面示意）

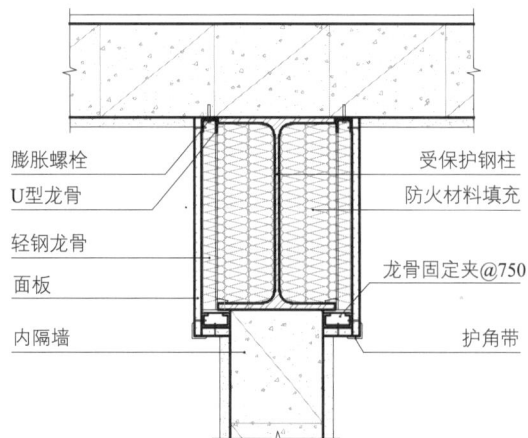

膨胀螺栓
U型龙骨
轻钢龙骨
面板
内隔墙

受保护钢柱
防火材料填充
龙骨固定夹@750
护角带

a 两面包覆

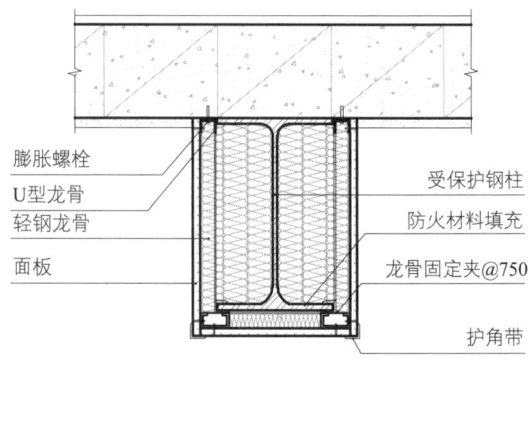

膨胀螺栓
U型龙骨
轻钢龙骨
面板

受保护钢柱
防火材料填充
龙骨固定夹@750
护角带

b 三面包覆

轻钢龙骨板材包覆钢柱耐火构造（平面示意）

封边龙骨

外墙饰面

附加水平龙骨

泛水板或专业收口压条

胶粘剂粘结

≥150

防水卷材

PE防潮膜

≥400

≥250

压型钢板复合保温卷材防水屋面

轻钢龙骨防火隔墙

岩棉填实

附加水平龙骨

封边檩条

竖龙骨

金属包角件

纤维增强硅酸钙板

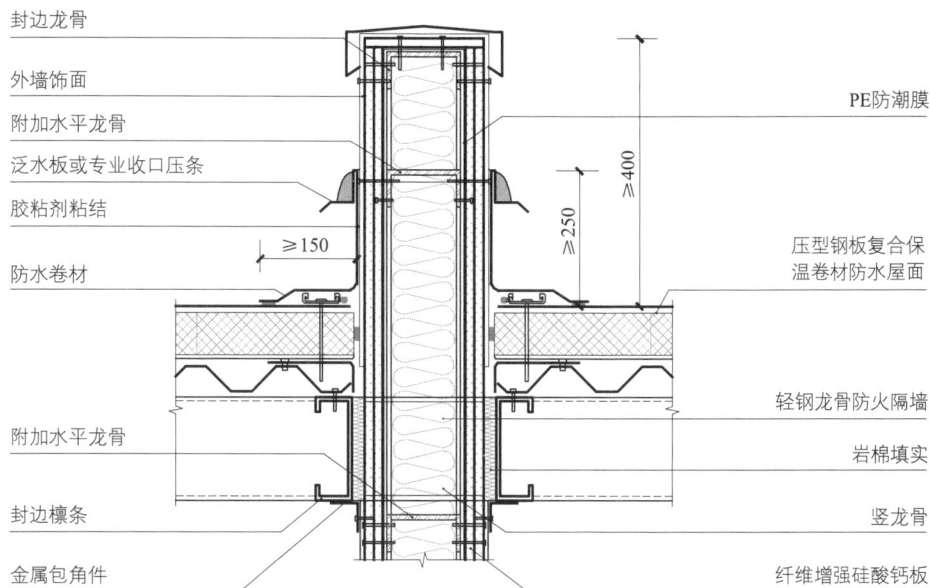

▌轻钢龙骨防火隔墙出屋面（剖面示意）

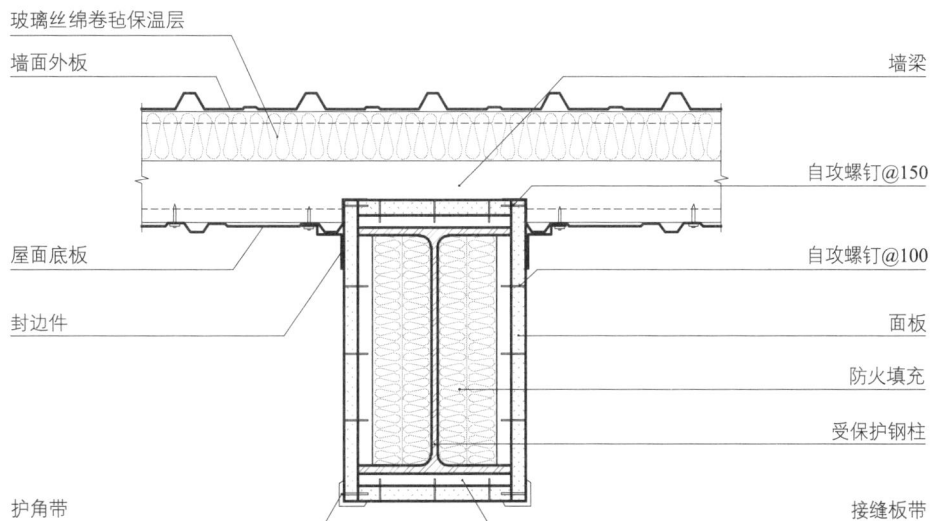

玻璃丝绵卷毡保温层

墙面外板

墙梁

自攻螺钉@150

自攻螺钉@100

屋面底板

封边件

面板

防火填充

受保护钢柱

护角带

接缝板带

▌无龙骨板材包覆钢柱（平面示意）

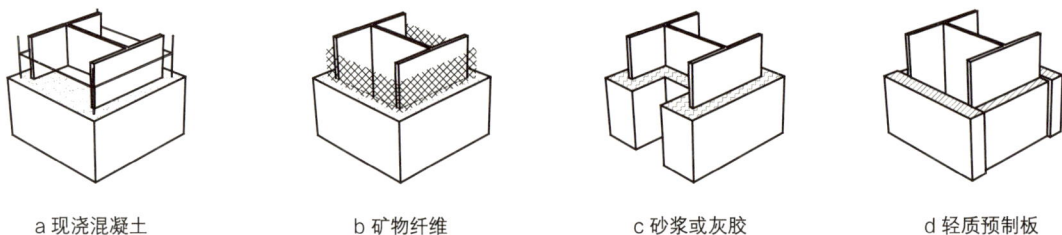

■ 钢结构耐火保护层材料

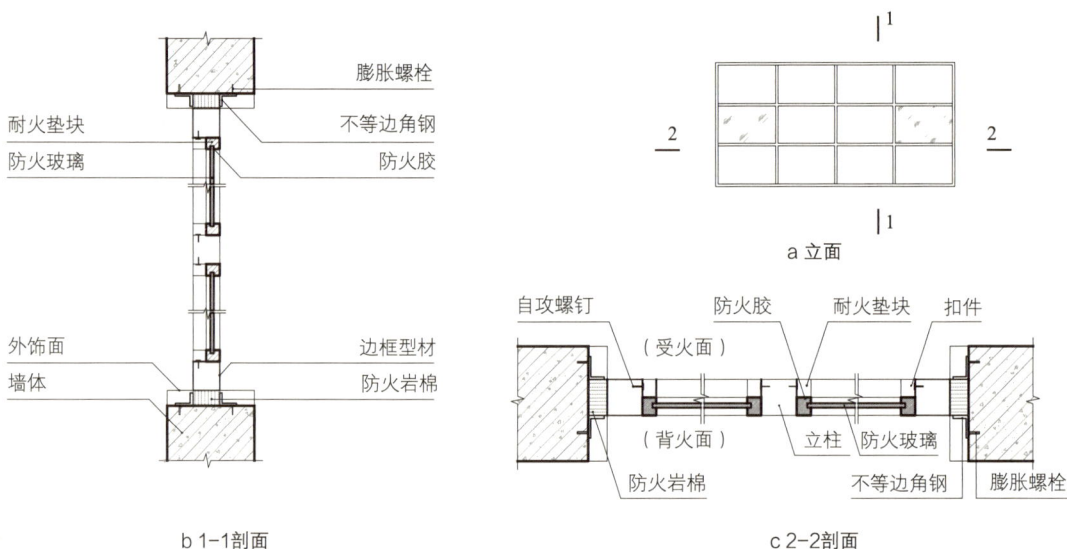

a 现浇混凝土　　b 矿物纤维　　c 砂浆或灰胶　　d 轻质预制板

膨胀螺栓

耐火垫块　　　不等边角钢

防火玻璃　　　防火胶

外饰面　　　　边框型材

墙体　　　　　防火岩棉

■ 钢结构防火固定窗节点构造

b 1-1剖面

a 立面

自攻螺钉　　　防火胶　　耐火垫块　　扣件

（受火面）

（背火面）　　立柱　防火玻璃

防火岩棉　　　　不等边角钢　膨胀螺栓

c 2-2剖面

共32层，高127m，L形体转折处设有竖向贯通全楼的变形缝。使用单位将铁皮烟道引入变形缝的双墙空间，穿越变形缝上到屋面，未采取耐火构造措施；且将双墙空间作为票据室、储藏及弱电布线间等。2002年，13层厨房用火时高温的铁皮烟道引燃变形缝两侧空间中大量可燃物后，引发火灾。整改后取消了双墙空间内的功能房间并做耐火封闭，形成2个防火隔间，对烟囱和弱电布线进行耐火封闭处理，将其封闭在防火隔间之内，使安全得到保障。

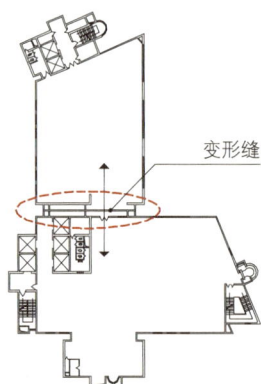

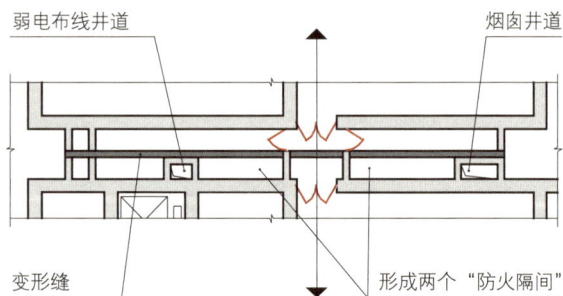

变形缝

弱电布线井道　　　　　　　烟囱井道

变形缝　　　　　　形成两个"防火隔间"

**■ 重庆中天大酒店变形缝防火
分隔整改措施**

a 标准层平面　　　　　　b 变形缝整改措施

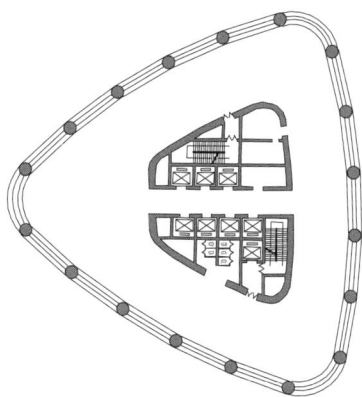

a 一层平面

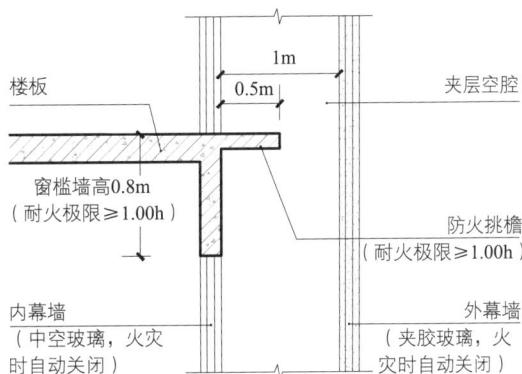

（每3层形成1个幕墙循环单元，构成1组封闭单元）

b 通风幕墙耐火构造

地上26层，高140m。外墙为可呼吸式、走廊式双层玻璃幕墙，双层幕墙间距约为1m。竖向每三层作为一个循环单元，内层每层设置可开启门窗，外层设置可开启窗和进、排风口。幕墙防火方案：内幕墙采用中空玻璃，外幕墙采用夹胶玻璃；窗槛墙高800mm，耐火极限≥1.00h；防火挑檐宽500mm，耐火极限≥1.00h；内外幕墙上可开启窗扇均与火灾自动报警系统联动，火灾时能自动关闭，夹层空间每隔三层构成一组封闭单元。

▌上海国际港务大楼通风幕墙耐火构造

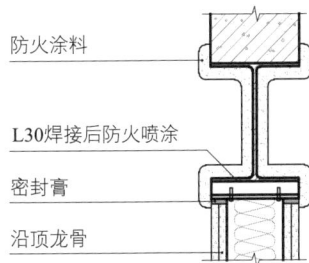

a 隔墙与钢梁连接处耐火构造

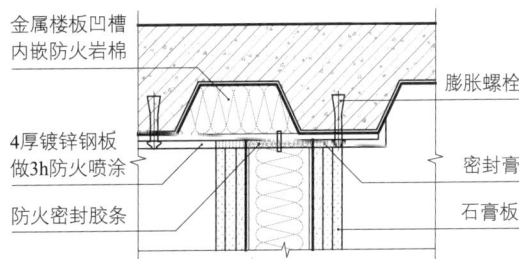

b 隔墙与楼板连接处耐火构造

地上121层，地下5层，高度632m，核心筒内部的部分楼梯间、电梯井、管道井隔墙、卫生间以及核心筒周边部分功能性房间的隔墙，采用轻钢龙骨耐水石膏板墙，并用防火涂料涂覆、岩棉及密封膏封堵缝隙。

▌上海中心大厦隔墙耐火构造

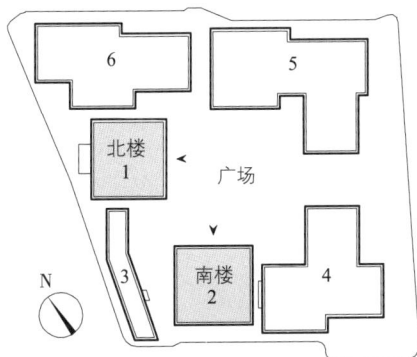

a 总平面

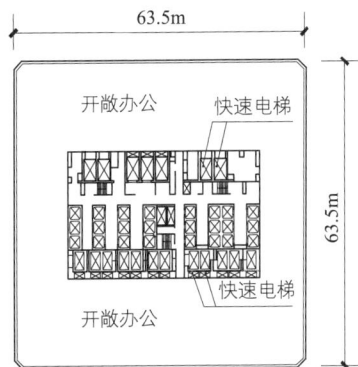

b 标准层平面

纽约世贸中心共有6栋高层建筑，其中双塔（南楼、北楼）各110层，高411m，为钢结构筒中筒结构。2001年9月11日，两架飞机先后撞上北楼及南楼，爆炸燃烧近一个小时后南楼、北楼相继垮塌。
垮塌原因主要包括：大楼钢结构为喷涂石棉保护，其厚度仅2cm多，难以保障安全。被撞时钢梁柱扭曲变形，石棉剥落，无法抵御爆炸燃烧时超过1000℃高温的侵袭。当上部体量层层砸下时，钢柱与钢梁之间的连接螺栓被剪断，导致建筑彻底垮塌。

▌纽约世贸中心钢结构耐火构造

5.5 建筑内部装修防火设计

本节内容适用于民用建筑和工业建筑,但不适用于古建筑和木结构建筑。建筑内部装修不应擅自减少、改动、拆除、遮挡消防设施或器材及其标识、疏散指示标志、疏散出口、疏散走道或疏散横通道,不应擅自改变防火分区或防火分隔、防烟分区及其分隔,不应影响消防设施或器材的使用功能和正常操作。装修材料燃烧性能等级包括:不燃性(A)、难燃性(B_1)、可燃性(B_2)、易燃性(B_3)。

常用建筑内部装修材料的燃烧性能等级划分举例　　　　表5-5

材料类别	级别	材料举例
各部位材料	A	花岗石、大理石、水磨石、水泥制品、混凝土制品、石膏板、石灰制品、黏土制品、玻璃、瓷砖、马赛克、钢铁、铝、铜合金、天然石材、金属复合板、纤维石膏板、玻镁板、硅酸钙板等
顶棚材料	B_1	纸面石膏板、纤维石膏板、水泥刨花板、矿棉板、玻璃棉装饰吸声板、珍珠岩装饰吸声板、难燃胶合板、难燃中密度纤维板、岩棉装饰板、难燃木材、铝箔复合材料、难燃酚醛胶合板、铝箔玻璃钢复合材料、复合铝箔玻璃棉板等
墙面材料	B_1	纸面石膏板、纤维石膏板、水泥刨花板、矿棉板、玻璃棉板、珍珠岩板、难燃胶合板、难燃中密度纤维板、防火塑料装饰板、难燃双面刨花板、多彩涂料、难燃墙纸、难燃墙布、难燃仿花岗石装饰板、氯氧镁水泥装配式墙板、难燃玻璃钢平板、难燃PVC塑料护墙板、阻燃模压木质复合板材、彩色阻燃人造板、难燃玻璃钢、复合铝箔玻璃棉板等
	B_2	各类天然木材、木制人造板、竹材、纸质装饰板、装修微薄木贴面板、印刷木纹人造板、塑料贴面装饰板、聚酯装饰板、复塑装饰板、塑纤板、胶合板、塑料壁纸、无纺贴墙布、墙布、复合壁纸、天然材料壁纸、人造革、实木饰面装饰板、胶合竹夹板等
地面材料	B_1	硬PVC塑料地板、水泥刨花板、水泥木丝板、氯丁橡胶地板、难燃羊毛地毯等
	B_2	半硬质PVC塑料地板、PVC卷材地板
装饰织物	B_1	经阻燃处理的各类难燃织物等
	B_2	纯毛装饰布、经阻燃处理的其他织物等
其他材料	B_1	难燃聚氯乙烯塑料、难燃酚醛塑料、聚四氟乙烯塑料、难燃脲醛塑料、硅树脂塑料装饰型材、经阻燃处理的各类织物等
	B_2	经阻燃处理的聚乙烯、聚丙烯、聚氨酯、聚苯乙烯、玻璃钢、化纤织物、木制品等

地下民用建筑内部各部位装修材料的燃烧性能等级　　　　表5-6

建筑物及场所	装修材料燃烧性能等级						
	顶棚	墙面	地面	隔断	固定家具	装饰织物	其他材料
观众厅、会议厅、多功能厅、等候厅等,商店的营业厅	A	A	A	B_1	B_1	B_1	B_2
宾馆、饭店的客房及公共活动用房等	A	B_1	B_1	B_1	B_1	B_1	B_2
医院的诊疗区、手术区	A	A	B_1	B_1	B_1	B_1	B_2
教学场所、教学实验场所	A	A	B_1	B_2	B_2	B_1	B_2
纪念馆、展览馆、博物馆、图书馆、档案馆、资料馆等的公众活动场所	A	A	B_1	B_1	B_2	B_1	B_1
存放文物、纪念展览物品、重要图书、档案、资料的场所	A	A	A	A	A	B_1	B_1
歌舞娱乐游艺场所	A	A	B_1	B_1	B_1	B_1	B_1
A、B级电子信息系统机房及装有重要机器、仪器的房间	A	A	B_1	B_1	B_1	B_1	—
餐饮场所	A	A	B_1	B_1	B_1	B_1	B_2
办公场所	A	B_1	B_1	B_1	B_1	B_2	B_2
其他公共场所	A	B_1	B_1	B_2	B_2	B_2	B_2
汽车库、修车库	A	A	B_1	A	A	—	—

民用建筑内部各部位装修材料的燃烧性能等级　　　　表5-7

建筑物及场所	建筑类别	建筑规模、性质	顶棚	墙面	地面	隔断	固定家具	窗帘	帷幕	床罩	家具包布	其他材料
候机楼的候机大厅、贵宾候机室、售票厅、商店、餐饮场所等	单层、多层	—	A	A	B₁	B₁	B₁	B₁	—	—	—	B₁
	高层	—	A	A	B₁	B₁	B₁	B₁	—	—	—	B₁
汽车站、火车站、轮船客运站的候车（船）室、商店、餐饮场所等	单层、多层	建筑面积>10000m²	A	A	B₁	B₁	B₁	B₁	—	—	—	B₂
	单层、多层	建筑面积≤10000m²	A	B₁	B₁	B₁	B₁	B₁	—	—	—	B₂
	高层	建筑面积>10000m²	A	B₁	B₁	B₁	B₁	B₁	—	—	—	B₂
	高层	建筑面积≤10000m²	A	B₁	B₁	B₁	B₁	B₁	—	—	—	B₂
观众厅、会议厅、多功能厅、等候厅等	单层、多层	每个厅建筑面积>400m²	A	A	B₁	B₁	B₁	B₁	B₁	—	—	B₁
	单层、多层	每个厅建筑面积≤400m²	A	B₁	B₁	B₁	B₁	B₁	B₁	—	—	B₂
	高层	每个厅建筑面积>400m²	A	A	B₁	B₁	B₁	B₁	B₁	—	—	B₁
	高层	每个厅建筑面积≤400m²	A	B₁	B₁	B₁	B₁	B₁	B₁	—	—	B₁
体育馆	单层、多层	>3000座位	A	A	B₁	B₁	B₁	B₁	B₁	—	—	B₁
	单层、多层	≤3000座位	A	B₁	B₁	B₁	B₁	B₁	B₁	—	—	B₂
商店的营业厅	单层、多层	每层建筑面积>1500m²或总建筑面积>3000m²	A	B₁	B₁	B₁	B₁	B₁	—	—	—	B₂
	单层、多层	每层建筑面积≤1500m²或总建筑面积≤3000m²	A	B₁	B₁	B₁	B₁	B₁	—	—	—	—
	高层	每层建筑面积>1500m²或总建筑面积>3000m²	A	B₁	B₁	B₁	B₁	B₁	—	—	B₂	B₁
	高层	每层建筑面积≤1500m²或总建筑面积≤3000m²	A	B₁	B₁	B₁	B₁	B₂	—	—	B₂	B₂
宾馆、饭店的客房及公共活动用房等	单层、多层	设置送回风道（管）的集中空气调节系统	A	B₁	B₁	B₁	B₂	B₂	—	—	—	B₂
	单层、多层	其他	B₁	B₁	B₁	B₂	B₂	B₂	—	—	—	B₂
	高层	一类高层建筑	A	B₁	B₁	B₁	B₂	B₁	—	B₁	B₂	B₁
	高层	二类高层建筑	A	B₁	B₁	B₁	B₂	B₂	—	B₂	B₂	B₂
养老院、托儿所、幼儿园的居住及活动场所	单层、多层	—	A	A	B₁	B₁	B₂	B₁	—	—	—	B₂
	高层	—	A	A	B₁	B₁	B₂	B₁	—	B₂	B₂	B₂
医院的病房区、诊疗区、手术区	单层、多层	—	A	A	B₁	B₁	B₂	B₁	—	—	—	B₂
	高层	—	A	B₁	B₁	B₁	B₂	B₁	—	B₁	—	B₂
教学场所、教学实验场所	单层、多层	—	A	B₁	B₂	B₂	B₂	B₂	—	—	—	B₂
	高层	—	A	B₁	B₂	B₂	B₂	B₁	—	—	B₁	B₂
纪念馆、展览馆、博物馆、图书馆、档案馆、资料馆等的公众活动场所	单层、多层	—	A	B₁	B₁	B₁	B₂	B₁	—	—	—	B₁
	高层	一类高层建筑	A	B₁	B₁	B₁	B₂	B₁	—	—	B₁	B₁
	高层	二类高层建筑	A	B₁	B₁	B₁	B₂	B₁	—	—	B₂	B₂
存放文物、纪念展览物品、重要图书、档案、资料的场所	单层、多层	—	A	A	B₁	B₁	B₁	B₁	—	—	—	B₂
	高层	—	A	A	B₁	B₁	B₁	B₁	—	—	B₁	B₂
歌舞娱乐游艺场所	单层、多层	—	A	B₁	B₁	B₁	B₁	B₁	—	—	—	B₁
	高层	—	A	B₁	B₁	B₁	B₁	B₁	B₁	B₁	—	B₁
A、B级电子信息系统机房及装有重要机器、仪器的房间	单层、多层	—	A	B₁	B₁	B₁	B₂	B₁	—	—	—	B₂
	高层	—	A	B₁	B₁	B₁	B₂	B₁	—	—	B₁	B₁
餐饮场所	单层、多层	营业面积>100m²	A	B₁	B₁	B₁	B₂	B₁	—	—	—	B₂
	单层、多层	营业面积≤100m²	B₁	B₁	B₁	B₂	B₂	B₂	—	—	—	B₂
	高层	—	A	B₁	B₁	B₁	B₂	B₁	—	—	B₁	B₂
办公场所	单层、多层	设置送回风道（管）的集中空气调节系统	A	B₁	B₁	B₁	B₂	B₂	—	—	—	B₂
	单层、多层	其他	B₁	B₁	B₂	B₂	B₂	B₂	—	—	—	B₂
	高层	一类高层建筑	A	B₁	B₁	B₁	B₂	B₁	—	—	B₁	B₁
	高层	二类高层建筑	A	B₁	B₁	B₂	B₂	B₁	—	—	B₂	B₂
电信楼、财贸金融楼、邮政楼、广播电视楼、电力调度楼、防灾指挥调度楼	高层	一类高层建筑	A	A	B₁	B₁	B₁	B₁	—	—	B₂	B₁
	高层	二类高层建筑	A	B₁	B₁	B₂	B₂	B₁	—	—	B₂	B₂
其他公共场所	单层、多层	—	B₁	B₁	B₂	B₂	—	—	—	—	—	B₂
	高层	—	A	B₁	B₂	B₂	B₂	B₂	B₂	B₂	B₂	B₂
住宅	单层、多层	—	B₁	B₁	B₁	B₂	B₂	—	—	—	—	B₂
	高层	—	A	B₁	B₁	B₂	B₂	B₁	—	B₁	B₂	B₁

5.6 保温系统的防火设计

建筑的外保温系统不应采用燃烧性能低于B_2级的保温材料或制品。当采用B_1或B_2级燃烧性能的保温材料或制品时，应采取防止火灾通过保温系统在建筑的立面或屋面蔓延的措施或构造。

建筑的外围护结构采用保温材料与两侧不燃性结构构成无空腔复合保温结构体时，该复合保温结构体的耐火极限应大于等于外围护结构的耐火性能要求。当保温材料的燃烧性能为B_1、B_2级时，保温材料两侧的墙体应采用不燃材料且厚度均应≥50mm。

保温系统应采用不燃材料做防护层。采用燃烧性能为B_1级的内保温材料时，防护层的厚度应≥10mm。

当建筑的外墙外保温系统采用燃烧性能为B_1、B_2级的保温材料时，除采用B_1级保温材料的单、多层民用建筑外，建筑外墙上门、窗的耐火完整性应≥0.50h。

保温系统每层应设置水平防火隔离带。防火隔离带应采用燃烧性能为A级的材料，高度应≥300mm。当建筑的屋面和外墙外保温系统均采用B_1、B_2级保温材料时，屋面与外墙之间应采用宽度≥500mm的不燃材料的防火隔离带进行分隔。

建筑外墙外保温系统与基层墙体、装饰层之间的空腔，应在每层楼板处采用防火材料封堵。

特殊空间及场所室内装修材料的燃烧等级要求　　　表5-8

特殊空间及场所	室内部位（装修材料）①	燃烧等级
1）避难走道、避难层（间）； 2）疏散楼梯间及其前室； 3）消防电梯前室或合用前室； 4）消防控制室、锅炉房、通风和空气调节机房； 5）消防水泵房、机械加压送风机房、排烟机房、固定灭火系统钢瓶间等消防设备间、配电室、油浸变压器室、发电机房、储油间	顶棚、墙面、地面	A
歌舞娱乐放映游艺场所	顶棚	A
	墙面［设置在（半）地下室］	A
	其他部位	B_1
设置在（半）地下②： 1）汽车客运站、港口客运站、铁路客运站的进出站通道、进出站厅、候乘厅； 2）地铁车站、民用机场航站楼、城市民航值机厅的公共区； 3）交通换乘厅、换乘通道	顶棚、墙面、地面	A

注：① 疏散出口的门、疏散走道及其尽端、疏散楼梯间及其前室、消防救援口门窗/消防专用通道、消防电梯前室或合用前室等处，不应使用镜面反光材料。
② 室内装修材料不应使用易燃材料、石棉制品、玻璃纤维、塑料类制品。

外墙外保温系统保温材料的燃烧性能　　　表5-9

场所或部位		建筑高度（m）	燃烧性能
与基层墙体、装饰层之间无空腔的建筑外墙外保温系统	住宅建筑	$H>100$	A
		$100>H≥27$	≥B_1
		$H≤27$	≥B_2
	除住宅和设置人员密集场所外的其他建筑	$H>50$	A
		$24<H≤50$	≥B_1
		$H≤24$	≥B_2
与基层墙体、装饰层之间有空腔的建筑外墙外保温系统		$H>24$	A
		$H≤24$	≥B_1

注：建筑外墙的装饰层应采用燃烧性能为A级的材料，当$H≤50m$时，可采用B_1级。

内保温系统保温材料的燃烧性能　　　　　表5-10

场所或部位	燃烧性能
人员密集场所，使用明火、燃油、燃气等有火灾危险性的场所，疏散楼梯间及其前室、消防电梯前室或合用前室、避难走道、避难层（间）等	A
其他场所	≥B₁

老年人照料设施、飞机库保温材料燃烧性能要求　表5-11

类型	保温材料			
	内外保温系统	屋面保温系统	内部隔墙	大门及采光材料
1）独立建造的老年人照料设施；2）与其他功能的建筑组合建造且老年人照料设施部分的总建筑面积>500m²的老年人照料设施	A	A	—	—
飞机库	A	A	A	B₁

屋面外保温系统保温材料的燃烧性能及防护层要求　表5-12

屋面板耐火极限	保温材料燃烧性能	防护层厚度（mm，B₁/B₂级保温材料）
≥1.00h	≥B₂	≥10
<1.00h	≥B₁	≥10

不同燃烧性能等级外墙保温材料的适用范围　表5-13

场所	建筑高度（H）	A级保温材料	B₁级保温材料
人员密集场所、设置人员密集场所的建筑	—	应采用	不允许
非人员密集场所	H>24m	应采用	不允许
	H≤24m	宜采用	可采用，每层设置防火隔离带

保温系统的防护层厚度　　　　　表5-14

保温类型和部位			保温材料燃烧性能	防护层厚度（mm）
外墙	内保温		B₁	≥10
	外保温	首层防护层	B₁、B₂	≥15
		其他层防护层	B₁、B₂	≥5
屋面外保温			B₁、B₂	≥10

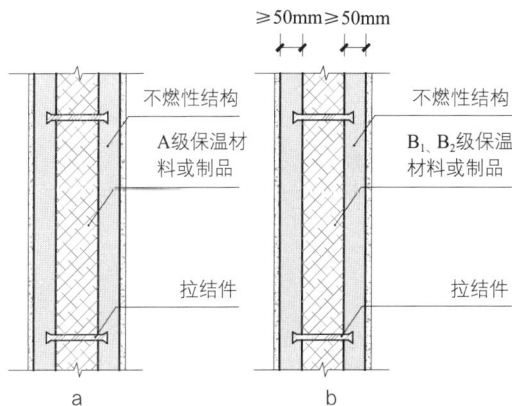

保温结构一体化墙体构造示意

规范编制组.《建筑防火通用规范》实施指南［M］.北京：中国计划出版社，2023.

与基层墙体、装饰层之间无空腔的建筑外墙外保温系统的技术要求　　　　　表5-15

建筑及场所	建筑高度（H）	A级保温材料或制品	B₁级保温材料或制品	B₂级保温材料或制品
人员密集场所	—	应采用	不允许	不允许
住宅建筑	H>100m	应采用	不允许	不允许
	100m≥H>27m	宜采用	可采用：1）每层设置隔离防火带；2）建筑外墙上门、窗的耐火完整性应≥0.5h	不允许
	H≤27m	宜采用	可采用，每层设置防火隔离带	可采用：1）每层设置隔离防火带；2）建筑外墙上门、窗的耐火完整性应≥0.5h
除住宅建筑和设置人员密集场所外的其他建筑	H>50m	应采用	不允许	不允许
	50m≥H>24m	宜采用	可采用：1）每层设置隔离防火带；2）建筑外墙上门、窗的耐火完整性应≥0.5h	不允许
	H≤24m	宜采用	可采用，每层设置防火隔离带	可采用：1）每层设置隔离防火带；2）建筑外墙上门、窗的耐火完整性应≥0.5h

■ 外墙外保温防火隔离带耐火构造

《建筑设计防火规范》图示
18J811-1

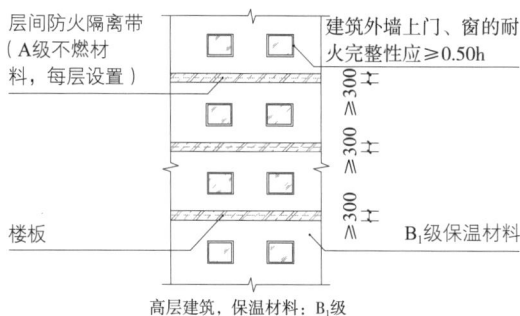

层间防火隔离带
（A级不燃材料，每层设置）

建筑外墙上门、窗的耐火完整性应≥0.50h

≥300
≥300
≥300

楼板

B₁级保温材料

高层建筑，保温材料：B₁级

a 立面示意

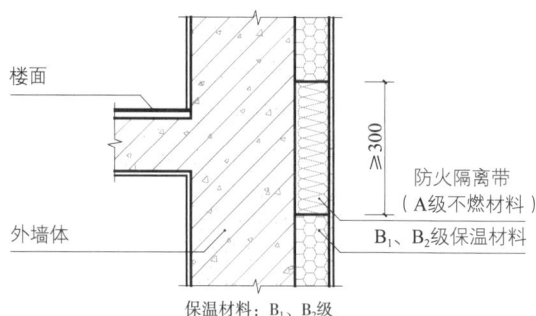

楼面

外墙体

≥300

防火隔离带
（A级不燃材料）

B₁、B₂级保温材料

保温材料：B₁、B₂级

b 剖面构造

■ 外墙外保温空腔的防火封堵构造

《建筑设计防火规范》图示
18J811-1

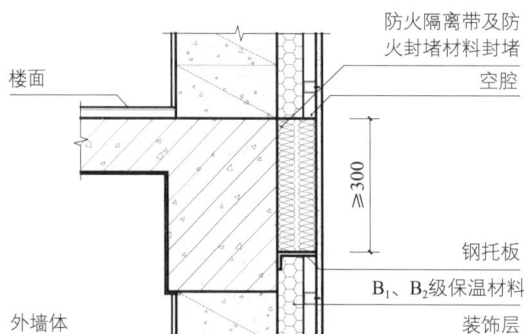

楼面

外墙体

防火隔离带及防火封堵材料封堵

空腔

≥300

钢托板

B₁、B₂级保温材料

装饰层

a 剖面构造1

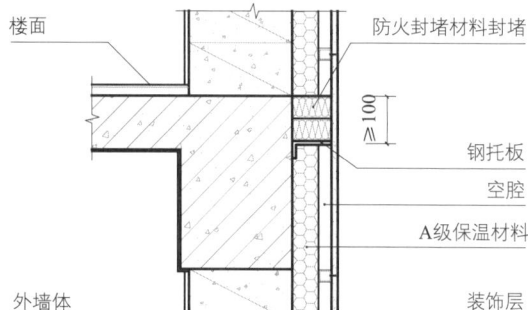

楼面

外墙体

防火封堵材料封堵

≥100

钢托板

空腔

A级保温材料

装饰层

b 剖面构造2

共30层，高159m，主体为钢筋混凝土结构。南北侧外立面为玻璃幕墙，东西侧为钛锌板幕墙（熔点418℃）。幕墙外层保温材料为挤塑板，防水材料为三元乙丙防水膜，幕墙内层保温材料为防火棉。

2009年2月9日因燃放烟花引发火灾，火势沿保温材料朝多个方向迅速蔓延，瞬间从大楼顶部蔓延到整个大楼，过火面积超过10万m²。

失火时序：①烟花点燃屋顶防水卷材和保温材料，形成闷烧；②熔化的高温金属锌液往下流淌，火势迅速向下蔓延；③内部装修材料二次燃烧；④中庭提供持续燃烧的空间；⑤外墙玻璃破裂。

■ 中央电视台电视文化中心
（TVCC北配楼）

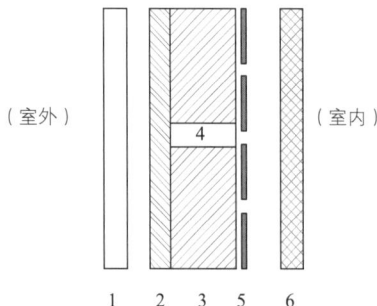

（室外）

4

（室内）

1 2 3 5 6

1. 钛锌板　3. 保温层　5. 加强层
2. 防水层　4. 固定件　6. 钢结构

a 钛锌板幕墙的构造层次

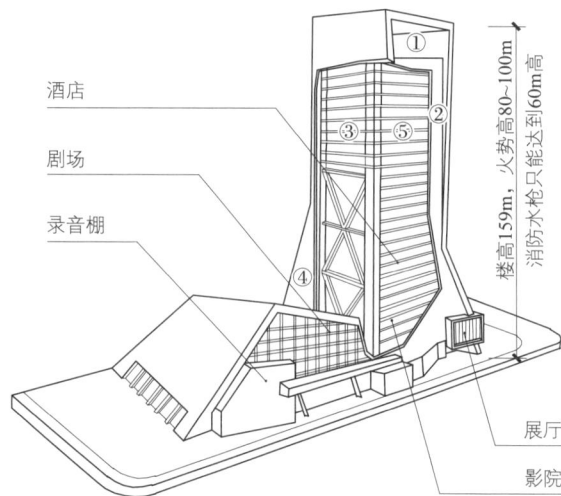

酒店

剧场

录音棚

①

③
⑤

②

④

楼高159m，火势高80~100m
消防水枪只能达到60m高

展厅

影院

b 失火时序

6

木结构建筑
防火设计

6 木结构建筑防火设计

6.1 木结构建筑的防火间距

木结构民用建筑之间以及与其他民用建筑的防火间距（m）　　　　表6-1

建筑耐火等级或类别	一、二级	三级	四级	木结构建筑	备注
木结构建筑	8	9	11	10	
	6	6.75	8.25	7.5	两座木结构建筑之间或与其他民用建筑之间，外墙上的门、窗、洞口不正对，且开口面积之和≤外墙面积的10%时
	4	4	4	4	两座木结构建筑之间或与其他民用建筑之间，外墙均无任何门、窗、洞口时，最小防火间距可为4m
	不限				当相邻建筑外墙有一面为防火墙，或建筑物之间设置防火墙截断不燃性屋面，或高出难燃性、可燃性屋面≥0.5m时

注：木结构民用建筑与其他建筑的防火间距，应符合有关四级耐火等级建筑的规定。

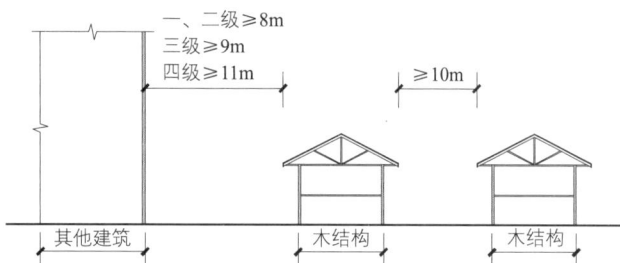

a 木结构建筑之间的间距

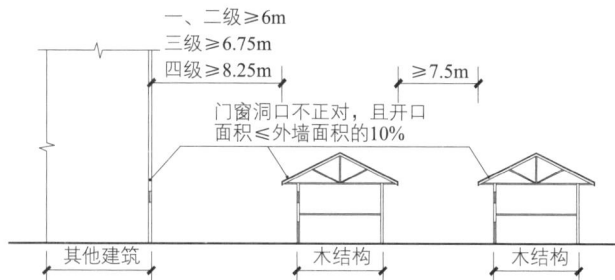

b 相邻外墙门窗洞口较小的木结构建筑之间的间距

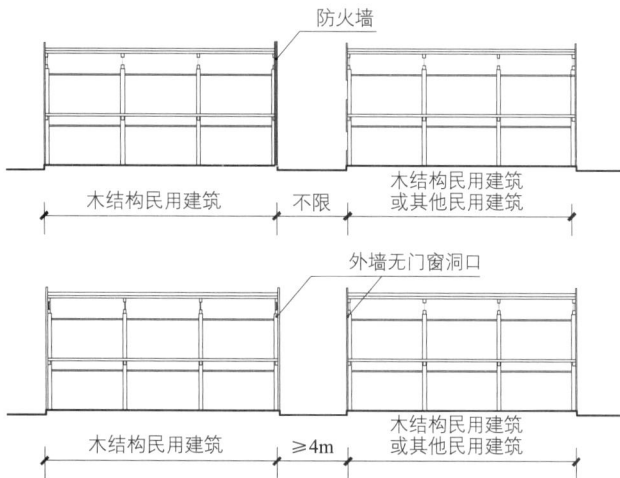

c 相邻外墙无门窗洞口的木结构建筑的防火间距

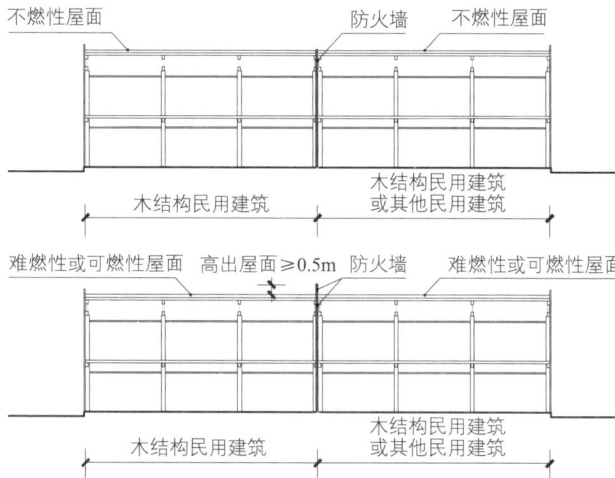

d 以防火墙拼接的木结构建筑的防火间距

木结构民用建筑之间及其与其他民用建筑的防火间距

6.2 木结构建筑的允许层数及高度

民用木结构建筑或木结构组合建筑的允许层数和允许建筑高度　　　　　　　　　表6-2

木结构建筑的形式	普通木结构建筑	轻型木结构建筑	胶合木结构建筑		木结构组合建筑
允许层数（层）	2	3	1	3	7
允许建筑高度（m）	10	10	不限	15	24

木骨架组合墙体的燃烧性能和耐火极限（h）　　　　　　　　　表6-3

构件	建筑物的耐火等级或类型				
	一级	二级	三级	木结构建筑	四级
非承重外墙	不允许	B_1/1.25	B_1/0.75	B_1/0.75	—
房间隔断	B_1/1.00	B_1/0.75	B_1/0.50	B_1/0.50	B_1/0.25

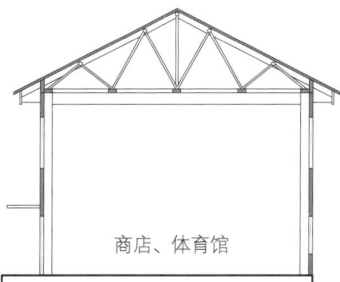

商店、体育馆

■ 木结构的商店、体育馆建筑应设置在单层

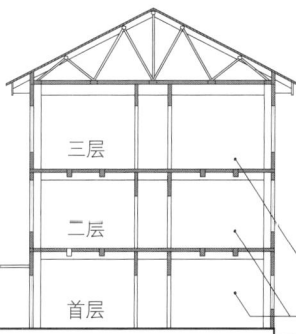

三层

二层

首层

1）Ⅰ级木结构建筑中的下列场所应布置在1～3层：
①商店营业厅、公共展览厅等；②儿童活动场所、老年人照料设施；③医疗建筑中的住院病房；④歌舞娱乐放映游艺场所。
2）Ⅱ级木结构建筑中的下列场所应布置在1～2层：
①商店营业厅、公共展览厅等；②儿童活动场所、老年人照料设施；③医疗建筑中的住院病房。
3）Ⅲ级木结构建筑中的下列场所应布置在首层：
①商店营业厅、公共展览厅等；②儿童活动场所。

■ 木结构建筑特殊功能空间设置楼层的要求

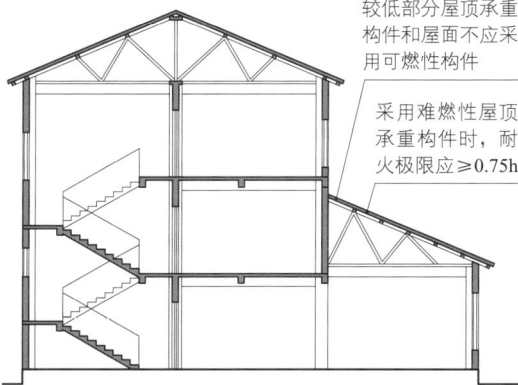

较低部分屋顶承重构件和屋面不应采用可燃性构件

采用难燃性屋顶承重构件时，耐火极限应≥0.75h

■ 不同高度木结构建筑的屋顶燃烧性能和耐火极限要求
《建筑设计防火规范》图示18J811-1

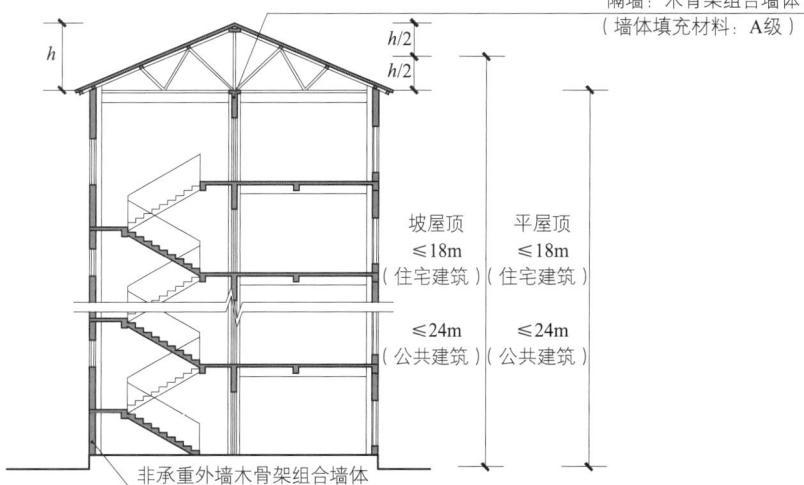

隔墙：木骨架组合墙体（墙体填充材料：A级）

坡屋顶
≤18m
（住宅建筑）

平屋顶
≤18m
（住宅建筑）

≤24m
（公共建筑）

≤24m
（公共建筑）

非承重外墙木骨架组合墙体

■ 木骨架组合墙体的木结构建筑允许高度限值

6.3 木结构建筑的允许长度及面积

　　控制木结构建筑应用范围、高度、层数、防火分区的大小和防火间距，是控制其火灾危害的重要手段。防火墙间的每层最大允许建筑面积，是指位于两道防火墙之间的一个楼层的建筑面积。

木结构建筑中防火墙间的允许建筑长度和每层最大允许建筑面积　表6-4

层数（层）	防火墙间的允许建筑长度（m）	防火墙间的每层最大允许建筑面积（m²）
1	100	1800
2	80	900
3	60	600

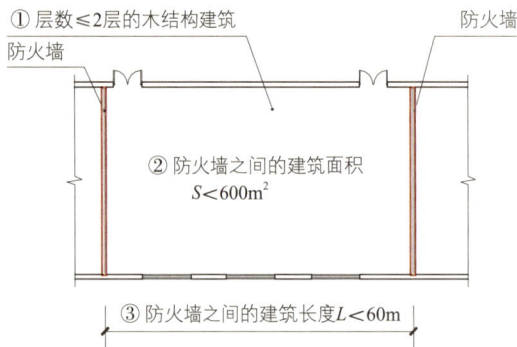

① 层数≤2层的木结构建筑
防火墙　　防火墙
② 防火墙之间的建筑面积 $S<600m^2$
③ 防火墙之间的建筑长度 $L<60m$

■ 可按四级耐火等级确定的木结构建筑（平面示意，需同时满足三个条件）《建筑设计防火规范》图示 18J811-1

注：① 当设置自动喷水灭火系统时，防火墙间的允许建筑长度和每层最大允许建筑面积可按本图的规定增加1.0倍（即括号内的数值）。
② 体育场馆等高大空间建筑，其建筑高度和建筑面积可适当增加。

■ 木结构建筑中防火墙间的允许建筑长度和每层最大允许建筑面积（平面示意）《建筑设计防火规范》图示 18J811-1

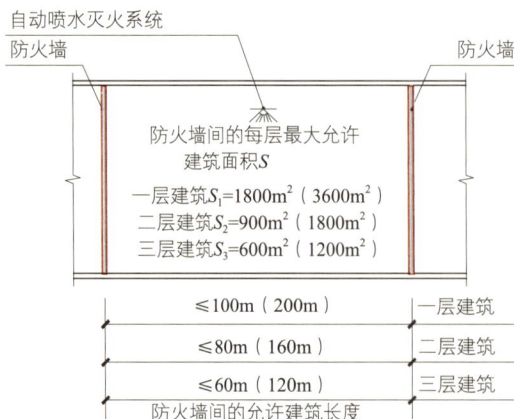

自动喷水灭火系统
防火墙　　防火墙
防火墙间的每层最大允许建筑面积S
一层建筑$S_1=1800m^2$（3600m²）
二层建筑$S_2=900m^2$（1800m²）
三层建筑$S_3=600m^2$（1200m²）
≤100m（200m）一层建筑
≤80m（160m）二层建筑
≤60m（120m）三层建筑
防火墙间的允许建筑长度

6.4 木结构建筑的安全疏散

　　木结构建筑的安全疏散较之其他民用建筑，规范要求更为严格。当木结构建筑的每层建筑面积<200m²且第二层和第三层的人数之和≤25人时，可设置1部疏散楼梯。

木结构建筑房间直通疏散走道的疏散门至最近安全出口的直线距离（m）　表6-5

名称	双向疏散（a）	袋形走道（b）
托儿所、幼儿园、老年人建筑	15	10
歌舞娱乐放映游艺场所	15	6
医院和疗养院建筑、教学建筑	25	12
其他民用建筑	30	15

注：① 房间内任一点至疏散门的直线距离，应小于等于表中b值。
② 疏散走道、安全出口、疏散楼梯和房间疏散门每百人的最小疏散净宽度的要求：地上一～二层为0.75m/百人，地上三层为1.00m/百人。

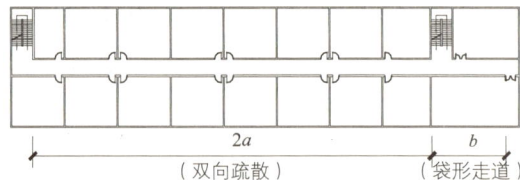

$2a$（双向疏散）　b（袋形走道）

注：图中a、b值与表6-5对应。

■ 木结构建筑的疏散距离

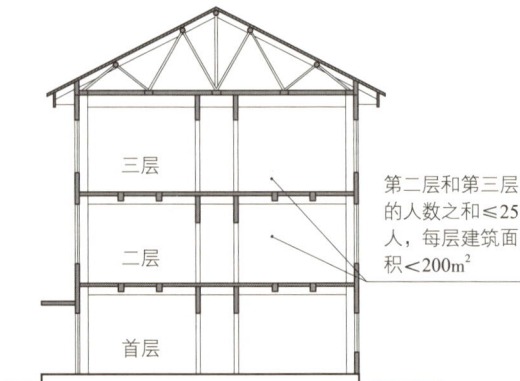

三层
二层
首层
第二层和第三层的人数之和≤25人，每层建筑面积<200m²

■ 木结构建筑设置1个安全出口的条件

6.5 木结构建筑的耐火构造设计

木结构应进行构件的耐火极限设计和结构的防火构造设计。木结构的防火应符合下列规定：

1）木结构构件应满足燃烧性能和耐火极限的要求；

2）木结构连接件的耐火极限不应小于所连接构件的耐火极限；

3）木结构应满足防火分隔要求；

4）管道穿越木构件时，应采取防火封堵措施，防火封堵材料的耐火性能不低于相关构件的耐火性能；

5）木结构建筑中配电线路应采取防火措施。

木结构施工现场堆放的木材、木构件、木制品及其他易燃材料应远离火源，存放地点应在火源的上风向。严禁明火操作。木结构工程施工现场应采取防火措施或配置消防器材。

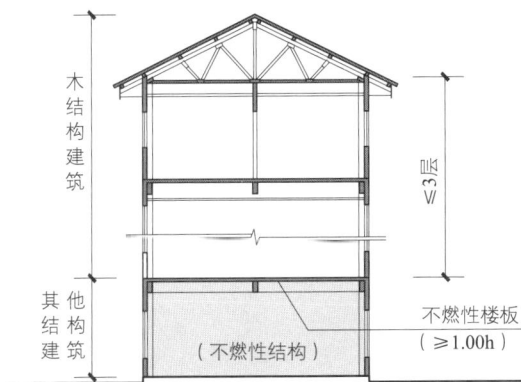

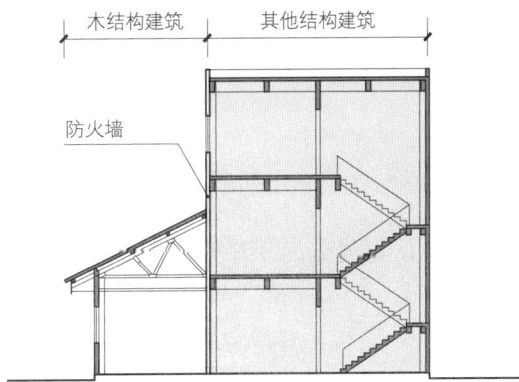

a 按各自规范规定

a：木结构建筑部分和其他结构建筑部分的防火设计，可分别按各自建筑规范规定。

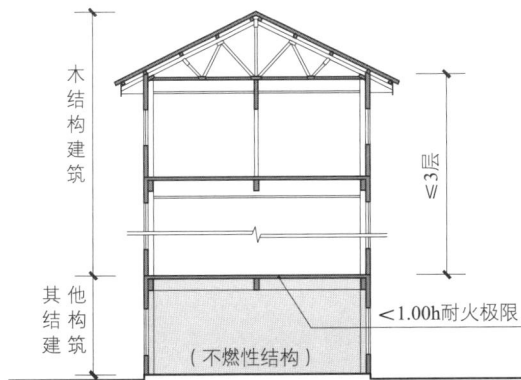

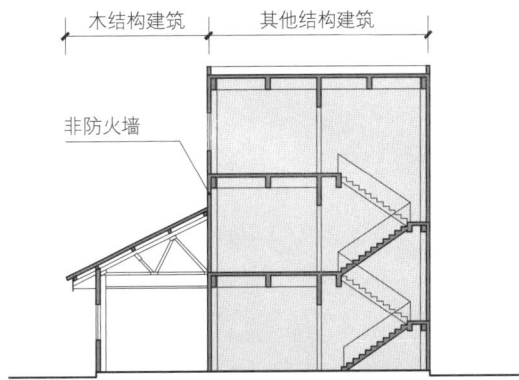

b 按木结构规范规定

b：整体建筑的防火设计，按木结构建筑规范规定。

■ **木结构建筑与其他结构建筑组合建造的防火设计要求**

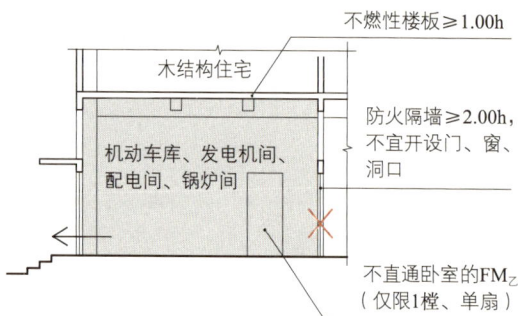

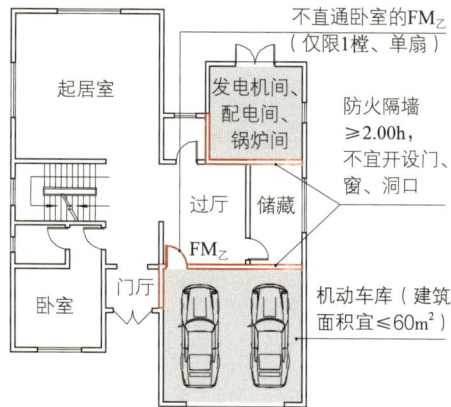

不燃性楼板≥1.00h

木结构住宅

防火隔墙≥2.00h，
不宜开设门、窗、
洞口

机动车库、发电机间、
配电间、锅炉间

不直通卧室的FM$_Z$
（仅限1樘、单扇）

不直通卧室的FM$_Z$
（仅限1樘、单扇）

起居室

发电机间、
配电间、
锅炉间

防火隔墙
≥2.00h，
不宜开设门、
窗、洞口

过厅　储藏

FM$_Z$

卧室

门厅

机动车库（建筑
面积宜≤60m²）

a 剖面示意

b 平面示意

■ 木结构住宅建筑中的设备用房要求

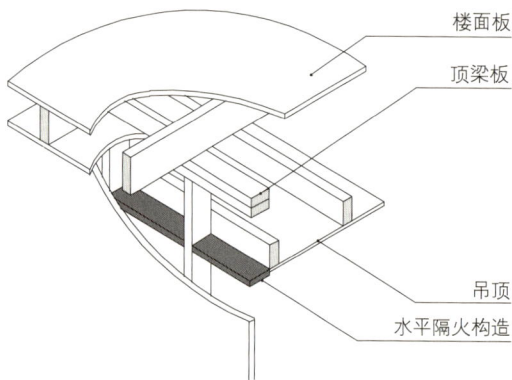

楼面板

顶梁板

吊顶

水平隔火构造

a 局部下沉式吊顶竖向挡火构造

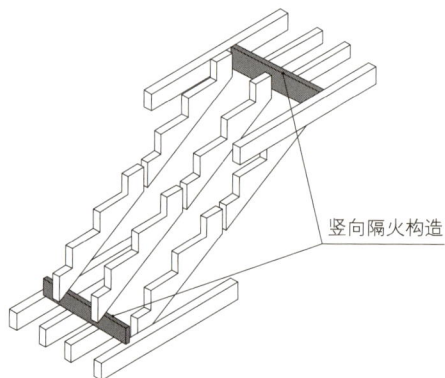

竖向隔火构造

b 楼梯与楼盖之间竖向隔火构造

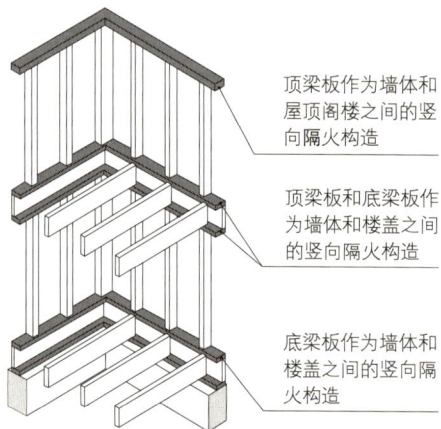

顶梁板作为墙体和
屋顶阁楼之间的竖
向隔火构造

顶梁板和底梁板作
为墙体和楼盖之间
的竖向隔火构造

底梁板作为墙体和
楼盖之间的竖向隔火
构造

c 墙体竖向隔火构造1

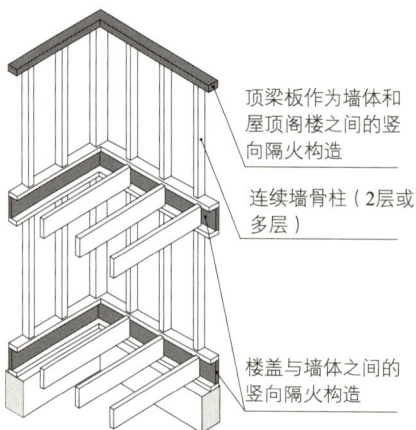

顶梁板作为墙体和
屋顶阁楼之间的竖
向隔火构造

连续墙骨柱（2层或
多层）

楼盖与墙体之间的
竖向隔火构造

d 墙体竖向隔火构造2

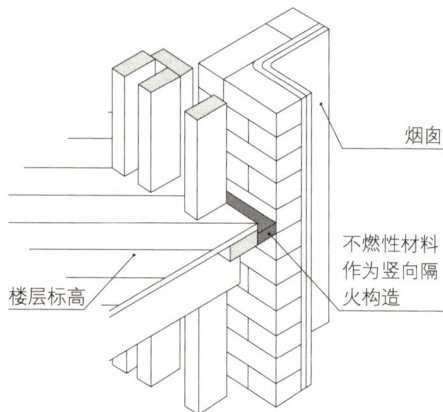

烟囱

不燃性材料
作为竖向隔
火构造

楼层标高

e 楼盖与烟囱之间的防火构造

■ 木结构建筑竖向隔火构造措施

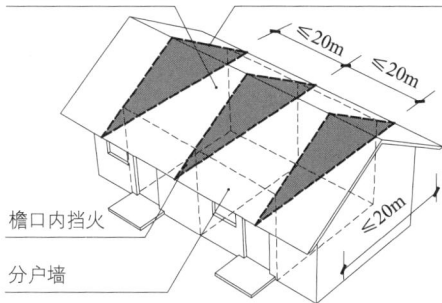

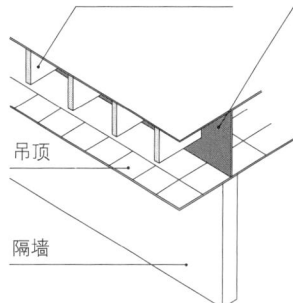

每隔间面积≤300m² 阁楼内水平隔火构造应与分户墙对齐

≤20m

≤20m

≤20m

檐口内挡火

分户墙

a 屋盖内

楼盖或顶棚搁栅 水平隔火构造与隔墙对齐

吊顶

隔墙

b 楼盖内

▌ 木结构建筑屋盖及楼盖内隔火构造措施

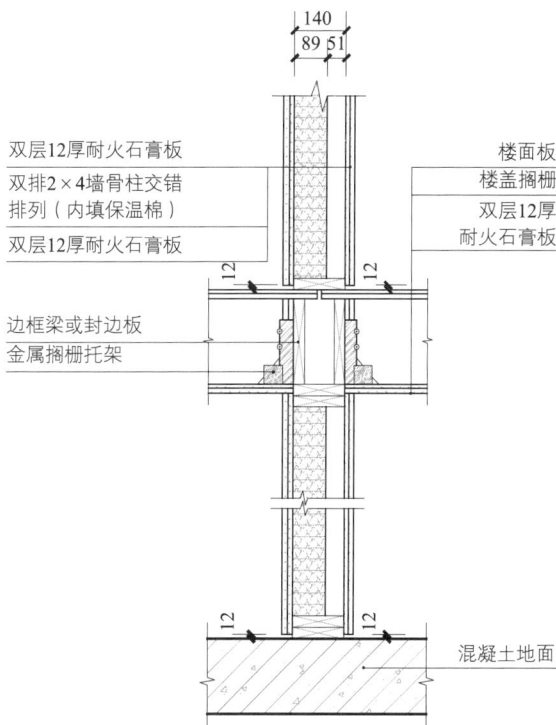

双层12厚耐火石膏板

双排2×4墙骨柱交错排列（内填保温棉）

双层12厚耐火石膏板

边框梁或封边板

金属搁栅托架

楼面板
楼盖搁栅
双层12厚耐火石膏板

混凝土地面

▌ 双排2×4交错排列分户墙与等高楼盖的耐火构造

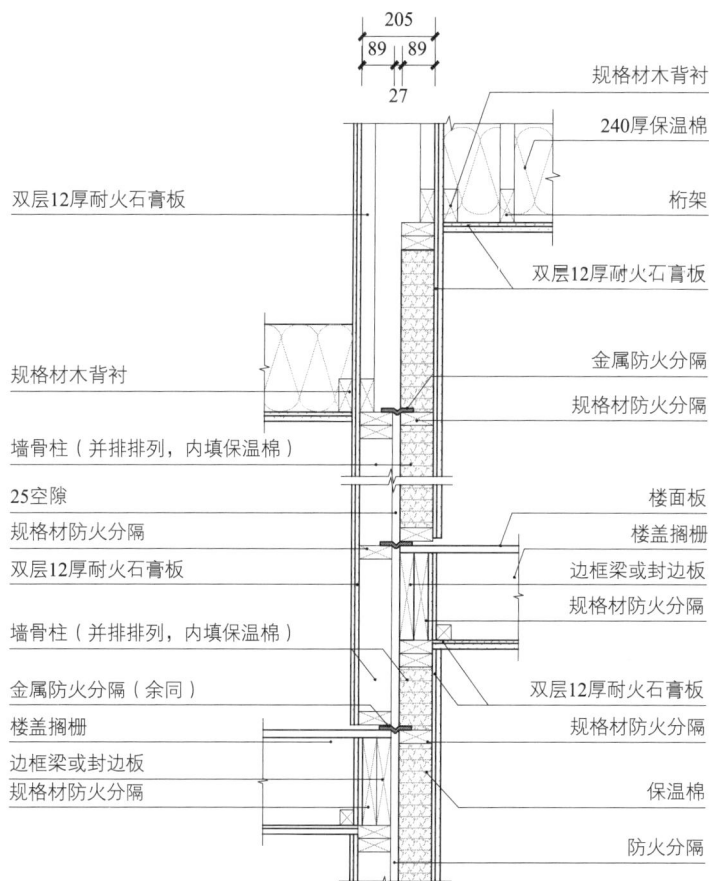

双层12厚耐火石膏板

规格材木背衬

墙骨柱（并排排列，内填保温棉）

25空隙

规格材防火分隔

双层12厚耐火石膏板

墙骨柱（并排排列，内填保温棉）

金属防火分隔（余同）

楼盖搁栅

边框梁或封边板

规格材防火分隔

规格材木背衬
240厚保温棉
桁架
双层12厚耐火石膏板
金属防火分隔
规格材防火分隔
楼面板
楼盖搁栅
边框梁或封边板
规格材防火分隔
双层12厚耐火石膏板
规格材防火分隔
保温棉
防火分隔

▌ 分户墙与不等高楼盖的耐火构造

外装饰面层

木龙骨

木基结构板或石膏板

非承重外墙
（木骨架组合墙体）

房间隔墙
（木骨架组合墙体）

A级不燃性填充材料

防水层

保温层

屋面板

屋架或椽子

注：轻型木结构建筑的屋顶，除防水层、保温层及屋面板外，其
他部分均应视为屋面承重构件，耐火极限应≥0.50h，且不应
采用可燃性构件。

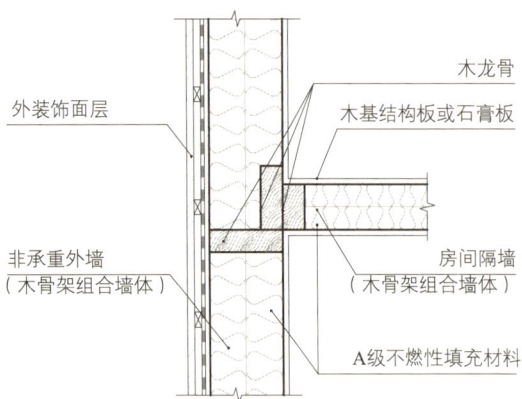

■ **木骨架组合墙体构造示意**
《建筑设计防火规范》图示18J811-1

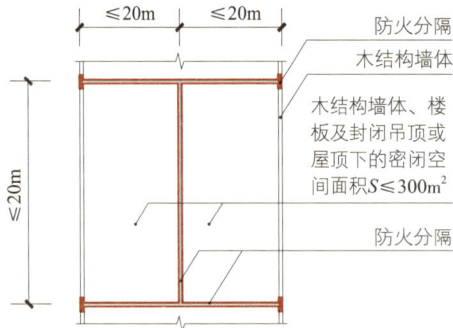

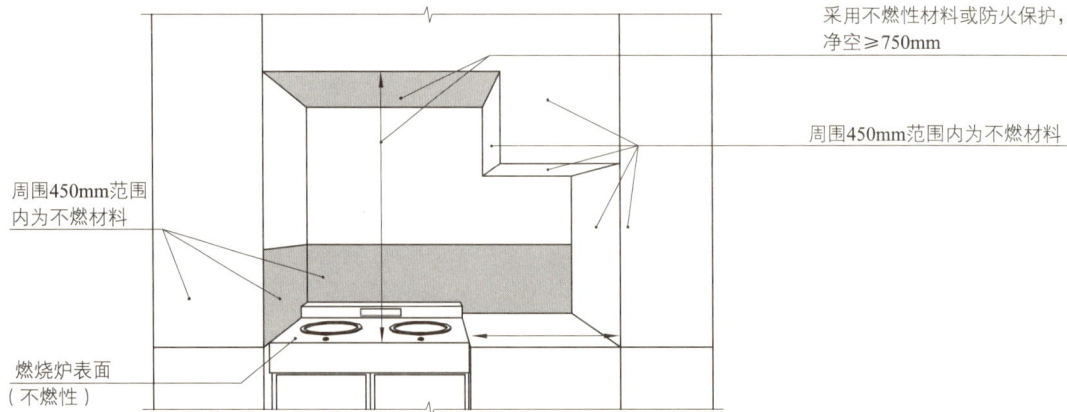

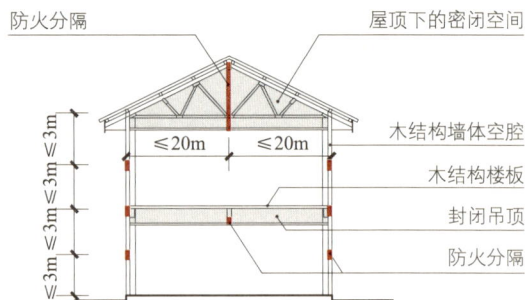

■ **坡屋顶耐火构造示意**
《建筑设计防火规范》图示18J811-1

≤20m ≤20m

防火分隔

木结构墙体

木结构墙体、楼
板及封闭吊顶或
屋顶下的密闭空
间面积$S≤300m^2$

防火分隔

≤20m

a 平面示意

防火分隔

≤20m ≤20m

≤3m ≤3m ≤3m ≤3m ≤3m ≤3m

屋顶下的密闭空间

木结构墙体空腔

木结构楼板

封闭吊顶

防火分隔

b 剖面示意

■ **木结构建筑密闭空间（空腔）的防火分隔**
《建筑设计防火规范》图示18J811-1

采用不燃性材料或防火保护，
净空≥750mm

周围450mm范围内为不燃材料

周围450mm范
围内为不燃材料

燃烧炉表面
（不燃性）

■ **木结构建筑烹饪炉周围净空要求示意**

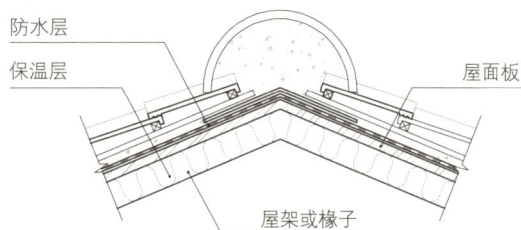

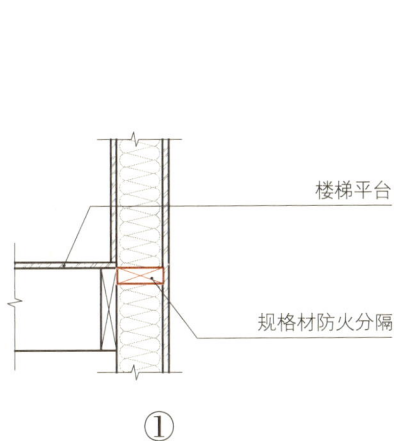

① 楼梯平台

规格材防火分隔

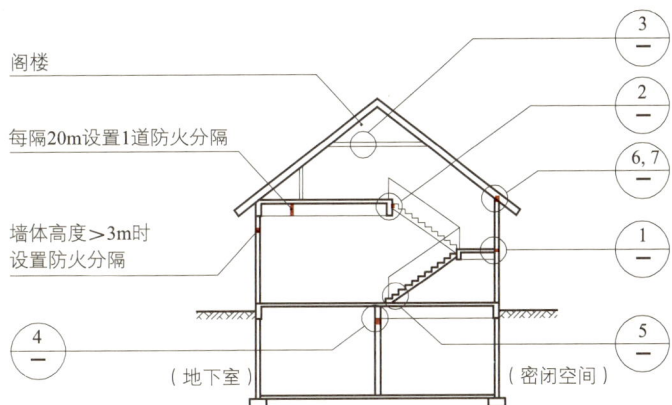

阁楼

每隔20m设置1道防火分隔

墙体高度>3m时
设置防火分隔

（地下室）

（密闭空间）

轻型木结构建筑的防火分隔措施（剖面示意）

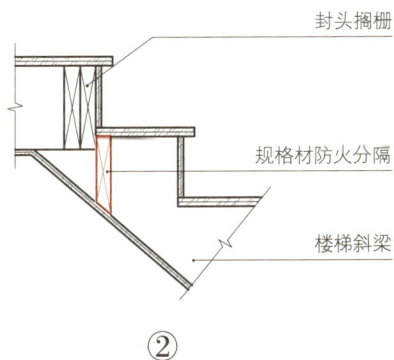

② 封头搁栅

规格材防火分隔

楼梯斜梁

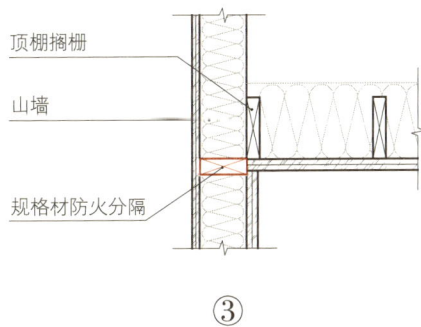

③ 顶棚搁栅

山墙

规格材防火分隔

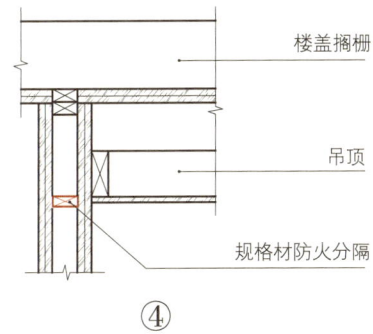

④ 楼盖搁栅

吊顶

规格材防火分隔

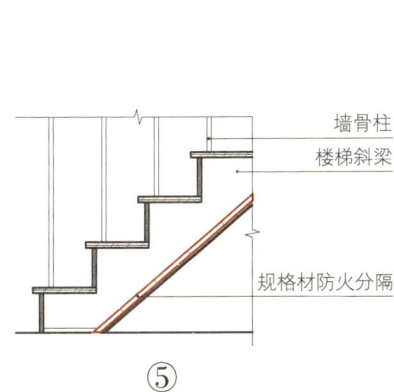

⑤ 墙骨柱

楼梯斜梁

规格材防火分隔

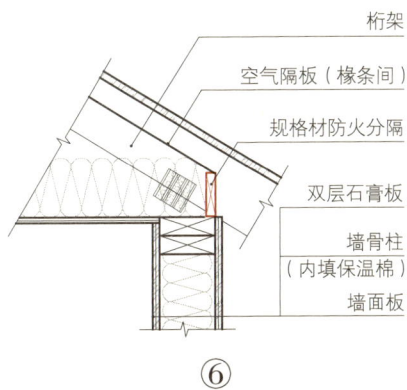

⑥ 桁架

空气隔板（椽条间）

规格材防火分隔

双层石膏板

墙骨柱
（内填保温棉）

墙面板

⑦ 椽条（内填保温棉）

空气隔板（椽条间）

规格材防火分隔

双层石膏板

墙骨柱
（内填保温棉）

墙面板

■ **轻型木结构建筑的防火分隔措施**

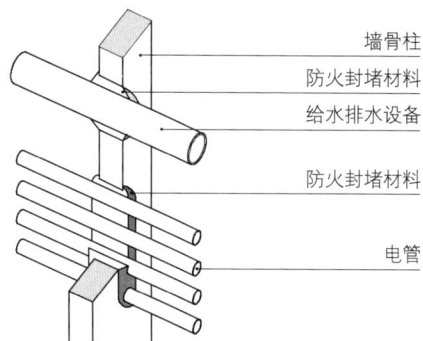

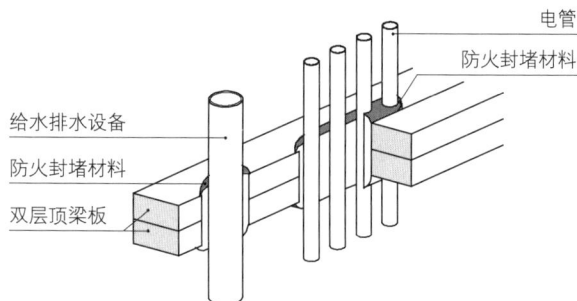

■ 穿管防火封堵

a 横向管道

b 竖向管道

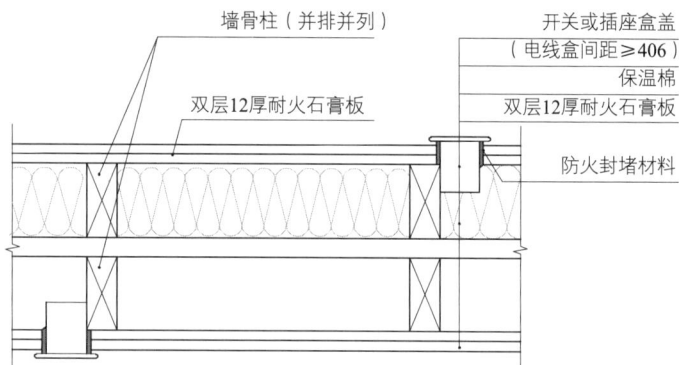

■ 开关或电源插座防火封堵

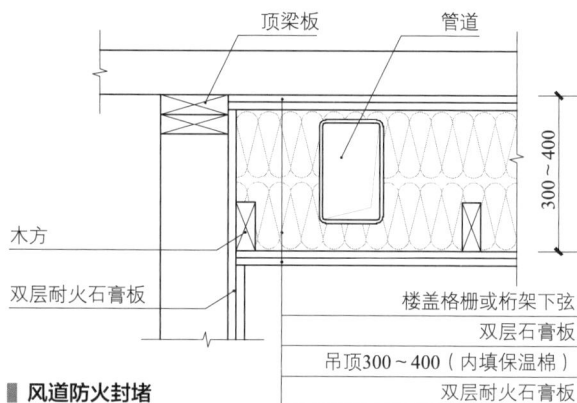

■ 风道防火封堵

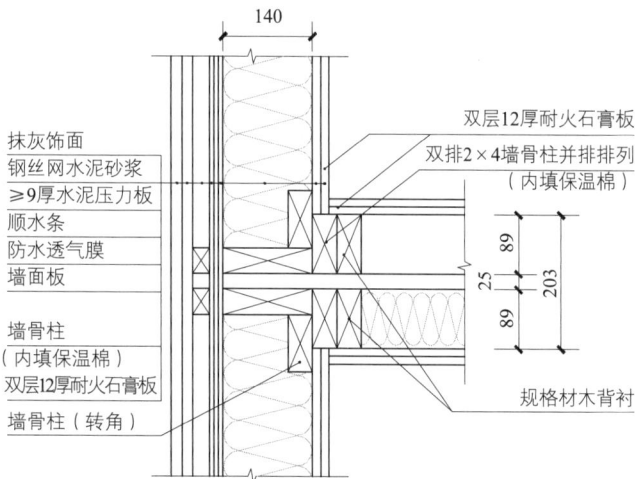

a 双排2×4并排排列分户墙与外墙连接

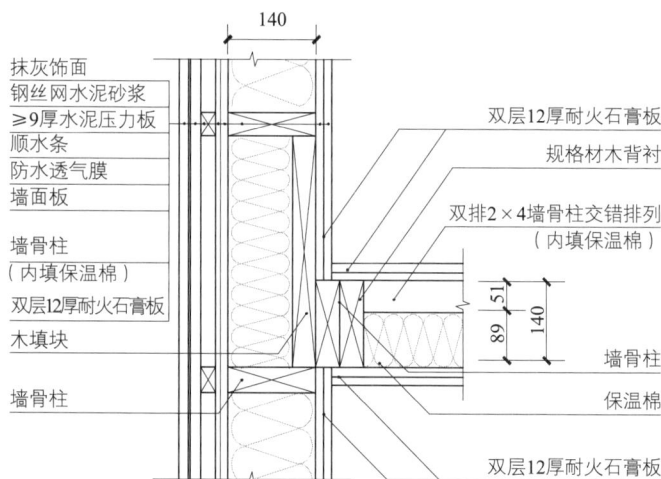

b 双排2×4交错排列分户墙与外墙连接

■ 分户墙与外墙连接处的防火分隔

7

消防设施
和电气

7 消防设施和电气

7.1 防烟、排烟设施设计

设置防烟、排烟设施的主要目的是防止烟气侵入安全区域以及排出火灾时产生的烟气和热量。防烟、排烟设施对控制烟气蔓延、保证人员安全疏散和保障灭火救援具有重要作用。

7.1.1 防烟系统设计的一般规定

1）建筑高度>50m的公共建筑和>100m的住宅建筑，其防烟楼梯间、各类前室应采用机械加压送风系统。

2）建筑高度≤50m的公共建筑和≤100m的住宅建筑，其防烟楼梯间、各类前室（三合一前室除外）应采用自然通风系统；不能设置时应采用机械加压送风系统。

3）建筑地下部分的防烟楼梯间前室及消防电梯前室，当不满足自然通风条件时，应采用机械加压送风系统。

4）封闭楼梯间应采用自然通风系统，不能满足时应设置机械加压送风系统。当（半）地下建筑（室）的封闭楼梯间不与地上楼梯间共用且地下仅为1层时，可不设置机械加压送风系统，但首层应设置有效面积≥1.2m²的可开启外窗或直通室外的疏散门。

5）设置机械加压送风系统并靠外墙或可直通屋面的封闭楼梯间、防烟楼梯间，在楼梯间的顶部或最上一层外墙上应设置常闭式应急排烟窗，且应具有手动和联动开启功能。

6）避难层的防烟系统可采用自然通风系统或机械加压送风系统。

7）避难走道应在其前室及避难走道分别设置机械加压送风系统，但下列情况可仅在前室设置机械加压送风系统：

①避难走道一端设置安全出口，且总长度<30m；

②避难走道两端设置安全出口，且总长度<60m。

7.1.2 自然通风设施的设置要求

1）自然通风方式的封闭楼梯间、防烟楼梯间，应在最高部位设置面积≥1.0m²的可开启外窗或开口；当建筑高度>10m时，尚应在楼梯间的外墙上每5层内设置总面积≥2.0m²的可开启外窗或开口，且布置间隔≤3层。

2）前室采用自然通风方式时，独立前室、消防电梯前室可开启外窗（开口）的面积应≥2.0m²，共用前室、合用前室应≥3.0m²。

3）采用自然通风方式的避难层（间）应设有不同朝向的可开启外窗，其有效面积应≥该避难层（间）地面面积的2%，且每个朝向的面积应≥2.0m²。

4）可开启外窗应方便直接开启，应在距地面高度为1.3~1.5m的位置设置手动开启装置。

7.1.3 机械加压送风设施

1）建筑高度>100m的超高层建筑，其机械加压送风系统应竖向分段独立设置，每段高度应≤100m。

2）采用机械加压送风系统的防烟楼梯间及其前室，应分别设置送风井（管）道，送风口（阀）和送风机。

3）建筑高度≤50m的建筑，楼梯间可采用直灌式加压送风系统。

4）设置机械加压送风系统的楼梯间的地上与地下部分，其机械加压送风系统应分别独立设置。当受建筑条件限制，且地下部分为汽车库或设备用房时，可共用机械加压送风系统。

5）机械加压送风风机设置应符合下列规定：

①送风机的进风口应直通室外，应采取防止烟气被吸入的措施。

②送风机的进风口宜设在机械加压送风系统的下部。进风口不应与出风口设在同一面上。当确有困难时，进风口与出风口应分开布置，竖向布置时送风机的进风口应设置在排烟出口的下方，其两者边缘最小垂直距离应≥6.0m；水平布置时，两者边缘最小水平距离应≥20.0m。

③送风机应设置在专用机房内。

6）加压送风口与管道的设置应符合：

①除直灌式加压送风方式外，楼梯间宜每隔2～3层设1个常开式百叶送风口。

②前室应每层设1个常闭式加压送风口，并应设手动开启装置；

③送风口不宜设置在被门挡住的部位。

④管道不应采用土建风道；管道井应采用耐火极限≥1.00h的隔墙与相邻部位分隔，墙上检修门应为FM$_\text{乙}$。

7）风压保障及火灾时烟气与热量排出：

①采用机械加压送风的场所不应设置百叶窗，不宜设置可开启外窗。

②设置机械加压送风系统的封闭楼梯间、防烟楼梯间，应在其顶部设置≥1m²的固定窗。靠外墙的防烟楼梯间，应在其外墙上每5层内设置总面积≥2m²的固定窗。

③设置机械加压送风系统的避难层（间），应在外墙设置可开启外窗，其有效面积应≥避难层（间）地面面积的1%。

7.1.4 排烟系统设计的一般规定

排烟系统应优先采用自然排烟系统。

1）同一防烟分区应采用同一种排烟方式，每个防烟分区的机械排烟系统应该独立设置。

2）中庭、与中庭相连通的回廊及周围场所应设置排烟系统。

3）除有特殊功能、性能要求或火灾发展缓慢的场所可不在外墙或屋顶设置应急排烟排热设施外，下列无可开启外窗的地上建筑或部位均应在其每层外墙和（或）屋顶上设置应急排烟排热设施，且该应急排烟排热设施应具有手动、联动或依靠烟气温度等方式自动开启的功能：

①任一层建筑面积＞2500m²的丙类厂房/丙类仓库。

②任一层建筑面积＞2500m²的商店营业厅、展览厅、会议厅、多功能厅、宴会厅，以及这些建筑中长度＞60m的走道。

③总建筑面积＞1000m²的歌舞娱乐放映游艺场所中的房间和走道。

④靠外墙或贯通至建筑屋顶的中庭。

公共建筑防烟分区的最大允许建筑面积及长边长度 表7-1

空间净高（m）	最大允许建筑面积（m²）	长边最大允许长度（m）
$H \leqslant 3.0$	500	24
$3.0 < H \leqslant 6.0$	1000	36
$H > 6.0$	2000	60；具有自然对流条件时应≤75

注：① 公共建筑走道宽度≤2.5m时，防烟分区的长边长度应≤60m；
② 当室内空间净高＞9.0m时，防烟分区之间可不设置挡烟措施。

7.1.5 防烟分区

1）设置排烟系统的场所（部位）应采用挡烟垂壁、结构梁及隔墙等划分防烟分区；防烟分区不应跨越防火分区。

2）当采用自然排烟方式时，储烟仓的高度应≥空间净高的20%，且应≥500mm；当采用机械排烟方式时，应≥空间净高的10%，且应≥500mm。储烟仓底部距地面的高度不应小于安全疏散所需的最小清晰高度。

3）挡烟分隔措施的高度不应小于储烟仓高度。有吊顶的空间，当吊顶开孔不均匀或开孔率≤25%时，吊顶内空间高度不得计入储烟仓高度。

4）设置排烟设施的建筑内，敞开楼梯和自动扶梯穿越楼板的开口部应设置挡烟垂壁等设施。当中庭与周围场所未采用防火隔墙、防火玻璃隔墙、防火卷帘时，中庭与周围场所之间应设置挡烟垂壁。

7.1.6 自然排烟设施的设置要求

1）采用自然排烟设施的场所应设置自然排烟窗（口）。

2）防烟分区内任一点与最近的自然排烟窗（口）之间的水平距离应≤30m。当公共建筑空间净高≥6m，且具有自然对流条件时，其水平距离应≤37.5m。

3）自然排烟窗（口）应设置在排烟区域的顶部或外墙，开启方式应有利于火灾烟气的排出，并应符合下列规定：

①设置在外墙上的自然排烟窗（口）应在储烟仓以内，但走道、室内空间净高≤3m的区域的自然排烟窗（口）可设置在室内净高度的1/2以上；

②当房间面积≤200m²时，自然排烟窗（口）的开启方向可不限；

③自然排烟窗（口）宜分散均匀布置，每组的长度宜≤3.0m；

④设置在防火墙两侧的自然排烟窗（口）之间最近边缘的水平距离应≥2.0m。

4）自然排烟窗（口）应设置手动开启装置，设置在高位不便于直接开启的自然排烟窗（口），应设置距地面高度1.3～1.5m的手动开启装置。净空高度＞9m的中庭和建筑面积＞2000m²的营业厅、展览厅、多功能厅等场所，应设置集中手动开启或自动开启设施。

7.1.7 机械排烟设施

1）高度＞50m的公共建筑和高度＞100m的住宅，其排烟系统应在竖向分段独立设置，公共建筑每段高度应≤50m，住宅建筑每段高度应≤100m。

2）排烟系统与通风、空气调节系统应分开设置，确有困难时可以合用。

3）排烟风机应设置在专用机房内。排烟风机宜设置在排烟系统的最高处，烟气出口朝上，并应高于加压送风机和补风机的进风口。

4）机械排烟系统应采用管道排烟，不应采用土建风道，并应按要求设置排烟防火阀；排烟管道井应采用耐火极限≥1.00h的隔墙与相邻区域分隔；墙上设置的检修门应为FM_Z。

5）排烟口在防烟分区内任一点与最近的排烟口之间的水平距离应≤30m。排烟口的设置应符合：

①排烟口宜设置在顶棚或靠近顶棚的墙面上；

②排烟口应设在储烟仓内，但走道、室内空间净高≤3m的区域，其排烟口可设置在其净高的1/2以上；当设置在侧墙时，吊顶与其最近边缘的距离应≤0.5m；

③房间建筑面积＜50m²时，可通过走道排烟，排烟口可设置在疏散走道；

④火灾时由火灾自动报警系统联动开启排烟区域的排烟阀或排烟口，应在现场设置手动开启装置；

⑤排烟口的设置宜使烟流方向与人员疏散方向相反，排烟口与附近安全出口相邻边缘之间的水平距离应≥1.5m。

6）当排烟口设在吊顶内且通过吊顶上部空间进行排烟时，应符合：

①吊顶应采用不燃材料，吊顶内不应有可燃物；

②封闭式吊顶上设置的烟气流入口的颈部烟气速度宜≤1.5m/s；

③非封闭式吊顶的开孔率应≥吊顶净面积的25%，孔洞应均匀布置。

7）固定窗的布置与设置应符合：

①非顶层区域的固定窗应布置在每层的外墙上；

②顶层区域的固定窗应布置在屋顶或顶层的外墙上；未设置自动喷水灭火系统的以及采用钢结构屋顶或预应力钢筋混凝土屋面板的建筑，应布置在屋顶。

③固定窗宜在每个防烟分区均匀布置，且不应跨越防火分区。

8）固定窗的有效面积应符合：

①顶层区域的固定窗，其总面积应≥楼地面面积的2%；

②靠外墙且不位于顶层区域的固定窗，单个固定窗的面积应≥1m²，间距宜≤20m，其下沿距室内地面的高度宜≥层高的1/2；供消防救援人员进入的窗口面积不计入固定窗面积，但可组合布置；

③中庭区域的固定窗，其总面积应≥中庭楼地面面积的5%；

④固定玻璃窗应按可破拆的玻璃面积计算，带有温控功能的可开启设施应按开启时的水平投影面积计算。

民用建筑中防烟和排烟设施的设置场所或部位　　　　　　表7-2

防烟或排烟设施的要求	场所或部位
应设置防烟设施的场所或部位	1）封闭楼梯间； 2）防烟楼梯间及其前室； 3）消防电梯的前室或合用前室； 4）避难层（间）； 5）避难走道的前室、地铁工程中的避难走道
可不设置防烟系统的楼梯间	建筑高度≤50m的公共建筑和建筑高度≤100m的住宅建筑的防烟楼梯间，其前室或合用前室需满足下列条件之一： 1）采用全敞开的阳台、凹廊； 2）有不同朝向的可开启外窗，且满足自然排烟口的面积要求：独立前室两个外窗面积均≥2.0m²，共用前室两个外窗面积均≥3.0m²
应设置排烟等烟气控制措施的场所或部位	1）歌舞娱乐放映游艺场所：设置在一、二、三层且房间建筑面积>100m²，或设置在四层及以上楼层、（半）地下； 2）中庭； 3）公共建筑内建筑面积>100m²且经常有人停留的房间； 4）公共建筑内建筑面积>300m²且可燃物较多的房间； 5）民用建筑内长度>20m的疏散走道； 6）建筑中经常有人停留或可燃物较多且无可开启外窗的房间或区域，包括：建筑面积>50m²的房间、房间建筑面积≤50m²但总建筑面积>200m²的区域； 7）除敞开式汽车库、地下一层中建筑面积<1000m²的汽车库（修车库）可不设置排烟设施外，其他汽车库（修车库）应设置； 8）通行机动车的一、二、三类城市交通隧道内应设置

吊顶

水平排烟管道

排烟口

排烟口

排烟口

长度>20m的
无窗内走道

需要排烟的场所或部位

垂直排烟井道

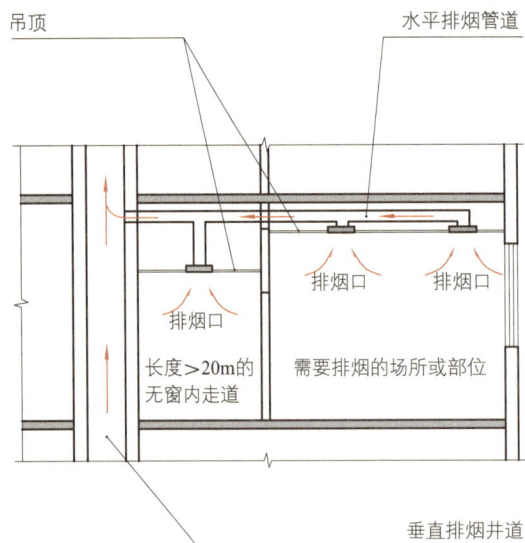

■ 排烟设施设置

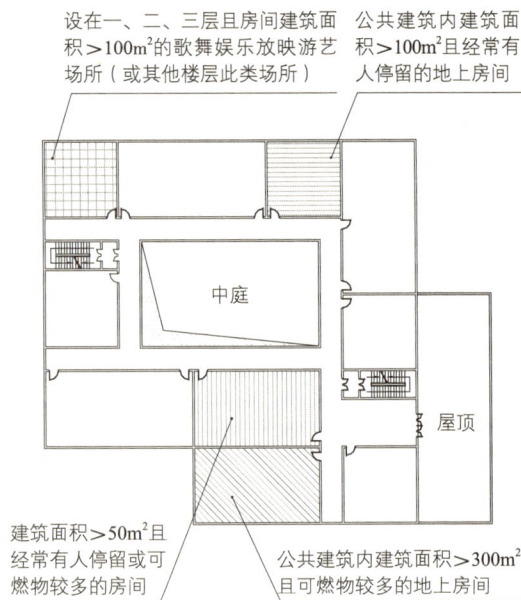

设在一、二、三层且房间建筑面
积>100m²的歌舞娱乐放映游艺
场所（或其他楼层此类场所）

公共建筑内建筑面
积>100m²且经常有
人停留的地上房间

中庭

屋顶

建筑面积>50m²且
经常有人停留或可
燃物较多的房间

公共建筑内建筑面积>300m²
且可燃物较多的地上房间

■ 地上建筑设置防烟排烟设施示意

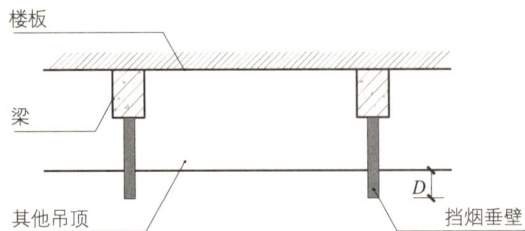

楼板

梁

其他吊顶

挡烟垂壁

D

D：挡烟垂壁计算高度

a 开孔率≤25%或开孔不均匀的通透式吊顶及一般吊顶

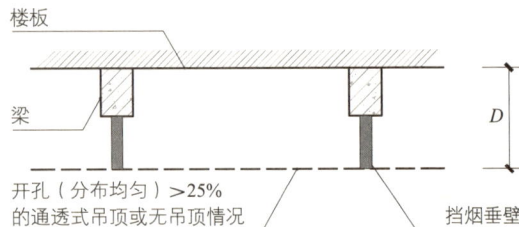

楼板

梁

开孔（分布均匀）>25%
的通透式吊顶或无吊顶情况

挡烟垂壁

D

D：挡烟垂壁计算高度

b 无吊顶或设置开孔（均匀分布）率>25%的通透式吊顶

■ 挡烟垂壁与吊顶

高位排烟窗（两侧应在外墙同一高度设置，窗的底
边应在≥室内2/3高度以上，且应在储烟仓以内）

≤75000

防烟分区①　　防烟分区②　　防烟分区③　　防烟分区④

高位排烟窗

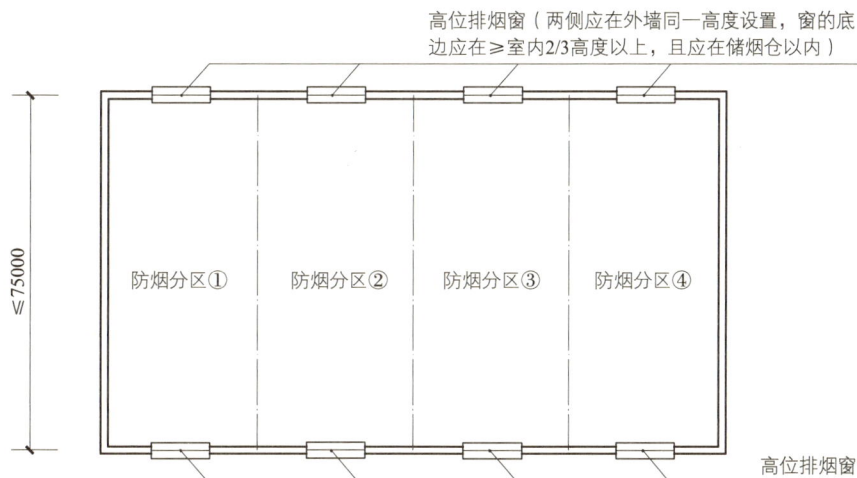

具备对流条件场所自然排烟窗的布置（平面）

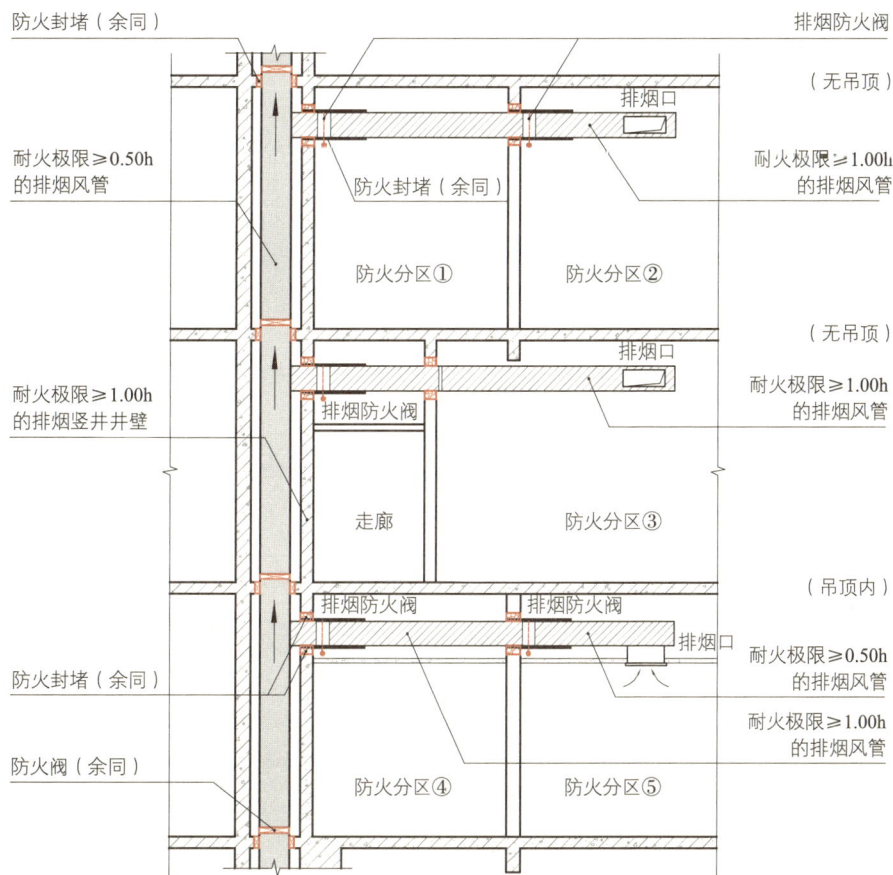

防火封堵（余同）

排烟防火阀

（无吊顶）

排烟口

耐火极限≥0.50h
的排烟风管

防火封堵（余同）

耐火极限≥1.00h
的排烟风管

防火分区①　　　防火分区②

（无吊顶）

排烟口

耐火极限≥1.00h
的排烟竖井井壁

排烟防火阀

耐火极限≥1.00h
的排烟风管

走廊　　　　防火分区③

（吊顶内）

排烟防火阀　　排烟防火阀

防火封堵（余同）

排烟口

耐火极限≥0.50h
的排烟风管

耐火极限≥1.00h
的排烟风管

防火阀（余同）

防火分区④　　防火分区⑤

排烟管道布置示意（剖面）

7.1.8 防烟楼梯间的类型

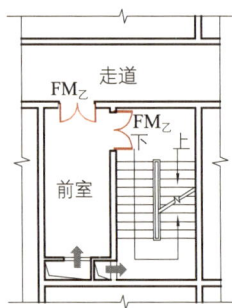

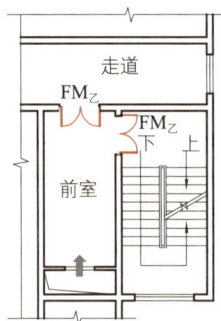

a 楼梯间、前室均不可开启外窗　　　　　　b 合用前室、楼梯间均正压送风

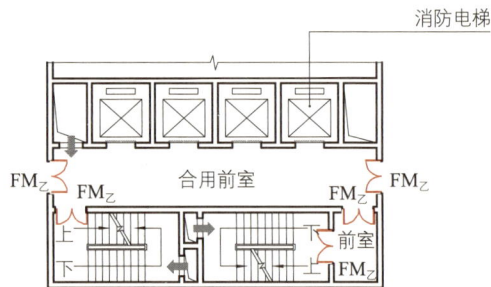

■ **楼梯间及前室均正压送风的防烟楼梯间**

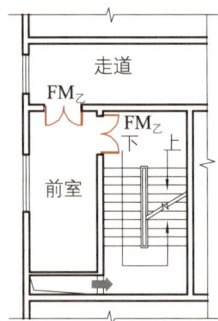

a 楼梯间不可开启外窗　　b 前室不可开启外窗　　c 合用前室两个朝向可开启外窗，楼梯间正压送风

■ **局部正压送风的防烟楼梯间**

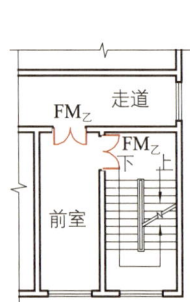

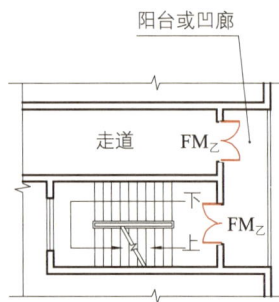

a 楼梯间、前室均设　　　　b 阳台或凹廊作为前室　　　　c 自然排烟井
可开启外窗

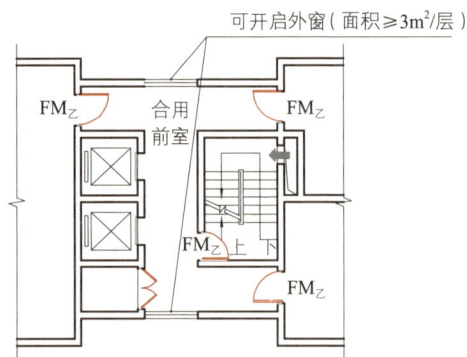

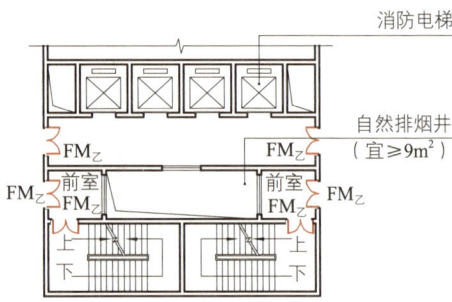

■ **自然排烟的防烟楼梯间**

7.2 消防应急照明和灯光疏散指示标志

7.2.1 消防应急照明设置部位

除建筑高度<27m的住宅建筑外，民用建筑的下列部位应设置疏散照明：

1）封闭楼梯间、防烟楼梯间及其前室、消防电梯间的前室或合用前室、避难走道、避难层（间）；

2）观众厅、展览厅、多功能厅和建筑面积>200m²的营业厅、餐厅、演播室等人员密集的场所；

3）建筑面积>100m²的（半）地下公共活动场所；

4）公共建筑内的疏散走道。

7.2.2 灯光疏散指示标志

1）灯光疏散指示标志设置部位及要求

公共建筑、建筑高度>54m的住宅建筑应设置灯光疏散指示标志，并应符合下列规定：

①设置在安全出口和人员密集的场所的疏散门的正上方；

②设置在疏散走道及其转角处距地面高度<1.0m的墙面或地面上。灯光疏散指示标志的间距应≤20m；对于袋形走道，应≤10m；在走道转角区，应≤1.0m。

2）增设灯光（蓄光）疏散指示标志

下列建筑或场所应在疏散走道和主要疏散路径的地面上，增设能保持视觉连续的灯光或蓄光疏散指示标志：

①总建筑面积>8000m²的展览建筑；

②总建筑面积>5000m²的地上商店；

③总建筑面积>500m²的（半）地下商店；

④歌舞娱乐放映游艺场所；

⑤座位数>1500个的电影院、剧场，座位数>3000个的体育馆、会堂或礼堂；

⑥交通建筑中建筑面积>3000m²的候车室、候船厅和航站楼的公共区。

消防应急照明和灯光疏散指示标志的备用电源连续供电时间　　　　表7-3

建筑类别		连续供电时间（h）
建筑高度>100m的民用建筑		1.5
建筑高度≤100m的医疗建筑、老年人照料设施、总建筑面积>100000m²的其他公共建筑		1.0
城市轨道交通工程	区间和地下车站	1.0
	地上车站、车辆基地	0.5
城市交通隧道	一类、二类	1.5
	三类	1.0
城市综合管廊工程、平时使用的人防工程，除上述规定的其他建筑		0.5

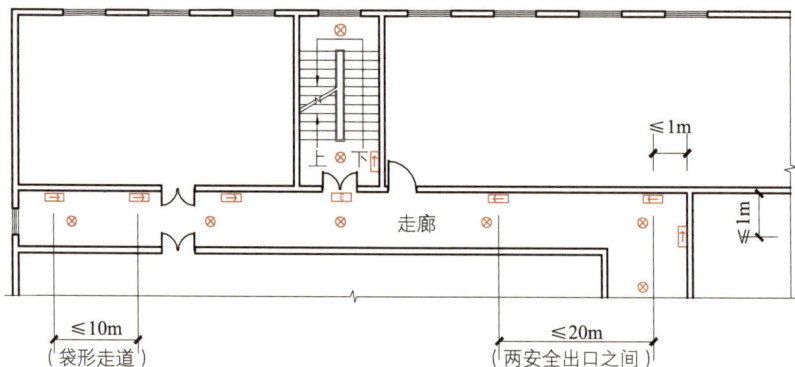

疏散走道应急照明和疏散
指示标志设置示意

⊗ 疏散照明
⊡ 安全出口指示
⇨ 疏散方向指示

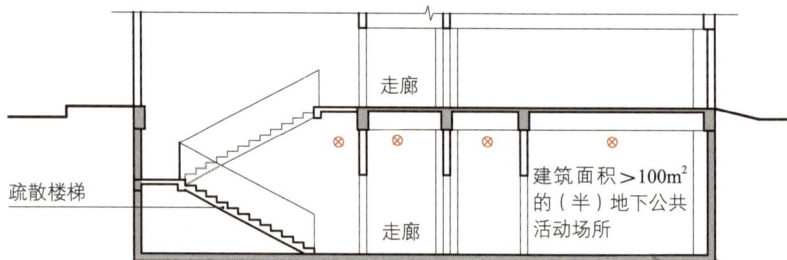

a 地下建筑

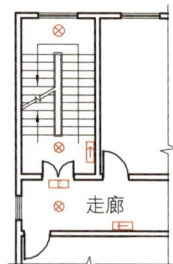

c 封闭楼梯间

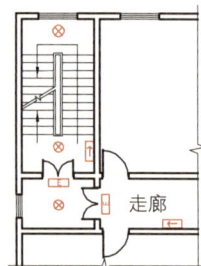

d 防烟楼梯间

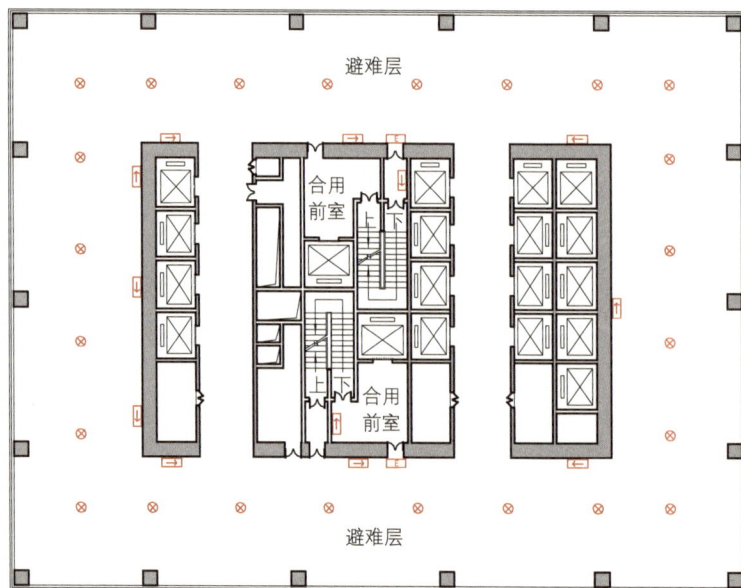

⊗ 疏散照明
⊡ 安全出口指示
⇨ 疏散方向指示

消防应急照明和疏散指示
标志示意

b 避难层

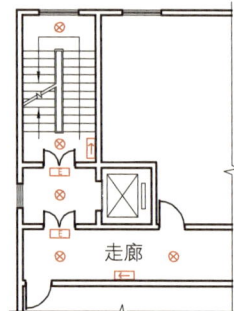

e 防烟楼梯间和消防电梯

7.3 火灾自动报警系统

7.3.1 公共建筑的设置部位

1）商店、展览、财贸金融、客（货）运等；

2）旅馆建筑、歌舞娱乐放映游艺场所；

3）图书或文物的珍藏库/藏书＞50万册的图书馆/重要的档案馆；

4）地市级及以上广播电视、邮政、电信建筑，城市或区域性电力、交通和防灾等指挥调度建筑；

5）特等、甲等剧场，座位数＞1500个的其他等级的剧场或电影院，座位数＞2000个的会堂或礼堂，座位数＞3000个的体育馆；

6）疗养院的病房楼，床位数≥100张的医院的门诊楼、病房楼、手术部等；

7）托儿所、幼儿园，老年人照料设施，任一层建筑面积＞500m²或总建筑面积＞1000m²的其他儿童活动场所；

8）其他一类高层公共建筑；其他二类高层公共建筑内建筑面积＞50m²的可燃物品库房、建筑面积＞500m²的商店营业厅。

7.3.2 高层住宅建筑的设置部位

1）建筑高度＞100m的住宅建筑；

2）54m＜建筑高度≤100m的一类高层住宅建筑，其公共部位应设置火灾自动报警系统，套内宜设置火灾探测器；

3）建筑高度≤54m的二类高层住宅建筑，其公共部位宜设置火灾自动报警系统。当设有联动控制的消防设施时，公共部位应设置火灾自动报警系统；

4）高层住宅建筑的公共部位应设置具有语音功能的火灾声警报装置或应急广播。

7.4 消防给水系统

7.4.1 市政与室外消火栓系统

1）市政消火栓系统：除居住人数≤500人且建筑层数≤2层的居住区外，城镇应沿可通行消防车的街道设置。

2）室外消火栓系统：除城市轨道交通工程的地上区间和一、二级耐火等级且建筑体积≤3000m³的戊类厂房可不设置外，下列建筑或场所应设置：

①占地面积＞300m²的厂房、仓库和民用建筑；

②消防救援和消防车停靠的建筑屋面或高架桥；

③地铁车站及其附属建筑、车辆基地。

3）城市交通隧道消防给水系统：除四类、供人员或非机动车辆通行的三类城市交通隧道可不设置外，其他应设置。

7.4.2 室内消火栓系统

除不适合用水保护或灭火的场所、远离城镇且无人值守的独立建筑可不设置外，下列民用建筑应设置：

高层住宅建筑中火灾自动报警系统的设置要求   表7-4

住宅建筑高度（H）	公共部分		套内空间
100m＜H	应设置火灾自动报警系统	应设置具有语音功能的火灾声警报装置或应急广播	应设置火灾自动报警系统
54m＜H≤100m	应设置火灾自动报警系统	应设置具有语音功能的火灾声警报装置或应急广播	宜设置火灾探测器
27m＜H≤54m	宜设置火灾自动报警系统 当设有联动控制的消防设施时，应设置火灾自动报警系统	应设置具有语音功能的火灾声警报装置或应急广播	—

1）高层公共建筑、建筑高度>21m的住宅建筑；

2）特等和甲等剧场、座位数>800个的乙等剧场、座位数>800个的电影院、座位数>1200个的礼堂、座位数>1200个的体育馆等；

3）建筑体积>5000m³的下列单、多层建筑：车站、码头、机场的候车（船、机）建筑，展览、商店、旅馆和医疗建筑，老年人照料设施，档案馆，图书馆；

4）建筑高度>15m或建筑体积>10000m³的办公建筑、教学建筑及其他单、多层民用建筑；

5）建筑面积>300m²：汽车库和修车库、平时使用的人防工程；

6）地铁工程中的地下区间、控制中心、车站及长度>30m的人行通道，车辆基地内建筑面积>300m²的建筑；

7）通行机动车的一、二、三类城市交通隧道。

7.5 灭火设施系统

7.5.1 自动灭火系统的设置部位

除建筑内的游泳池、浴池、溜冰场可不设置外，下列建筑或场所应设置：

1）一类高层公共建筑及其（半）地下室；

2）二类高层公共建筑及其（半）地下室中的公共活动用房、走道、办公室、旅馆的客房、可燃物品库房；

3）建筑高度>100m的住宅建筑；

4）特等和甲等剧场，座位数>1500个的乙等剧场，座位数>2000个的会堂或礼堂，座位数>3000个的体育馆，座位数>5000个的体育场的室内人员休息室与器材间等；

5）任一层建筑面积>1500m²或总建筑面积>3000m²：单、多层展览、商店、餐饮、旅馆建筑、

单、多层病房楼/门诊楼/手术部；

6）中型和大型幼儿园，老年人照料设施；

7）设置具有送回风道（管）系统的集中空气调节系统且总建筑面积>3000m²的其他单、多层公共建筑；

8）总建筑面积>500m²的（半）地下商店；

9）歌舞娱乐放映游艺场所：设置在（半）地下、多层建筑的地上4层及以上楼层、高层民用建筑内；设置在多层建筑的地上1~3层且楼层建筑面积>300m²；

10）位于（半）地下且座位数>800个的电影院、剧场或礼堂的观众厅；

11）建筑面积>1000m²且平时使用的人防工程；

12）除敞开式汽车库可不设置自动灭火设施外，Ⅰ、Ⅱ、Ⅲ类地上汽车库，停车数>10辆的（半）地下汽车库，机械式汽车库，采用汽车专用升降机作汽车疏散出口的汽车库，Ⅰ类的机动车修车库均应设置。

7.5.2 雨淋灭火系统的设置部位

1）舞台栅顶下部：特等和甲等剧场、座位数>1500个的乙等剧场、座位数>2000个的会堂或礼堂；

2）建筑面积≥400m²的演播室，建筑面积≥500m²的电影摄影棚。

7.5.3 消防水泵结合器

下列民用建筑应设置：

1）设置自动喷水、水喷雾、泡沫或固定消防炮灭火系统的建筑；

2）室内消火栓设计流量>10L/s且平时使用的人防工程；

3）设置室内消火栓系统的建筑或场所：≥6层的民用建筑、≥5层的汽车库、建筑面积>10000m²或≥3层的其他（半）地下建筑（室）、地铁工程、交通隧道、（半）地下汽车库。

8 性能化防火设计

8 性能化防火设计

8.1 性能化防火设计的内容及策略

8.1.1 性能化防火适用范围及内容

性能化防火设计适用于超出现行规范或用常规方案不能解决的防火设计问题：防火分区面积过大、安全疏散距离过长、安全出口不足、无法细分防烟分区等情形。在人员全部疏散到各安全出口的时间内，烟气浓度和火灾温度尚未达到致人伤害的临界数值时，性能化防火设计便是可行的，反之则需修改防火设计。

适用对象：高层建筑、古建筑、体育场馆、大型商业建筑、会展建筑、交通枢纽等建筑或场所。其建筑结构及空间特征：高顶棚、大跨度、大通透。这类建筑防火设计典型的共性问题包括：防火分区扩大、防烟分区划分、人员疏散设计、防火分隔形式、排烟系统设置、结构耐火设计及灭火系统设置等，难以遵循现行防火规范来设计。

8.1.2 性能化防火设计策略

性能化防火设计是运用消防安全工程学原理和计算机手段，针对火灾特征、人员特征、建筑特征和管理特征，确立总体消防安全目标，建立可能发生的典型火灾场景，运用定量计算分析火灾危险性，并进行个性化的建筑防火设计和评估，以寻求防火安全目标、火灾损失目标和工程设计目标之间的高度协调，从而实现火灾防控的科学性、有效性和经济性的统一。

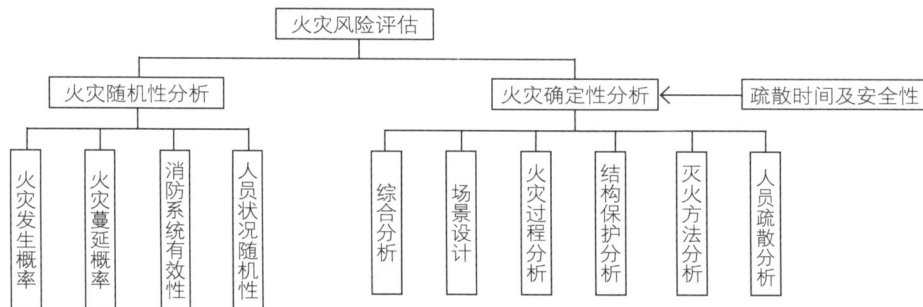

建筑火灾风险评估总体思路

性能化防火设计的各类目标及性能判定依据 表8-1

	防火安全目标	火灾损失目标	工程设计目标	性能判定依据
与生命安全直接相关的目标（主要目标）	火灾中各类人员的安全（包括建筑物的使用者、消防队员等）	起火房间之外没有人员死亡	保证疏散通道处于人员可承受的状况，使起火房间外的人员逃离至安全区域	疏散通道状况：上部气层温度<80℃；地面处接收的辐射热通量<10kW/m²，能见度>4m，起火后30分钟的CO浓度<0.14%
与其他安全相关的目标	保证财产和遗产安全	火灾不会在起火房间外的空间内蔓延	限制火焰向起火房间之外的空间蔓延	起火房间状况：顶部温度<500℃；地面接收的辐射热通量<10kW/m²
	保证重要系统运行的连续性	不发生不必要的停工	限制空气中HCL浓度，使其小于对目标设备产生不可接受的损坏的水平	目标设备状况：最大的PVC使用量<Xkg；已燃烧的面积<Ym²
	减少火灾及消防措施对环境的影响	火灾和灭火过程中产生的有毒物质不会污染地下水	提供一个合适的废水收集方式	排水管的截面积<Xm²；总的废水收集池容积<Ym³

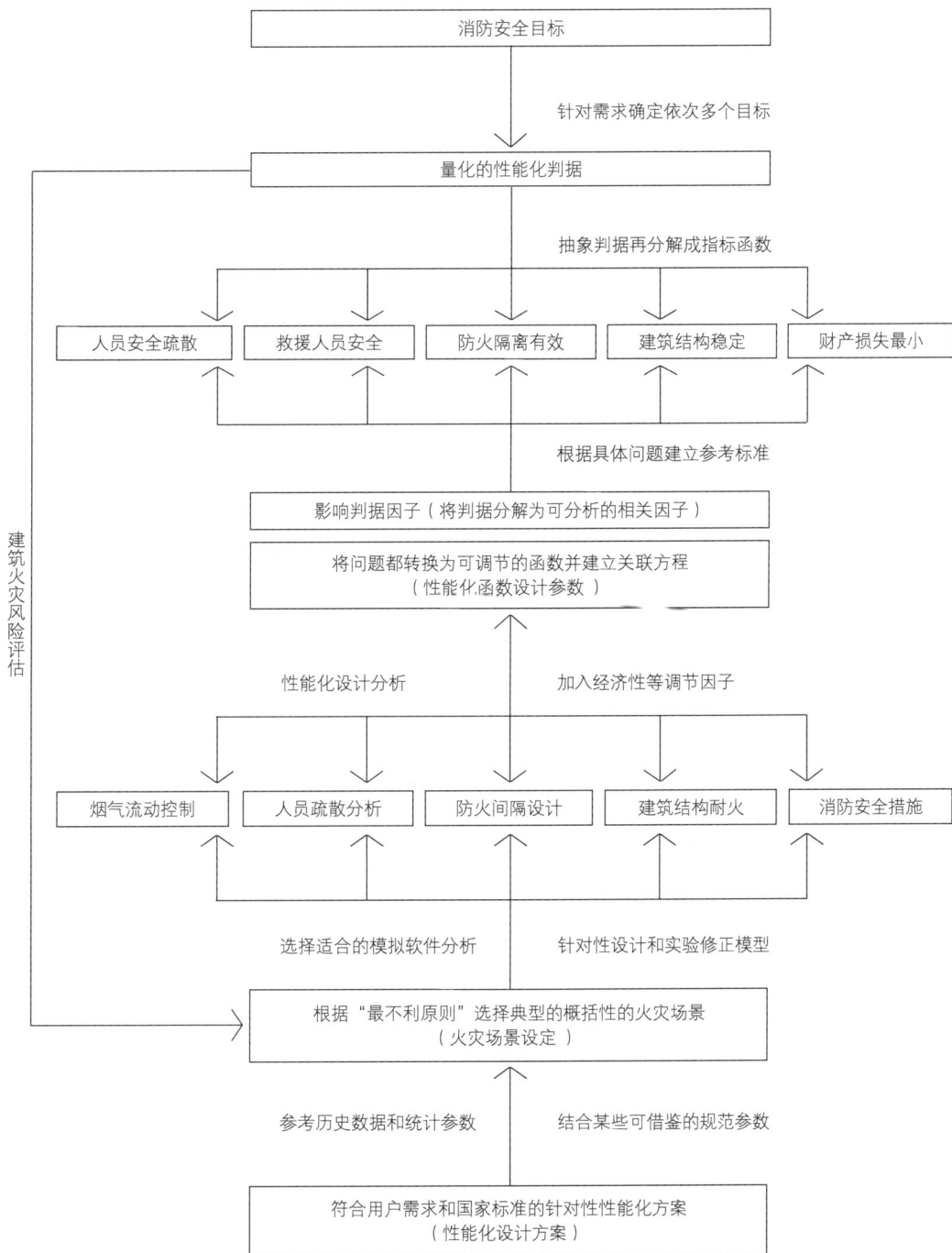

```
                          ┌─────────────────────────────┐
                          │        消防安全目标          │
                          └─────────────────────────────┘
                                       │
                                       │  针对需求确定依次多个目标
                                       ↓
          ┌───────────────→ ┌─────────────────────────────┐
          │                 │      量化的性能化判据        │
          │                 └─────────────────────────────┘
          │                              │  抽象判据再分解成指标函数
          │      ┌──────┬──────┬─────────┼─────────┬──────────┐
          │      ↓      ↓      ↓         ↓         ↓
          │  ┌────────┐┌────────┐┌────────┐┌────────┐┌────────┐
          │  │人员安全││救援人员││防火隔离││建筑结构││财产损失│
          │  │  疏散  ││  安全  ││  有效  ││  稳定  ││  最小  │
          │  └────────┘└────────┘└────────┘└────────┘└────────┘
          │      ↑      ↑         ↑         ↑         ↑
          │      └──────┴─────────┴─────────┴─────────┘
          │                 根据具体问题建立参考标准
          │      ┌─────────────────────────────────────┐
          │      │影响判据因子（将判据分解为可分析的相关因子）│
          │      └─────────────────────────────────────┘
建         │      ┌─────────────────────────────────────┐
筑         │      │将问题都转换为可调节的函数并建立关联方程  │
火         │      │      （性能化函数设计参数）            │
灾         │      └─────────────────────────────────────┘
风                         ↑
险       性能化设计分析        加入经济性等调节因子
评          ┌──────┬──────┬──────┼──────┬──────┐
估          ↓      ↓      ↓      ↓      ↓
        ┌────────┐┌────────┐┌────────┐┌────────┐┌────────┐
        │烟气流动││人员疏散││防火间隔││建筑结构││消防安全│
        │  控制  ││  分析  ││  设计  ││  耐火  ││  措施  │
        └────────┘└────────┘└────────┘└────────┘└────────┘
            ↑      ↑         ↑         ↑         ↑
            └──────┴─────────┴─────────┴─────────┘
          选择适合的模拟软件分析    针对性设计和实验修正模型
          ┌─────────────────────────────────────┐
          │根据"最不利原则"选择典型的概括性的火灾场景 │
          │      （火灾场景设定）                  │
          └─────────────────────────────────────┘
                         ↑
          参考历史数据和统计参数    结合某些可借鉴的规范参数
          ┌─────────────────────────────────────┐
          │符合用户需求和国家标准的针对性性能化方案  │
          │      （性能化设计方案）                │
          └─────────────────────────────────────┘
```

▌ **性能化防火设计策略框架**

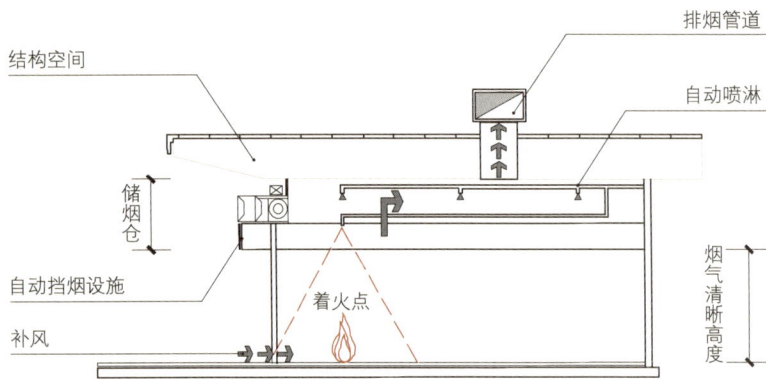

a 开放舱体

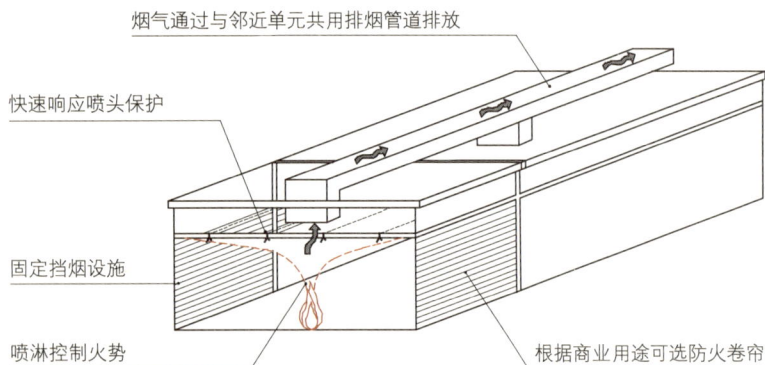

b 封闭舱体

"舱体"防火要求：顶棚耐火极限≥1.00h，设置自动喷淋系统、火灾自动报警系统。面积较大或内部可燃物较多时，还应设置机械排烟设施和防火卷帘（或挡烟垂壁）以形成储烟舱。

■ "舱体"示意

8.2 性能化防火设计案例解析

8.2.1 案例1：高大空间性能化防火设计

1）"舱体"设计

"舱体"作为防火单元，常用于无法设置物理防火分隔的大空间公共建筑（如交通枢纽、会展中心、大型商场等），用于对火灾荷载集中场所进行保护，可将其火灾限制在起火区域，避免对大空间造成影响。

2）"燃料岛"设计

"燃料岛"主要应用于交通枢纽等大空间建筑的性能化防火设计，要求可燃物之间或可燃物与高火灾载荷区域之间保持足够的安全距离。"岛"之间以及"岛"与其他可燃物之间的距离应≥6m。电话亭、流动摊点等"岛"的面积宜≤20m²，直接暴露在大空间中的茶座、软席候车等"岛"的面积宜≤100m²。

3）防火单元

防火单元是在大空间内利用防火隔离带、实际物理隔断（如防火玻璃、防火隔墙）等措施，划分出一个个相对独立的防火分隔区域，可有效阻止火势蔓延至相邻区域。

4）防火隔离带

防火隔离带使可燃物群之间保持足够的间距，以相应宽度的通道来控制热辐射，不致引燃另一侧，其间不应布置可燃物。

5）冷烟清除

利用空调系统结合大空间的自然通风口，可将冷烟清除，高大空间在空间上部设置储烟仓有利于排烟。排烟口通常为空调系统的回风口，设置在距地2～3m以上的高度。

8.2.2 案例2：贵阳国际会议中心

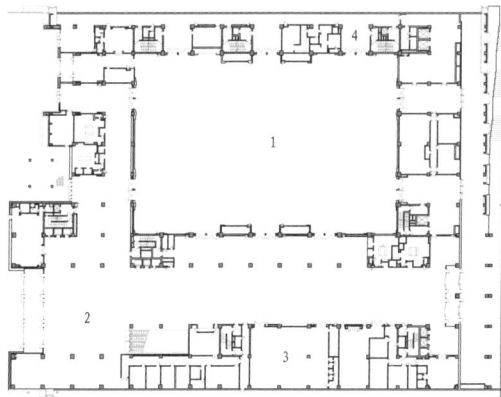

a 一层平面防火设计

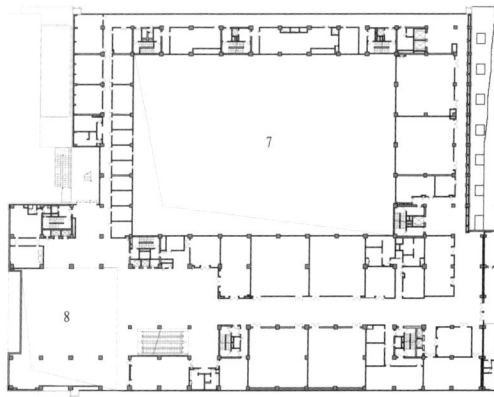

b 二层平面防火设计

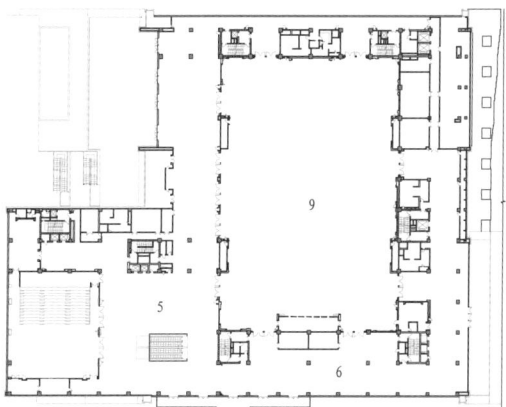

c 三层平面防火设计

1. 大宴会厅　　4. 集散空间②　　7. 大宴会厅上空
2. 门厅　　　　5. 集散空间③　　8. 门厅上空
3. 集散空间①　6. 集散空间④　　9. 大会议厅

■ 贵阳国际会议中心

贵阳国际会议中心一层的大宴会厅和三层的大会议厅，因使用功能的要求，无法在厅内再行划分防火分区，也不能再布置疏散楼梯。

根据建筑布局以及对一、三层的火灾荷载分布研究，大宴会厅和大会议厅四周主要为前厅、公共走道和后勤走道等集散空间，火灾危险非常低。因此，将该集散空间作为"准安全区"。大厅内人员首先疏散到集散空间，再由集散空间疏散至室外。

集散空间采取的消防措施包括：

①不设置可燃物，保证疏散通道畅通；

②会议厅/室、其他会议服务房间采用防火墙及$FM_{甲}$与集散空间分隔；

③每层平面共设置两个相互独立的集散空间，若其中一个发生火灾，人员仍可通过另一个空间进行疏散；

④提供疏散指示、消防电话、消防广播、应急照明等装置。并按规范进行室内装修和设置自动喷水灭火系统、室内消火栓系统、防烟排烟系统。

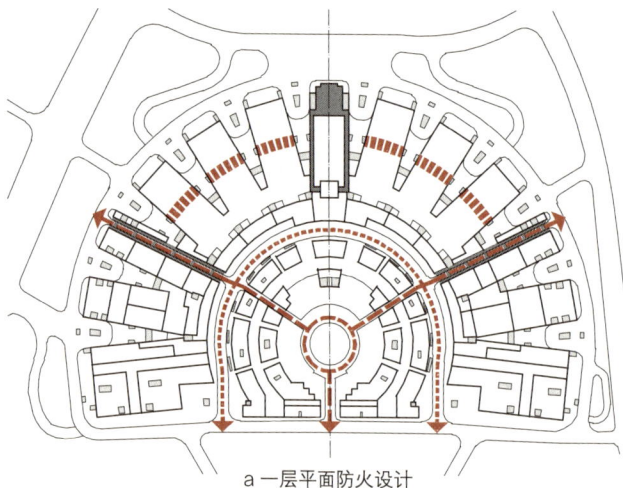

a 一层平面防火设计

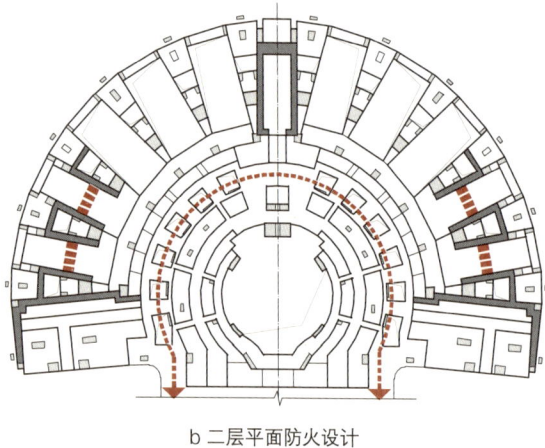

b 二层平面防火设计

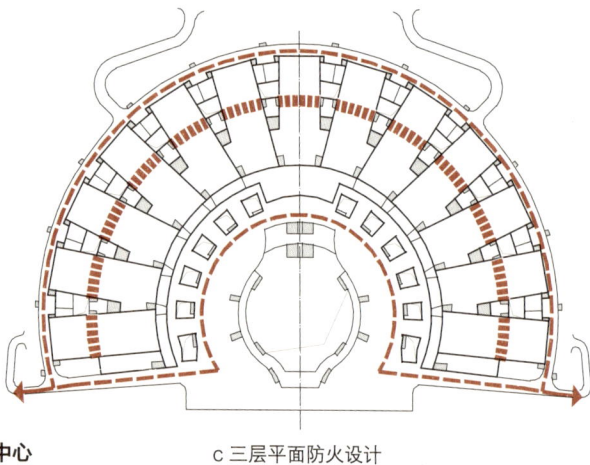

c 三层平面防火设计

避难走道
环形通道
消防车道
防火隔离带

■ 昆明滇池国际会展中心

8.2.3 案例3：昆明滇池国际会展中心

昆明滇池国际会展中心功能复杂、空间关系多样，依照现行规范关于防火分区、安全疏散的规定，难以实现特定的使用功能、建筑效果及构造需求。

展厅空间高大，单个展厅面积达上万平方米，防火分区划分是突出的难题。针对空间进深大、疏散距离长的问题，将避难走道纳入安全疏散系统，并将一条环形通道设置为不完全封闭的空间，作为"准安全区"。火灾时建筑内部分人员需先疏散至环形通道，再疏散至室外。

展厅采取的防火措施：①展厅之间用防火墙进行分隔，局部开口处设置FM甲或特级防火卷帘；②展厅内采用防火隔离带划分防火区域：在展厅内设置一定宽度的隔离空间，防止火灾相互蔓延；③展厅内设置光截面图像感烟探测器、自动跟踪定位射流灭火系统和机械排烟系统。

环形通道和避难走道的防火措施：①仅作为交通空间，不具其他功能；②通道内任一点至最近安全出口的步行距离≤60m；③通道每隔50m设置消火栓，并设置消防应急照明、疏散指示标志和应急广播系统；④设置两条避难走道直通室外。

通过性能化防火设计，会展中心的防火分区划分及防火分隔可有效阻止火势蔓延，能够满足建筑整体消防安全的要求。会展中心内设置的消防设施和疏散设施，能够保证建筑内的人员安全地疏散到安全区域，疏散设计可以保证人员的安全疏散。会展中心排烟系统设计（排烟形式及排烟量），能够对烟气蔓延进行有效的控制。

8.2.4 案例4：上海世博主题馆

1）建筑概况

主题馆东西长约290m，南北宽约190m，共有5个展馆，地下1层，地上2层，地上建筑面积8.0万m²，地下建筑面积约4.8万m²，总建筑面积12.94万m²。建筑屋面桁架下弦中心高度23.5m，属多层大空间展览建筑。

主题馆内较长的疏散距离、复杂的疏散路径、较大的分区面积、多样的人员构成，是人员安全疏散面临的最大难点。

2）准安全区：中部休息厅

①防火分区策略

建筑中部各层休息厅通过楼梯及楼板开口连通，作为同一防火分区考虑。各展厅与入口大厅及休息厅之间设置防火分隔，该区域被视为准安全区，采用不燃材料装饰，通过喷淋、火灾自动报警、排烟等措施保障安全。

②烟气控制策略

地下一层休息厅采用机械排烟。该休息厅与一层通过楼梯连接，楼梯四周设置挡烟垂壁分隔，休息厅分为两个防烟分区。

一层休息厅采用机械排烟。休息厅通过孔洞与二层空间连通，孔洞周围采用挡烟垂壁进行分隔，共划分为四个防烟分区。

二层休息厅采用机械排烟。休息厅净空高度大，在顶部能起到有效储烟仓的功能，烟气可通过机械排烟有效排除。

3）地下展厅及休息厅防火设计策略

①防火分区策略

地下一层设一个展厅、会议区、设备用房、停车库，地下夹层设办公与员工餐厅、停车库。休息大厅北侧连接室外下沉广场，东侧设置室外下沉通道。展厅尺寸126.3m×108.7m，层高9.0m。

地下展厅分为两个独立的防火分区，采用防火墙与局部防火卷帘与其他区域分隔。展厅内设置一条9m宽的防火隔离带，两个展厅防火分区之间设6m宽的疏散通道。每个区域使用面积约3100m²，防火隔离带与各安全出口相连。与其他区域相连的疏散门均采用FM甲，展厅入口旋转门处用防火卷帘分隔。

②烟气控制策略

地下展厅内的防烟分区主要通过下垂梁（梁高1.5m）进行分隔。展厅内采用机械排烟，隔离带内设置独立排烟系统。展厅净空高度大，顶部能起到有效储烟仓的功能，烟气可通过机械排烟有效排除。

4）一层展厅及休息厅防火设计策略

①防火分区策略

一层平面由东侧1号展厅，西侧2号、3号展厅和休息厅组成，大厅成为引导观展人员进入展馆的交通枢纽。

1号展厅尺寸183m×109.2m，层高12m。1号展厅为独立防火分区，用防火墙与其他区域分隔，内部设置两条12m宽的防火隔离带，将展厅划分为三个防火单元。防火隔离带与各安全出口相连。1号展厅与其他区域相连的疏散门均采用FM甲，展厅入口的旋转门处用防火卷帘分隔。

2号、3号展厅的尺寸为183m×145.2m，室内屋架结构下沿净高＞14m，屋面板底面净高＞20m。2号、3号展厅作为一个独立的防火分区，采用防火墙与其他区域分隔。展厅内部东西向设置一条12m宽的防火隔离带，将展厅划分为两个独立的防火单元，每个单元面积约12080m²，可保证展厅人员疏散时快速到达"准安全区"。防火隔离带与各安全出口相连。

②烟气控制策略

1号展厅通过下垂梁（梁高1.5m）分隔成六个防烟分区。展厅采用机械排烟，隔离带内单独设置机械排烟系统。1号展厅高度大，顶部能起到有效储烟仓的功能，烟气可通过机械排烟有效排除。2号、3号展厅为单层展厅，采用自然排烟，顶部可开启的排烟窗面积＞地面面积的2%。

5）二层展厅及休息大厅防火设计策略

二层主要包括4号展厅、休息大厅、部分餐饮及办公用房。

①防火分区策略

4号展厅尺寸183m×109.2m，室内屋架下沿净高9.5m。4号展厅设计为一个独立的防火分区，采用防火墙与其他区域分隔。展厅内设置两条12m宽的防火隔离带，将展厅划分为三个防火单元，每个防火单元面积约5780m^2。防火隔离带与各安全出口相连。

②烟气控制策略

4号展厅采用自然排烟方式，顶部排烟窗面积＞地面面积的2%。

6）小结

①以"防火隔离带"划分防火单元的方式对各展厅进行防火分隔，结合理论公式计算与FDS模拟，确定防火隔离带宽度及可燃物的安全间距。

②通过"可信且最不利"的原则设计五个典型火灾场景，重点考查各展厅及休息厅的人员疏散情况。模拟结果表明，在性能化设计策略条件下，均可将火灾环境维持在人员相对安全的水平。

③对主题馆展厅采用"分阶段疏散"策略：人员从各展厅疏散至"准安全区"（中部休息厅），再疏散至室外。针对可能出现的火灾场景分别制定具体的疏散方案，使得必需疏散时间（T_{RSET}）大大缩小，保证一定的安全裕量。采用Building Exodus软件模拟人员疏散过程及时间，并对结果进行分析和提出建议。

④为确保人员安全疏散，室内主要疏散通道及疏散口处不得放置阻碍人员通行的物品和可燃物；中部休息大厅等区域使用不燃材料装修，不得有固定可燃物。为加强疏散引导系统设置，要求设置消防应急疏散指示系统。

⑤使用隔离带实现展区之间的分隔，设置12m的防火隔离带防止火灾蔓延。防火隔离带内不得设有任何固定的可燃物，并应设置单独的自动灭火系统、独立排烟系统。

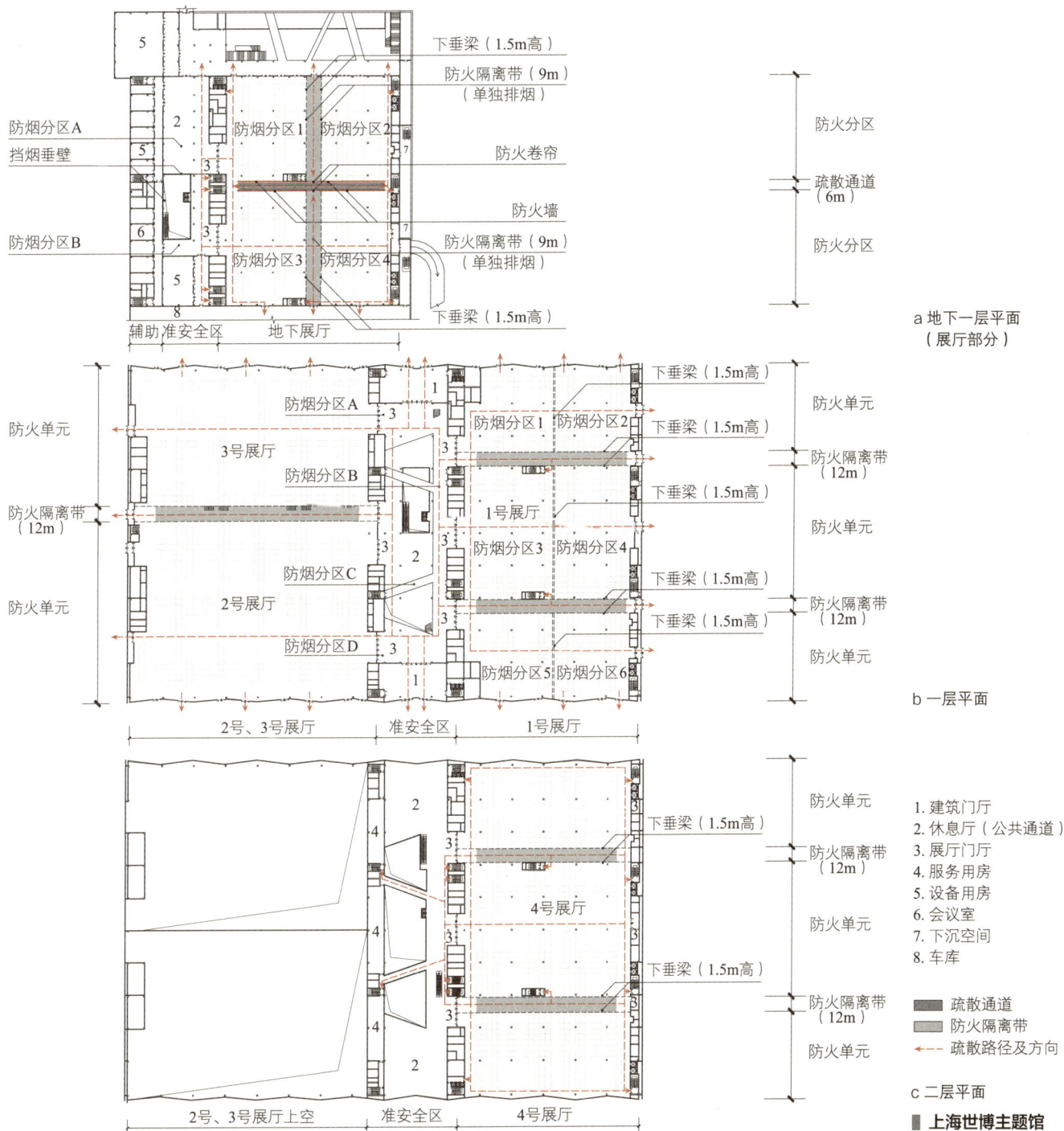

防烟分区A
挡烟垂壁
防烟分区B

下垂梁（1.5m高）
防火隔离带（9m）
（单独排烟）
防火卷帘
防火墙
防火隔离带（9m）
（单独排烟）
下垂梁（1.5m高）

防火分区
疏散通道（6m）
防火分区

辅助准安全区 地下展厅

a 地下一层平面（展厅部分）

防火单元
防火隔离带（12m）
防火单元

3号展厅
2号展厅

防烟分区A
防烟分区B
防烟分区C
防烟分区D

下垂梁（1.5m高）
防烟分区1 防烟分区2
下垂梁（1.5m高）
1号厅
防烟分区3 防烟分区4
下垂梁（1.5m高）
防烟分区5 防烟分区6

防火单元
防火隔离带（12m）
防火单元
防火隔离带（12m）
防火单元

2号、3号展厅 准安全区 1号展厅

b 一层平面

4号展厅

下垂梁（1.5m高）
防火单元
防火隔离带（12m）
防火单元
防火隔离带（12m）
防火单元

2号、3号展厅上空 准安全区 4号展厅

1. 建筑门厅
2. 休息厅（公共通道）
3. 展厅门厅
4. 服务用房
5. 设备用房
6. 会议室
7. 下沉空间
8. 车库

疏散通道
防火隔离带
疏散路径及方向

c 二层平面

上海世博主题馆

145

表格来源

编号	来源文献
表1-2、表2-2、表2-3、表2-4、表2-5、表2-6、表3-1、表4-2、表4-3、表4-4、表4-7、表4-12、表4-13、表4-14、表4-16、表4-17、表4-18、表4-19、表4-20、表5-9、表5-10、表5-12、表5-13、表5-14、表6-2、表6-3、表6-4、表6-5	《建筑设计防火规范》GB 50016—2014（2018年版）
表2-1	《地铁设计防火标准》GB 51298—2018
表4-1	《建筑设计防火规范》GB 50016—2014（2018年版），《民用建筑设计统一标准》GB 50352—2019
表4-6	1）重庆市消防培训中心. 建筑工程消防设计与施工［Z］. 消防安全培训教材之三；2）张树平，李钰. 建筑防火设计：第3版［M］. 北京：中国建筑工业出版社，2020.
表4-10、表4-15	《建筑设计防火规范》GB 50016—2014（2018年版）；《住宅设计规范》GB 50096—2011
表4-11	《建筑设计防火规范》GB 50016—2014（2018年版）；《汽车库、修车库、停车场设计防火规范》GB 50067—2014
表3-2、表4-21	《汽车库、修车库、停车场设计防火规范》GB 50067—2014；《车库建筑设计规范》JGJ 100—2015
表4-22、表8-1	霍然，袁宏永. 性能化建筑防火分析与设计［M］. 合肥：安徽科学技术出版社. 2003.
表4-23	《体育建筑设计规范》JGJ 31—2003
表4-24	《剧场建筑设计规范》JGJ 57—2016，《电影院建筑设计规范》JGJ 58—2008
表5-2	《建筑设计防火规范》GB 50016—2014（2018年版），《建筑防火通用规范》GB 55037—2022实施指南
表5-3	《住宅建筑规范》GB 50368—2005
表5-5、表5-6、表5-7	《建筑内部装修设计防火规范》GB 50222—2017
表7-4	《建筑设计防火规范》图示18J811-1
表7-1	《建筑防烟排烟系统技术标准》GB 51251—2017
表5-8、表5-11、表7-3	《建筑防火通用规范》GB 55037—2022

注：① 所列出表格为直接引用或依据来源文献整理绘制。
　　② 未列出表格均为作者自绘。

［1］ 中华人民共和国住房和城乡建设部，中华人民共和国应急管理部. 建筑防火通用规范：GB 55037—2022［S］. 北京：中国计划出版社. 2023.

［2］ 规范编制组.《建筑防火通用规范》实施指南［M］. 北京：中国计划出版社，2023.

［3］ 中华人民共和国住房和城乡建设部，中华人民共和国应急管理部. 消防设施通用规范：GB 55036—2022［S］. 北京：中国计划出版社，2022.

［4］ 中华人民共和国住房和城乡建设部. 木结构通用规范：GB 55005—2021［S］. 北京：中国建筑工业出版社，2021.

［5］ 中华人民共和国公安部. 地铁设计防火标准：GB 51298—2018［S］. 北京：中国计划出版社，2018.

［6］ 中华人民共和国公安部. 建筑钢结构防火技术规范：GB 51249—2017［S］. 北京：中国计划出版社，2018.

［7］ 中华人民共和国住房和城乡建设部. 木结构设计标准：GB 50005—2017［S］. 北京：中国建筑工业出版社，2018.

［8］ 中华人民共和国公安部. 建筑内部装修设计防火规范：GB 50222—2017［S］. 北京：中国计划出版社，2018.

［9］ 中华人民共和国住房和城乡建设部. 剧场建筑设计规范：JGJ 67—2016［S］. 北京：中国建筑工业出版社，2016.

［10］ 中华人民共和国公安部. 建筑设计防火规范：GB 50016—2014（2018年版）［S］. 北京：中国计划出版社，2018.

［11］ 中华人民共和国公安部. 汽车库、修车库、停车场设计防火规范：GB 50067—2014［S］. 北京：中国计划出版社，2015.

［12］ 中华人民共和国住房和城乡建设部. 车库建筑设计规范：JGJ 100—2015［S］. 北京：中国建筑工业出版社，2015.

［13］ 中国建筑标准设计研究院. 建筑设计防火规范图示18J811-1［Z］. 北京：中国计划出版社，2015.

［14］ 中华人民共和国住房和城乡建设部. 住宅设计规范：GB 50096—2011［S］. 北京：中国计划出版社，2011.

［15］ 人民防空办公室. 中华人民共和国公安部. 人民防空工程设计防火规范：GB 50098—2009［S］. 北京：中国计划出版社，2009.

［16］ 中华人民共和国建设部. 电影院建筑设计规范：JGJ 58—2008［S］. 北京：中国建筑工业出版社，2008.

［17］ 中华人民共和国建设部. 城市抗震防灾规划标准：GB 50413—2007［S］. 北京：中国计划出版社，2007.

［18］ 中华人民共和国建设部. 住宅建筑规范：GB 50368—2005［S］. 北京：中国计划出版社，2005.

［19］ 中华人民共和国建设部. 体育建筑设计规范：JGJ 31—2003［S］. 北京：中国建筑工业出版社，2003.

［20］ 重庆市公安局消防局，重庆市设计院. 重庆市坡地高层民用建筑设计防火规范：DB 50/5031—2004［S］. 重庆市地方标准，重庆市建设委员会，2004.

［21］ 中国建筑标准设计研究院. 国家建筑标准设计图集-《汽车库、修车库、停车场设计防火规范》图示：12J814［Z］. 北京：中国计划出版社，2012.

［22］ 中国建筑标准设计研究院. 国家建筑标准设计图集-木结构建筑：14J924［Z］. 北京：中国计划出版社，2015.

［23］ 朱向东，胡川晋.《建筑设计防火规范》图解［M］. 北京：机械工业出版社，2015.

［24］ 中国建筑工业出版社，中国建筑学会. 建筑设计资料集 第8分册 建筑专题［M］. 3版. 北京：中国建筑工业出版社，2017.

［25］ 章孝思. 高层建筑防火安全设计［M］. 成都：四川科技出版社，1989.

［26］ 霍然，袁宏永. 性能化建筑防火分析与设计［M］. 合肥：安徽科学技术出版社，2003.

［27］ 张树平，李钰. 建筑防火设计：第3版［M］. 北京：中国建筑工业出版社，2020.

［28］ 卢国建. 高层建筑及大型地下空间火灾防控技术［M］. 北京：国防工业出版社，2014.

［29］ 王冠璎，章艳华等. 装配式钢结构建筑防火保护技术研究［J］. 建筑科学，2022. 38（增I）：104-108.

［30］ 建研防火设计性能化评估中心有限公司. 昆明滇池国际会展中心·消防性能化设计复核评估报告［R］. 2014.

［31］ 刘少丽. 城市应急避难场所区位选择与空间布局——以南京市为例［D］. 南京：南京师范大学，2012.

［32］ 张庆顺，李泽林. 基于火灾安全疏散预案的ICU平面设计优化研究［J］. 建筑技艺，2021，27（2）：104-109.

［33］ 杨得鑫，张庆顺，马跃峰. 防火安全视角下的超高层建筑空间设计［J］. 西部人居环境学刊，2016（3）：50-55.

［34］ 李玉婷，刘培志. 浅谈幕墙防火［J］. 门窗，2012（10）：51-54.

［35］ 龙文志. 吸取TVCC失火教训 加强外墙的防火是当务之急［J］. 建筑节能，2009（6）：1-6.

［36］ 黄莺. 公共建筑火灾风险评估及安全管理方法研究［D］. 西安：西安建筑科技大学，2009.

［37］ 公安部上海消防研究所所属上海泰孚建筑安全咨询有限公司. 世博主题馆消防性能化设计［R］. 2008.

［38］ 杜兰萍. 基于性能化的大尺度公共建筑防火策略研究［D］. 天津：天津大学，2007.

［39］ 倪阳，邓孟仁，林琳. 大型公共建筑消防探讨——广州国际会议展览中心建筑消防设计简述［J］. 建筑学报，2005（2）：59-61.

［40］ 蒋皓. 浅析上海科技馆主楼消防设计［J］. 消防科学与技术，2003（2）：100-103.